DR. MICHAELA SKUBAN

Botschafter des Waldes

DR. MICHAELA SKUBAN

Botschafter des Waldes

Was uns Bären über uns selbst und unseren Umgang mit der Natur verraten

LUDWIG

1. Auflage 2025

in der Penguin Random House Verlagsgruppe GmbH,
Neumarkter Straße 28, 81673 München
produktsicherheit@penguinrandomhouse.de
(Vorstehende Angaben sind zugleich Pflichtinformationen nach GPSR.)

Redaktion: Dr. Ulrike Strerath-Bolz
Umschlaggestaltung: wilhelm typo grafisch, Zollikon
Umschlagabbildung: Vlado Vician
Satz: satz-bau Leingärtner, Nabburg
Druck und Bindung: GGP Media GmbH, Pößneck
Printed in Germany
ISBN 978-3-453-28180-6
www.ludwig-verlag.de

Pre Slava – Ďakujem tí za tvoju podporu
a veľké kamaratstvo.

Für Slavo – Danke dir für deine Unterstützung
und die große Freundschaft.

Inhalt

Einleitung – oder: Wie bin ich überhaupt zu den Bären gekommen?

Da ich nicht nur mit Bären, sondern auch mit Wölfen arbeite und beide Arten so stark ideologisch besetzt sind, könnte man eigentlich auch die Frage stellen, wie ich überhaupt zu den Raubtieren gekommen bin. Offen gesagt durch Zufall und vor allen Dingen ohne jeglichen ideologischen Hintergedanken. Letztlich war es reines Interesse am Verhalten dieser Tiere. Allerdings interessiere ich mich schon seit frühester Kindheit für Tiere, weshalb ich auch als Kind Tiermedizin studieren wollte. Stattdessen wurde es dann ein Biologiestudium, was ich auch nie bereut habe.

Mit dreizehn Jahren bekam ich meinen ersten Hund, den Mogli. Mit Mogli war ich in der Junior-Hundestaffel eines Polizei- und Schutzhundevereins, und einer unserer Trainer fragte mich eines Tages, ob ich vielleicht mehr über meinen Hund erfahren wollte. »Ja«, sagte ich ganz verlegen, da ich einen großen Respekt vor dem Trainer Ralf hatte, da er wahnsinnig gut mit den verschiedensten Hunden umgehen konnte. »Fein«, erwiderte er, »dann fang an zu lesen: Eberhard Trumler, Erik Zimen und vor allen Dingen David Mech. Du musst den Stammvater, den Wolf, verstehen, dann kapierst du auch deinen Hund.« Also las ich mit vierzehn Jahren mein erstes Wolfsbuch – eigentlich nur mit dem Ziel, meinen Hund besser zu verstehen. Aber von da an war es um mich geschehen: Ich war fasziniert vom Wolf, studierte Biologie und schrieb meine Diplomarbeit über Wölfe in Polen. Da ich Schafe liebe, lebte ich eine Weile als Schäferin in der Schweiz, bevor ich in die Slowakei ging und dort so etwas wie meine Heimat gefunden habe.

Aber wie kam ich gerade zum Bären? Wieder durch Zufall, aber diese Begegnung war für mich etwas sehr Besonderes, und ich kann mich noch ganz klar an sie erinnern, als wenn sie gestern gewesen wäre.

Slavo hatte für mich organisiert, dass ich am 9. Juni 2006 mit zwei Hobbyfotografen in einer Schutzhütte übernachten sollte. Slavo Finďo ist mein langjähriger Kollege und mittlerweile vielleicht sogar mein bester Freund, der immer an mich und meine Arbeit geglaubt hat. An dem besagten Tag hoffte er, dass es vielleicht möglich sein würde, in der Schutzhütte durch das große, offene Fenster Bären zu beobachten. Begleitet wurde ich von meiner großen Hündin Putzi, die den Ausflug in den Wald sehr spannend fand. (Komischer Name, ich weiß. Aber sie war aus dem Tierheim und hieß schon so.)

Wir setzten uns also um 17:10 Uhr ruhig und mit Fotoausrüstung ausgestattet an das offene Fenster. Die riesengroße Putzi saß vor mir und wartete gespannt mit. Um genau 17:30 Uhr erschien ein unglaublich schöner, junger Bär am Rande der Lichtung. Mir blieb der Mund offen stehen, so berührt war ich von dem großen Tier, das vorsichtig um sich blickte. Die beiden Männer kannten den Bären bereits, sie hatten ihm den Namen Jergusch gegeben. Jergusch blieb immer wieder stehen, lauschte und schnupperte. Wir hatten großes Glück, der Wind stand sehr günstig, und Jergusch konnte somit keinen Geruch von uns erhaschen. Bedächtig schritt er auf die Fläche und knabberte etwas an den ausgelegten Äpfeln. Putzi konnte ihn zwar nicht sehen, aber riechen. Sie hob ihre Nase ganz hoch und war auf einmal mucksmäuschenstill. Normalerweise schlug sie bei Wild an, aber nicht in diesem Fall. Mit dem Bären verhielt sie sich ganz anders als sonst.

Jergusch blieb circa fünfzehn Minuten. Dann hatte er uns wohl doch bemerkt und rannte zurück in den Wald. Die beiden Männer lachten und klopften mir auf die Schulter: »Bär war da. Die Putzi ist ein Glücksbringer!« Darauf mussten sie natürlich anstoßen und gönnten sich eine ordentliche Menge an selbst gebranntem Slivovica, einem Pflaumenschnaps. Auch mir brachten sie ein großes Glas, da ich immer noch ganz beeindruckt auf meinem Stuhl am offenen Fenster sitzen geblieben war.

Ja, es hatte mich gepackt. Jergusch hatte mich gepackt. Ich war vollkommen fasziniert von diesem riesigen Waldbewohner, den ich aus so großer Nähe sehen durfte. Automatisch schossen mir viele Fragen durch den Kopf: Was machen die Bären den ganzen Tag? Was fressen sie? Wie leben sie? Bären sind Einzelgänger, und ich bin bis heute davon beeindruckt, dass sie ihr Leben ganz allein meistern müssen, ohne den Zusammenhalt einer Familie oder eines Rudels.

Und dann machte ich mich auf die Suche. Zuerst nach möglichen Sponsoren, da Wissenschaft leider immer Geld braucht und es zu dem Zeitpunkt gar keine Bärenwissenschaft in der Slowakei gab, und später auf Spurensuche nach den großen Braunen. Als wir endlich anfangen konnten, Bären mit Sendehalsbändern auszustatten, um ihre Wege zu verfolgen, war ich begeistert und dankbar, dass ich an ihrem Leben teilhaben durfte. Jeder besenderte Bär hat uns etwas Neues gelehrt, und viele Individuen taten Dinge, die in keinem Lehrbuch stehen.

Dieses Buch kann letztlich auch als eine Hommage an alle unsere besenderten Tiere verstanden werden. Parallel zu den Bären hatten wir viele Hirsche am Sender und fingen später an, auch Wölfe und Luchse zu besendern. Die Wechselwirkungen verschiedener Tierarten machen meinen Beruf umso spannender. Allerdings interagieren gerade Raubtiere auch mit Menschen und deren Interessen. Deshalb war es mir immer auch wichtig, mit den Schäfern zusammenzuarbeiten, denn sie haben es nicht immer leicht, wenn sie im Raubtiergebiet zum Weiden gehen. Und natürlich müssen wir auch verstehen, dass Raubtiere gefährlich sein können und der Mensch trotz aller Faszination immer an erster Stelle stehen sollte.

Momentan verändern sich die Umweltbedingungen rasant, durch menschliche Tätigkeiten und natürlich durch die wärmeren Temperaturen. Eigentlich müssten wir viel mehr Forschung betreiben, um die schnellen Anpassungen zu verstehen. Dieses Buch soll aber die interessantesten Charaktere aus der großen Schar unserer mehr als vierzig verschiedenen Bären vorstellen. Jeder Bär ist ein Individuum – gerade das macht sie so interessant. Anhand der verschiedenen Individuen kann ich in den folgenden Kapiteln viele wichtige Themen berühren. Dabei geht es immer um die Frage: Wie kann ein Zusammenleben von Menschen und Bär gelingen?

Bären und ihr Verhalten

Adriano und die Frage: Was ist eine Kulturlandschaft?

Adriano war der erste Bär, den wir mit einem modernen GPS-Sendehalsband versehen haben. Schon das Anködern war nicht einfach, und wir haben einiges ausprobiert, um den Bären dann erfolgreich in die Falle zu bekommen. Ich werde nie vergessen, wie wir im alten Dienstauto mit offenen Fenstern und einem Kübel voll vergammeltem Fleisch zur Falle fuhren. Ich bin geruchlich relativ unempfindlich, aber der arme Slavo musste fast die ganze Fahrt über den Kopf aus dem Auto halten, so eklig fand er den Geruch.

Adriano war wütend, als er in der Falle saß. Die Falle stand etwas schief auf einer Wurzel, und der große, aufgebrachte Bär hatte schnell herausbekommen, dass er mit der Box hin- und herschaukeln konnte. Wahrscheinlich hoffte er, die Falle auf diese Weise aufbrechen zu können.

Als wir mit dem Auto im Wald ankamen, von wo wir noch circa zehn Minuten bergauf wandern mussten, hörten wir schon die komischen Geräusche des Schaukelns. Ein junger Jäger kam uns entgegengelaufen und meinte: »Herr Ingenieur, ich glaube, der Bär ist wütend. Hält denn die Falle so etwas aus?« Nun ja, als wir endlich oben angekommen waren, stellten wir uns dieselbe Frage.

Mit der Narkotisierung war es zu Beginn gar nicht so einfach. Das Medikament soll am besten in die großen Muskelgruppen, vornehmlich an Po und Oberschenkeln, injiziert werden. Auf keinen Fall sollte man dem Bären ins Gesicht oder gar in den Bauch schießen. Konsequenterweise muss der Tierarzt also den Bären mit dem Hinterteil vor sich haben, um die entsprechenden Stellen zu treffen. So weit die Theorie. Aber Adriano hatte auf so eine Situation offensichtlich keine Lust, er wandte dem Tierarzt ständig das Gesicht zu, damit er den vermeintlichen Feind besser im Blick hatte. Es war gar nicht so leicht, ihn immer wieder an der gegenüberliegenden Seite abzulenken, damit der Tierarzt ihm in Ruhe die Narkose verabreichen konnte. Anschließend musste es 25 Minuten still sein, damit der Bär ungestört und in Ruhe einschlafen konnte – Stimmen oder Handygeräusche unterbrechen den Prozess. Schläft das Tier erst einmal wirklich fest, stören es Geräusche und Stimmen nicht mehr.

Das war bis zum Jahr 2008 wahrscheinlich einer der magischsten Momente meines Lebens: Der Bär Adriano sitzt nach wochenlanger Vorarbeit endlich in der Falle. Das Wetter ist neblig und schluckt viele Geräusche. Die Lokalität ist weit weg von menschlichen Siedlungen und wird als Verbindungsstraße zwischen dem Norden und Süden Polanas von den Wildtieren genutzt. Man spürt geradezu körperlich, wie die Anwesenden fasziniert, aber auch mit einem großen Respekt vor dem Bären und seiner Kraft sind. Eigentlich ist es unglaublich berührend und wunderbar, dass so ein riesiges Tier frei in den Wäldern der Slowakei lebt.

Und dann war er also gekommen, der Moment, in dem wir die Falle aufmachen mussten und inständig hofften, dass die Narkose wirklich hält. Es war mucksmäuschenstill im Wald, man hätte eine Stecknadel fallen hören können. Alle warteten gespannt auf den Moment, in dem die Schiebetür ganz nach oben gezogen wurde. Einige Männer nahmen zur Sicherheit das Gewehr hoch und entsicherten es. Der Bär war mindestens 160 Kilogramm schwer, und seine Kraft hatte er uns bewiesen, indem er die schwere Eisenfalle bewegt hatte. Nun lag er bewegungslos in der Falle, und wir alle starrten wie gebannt auf das riesige Tier, das uns den Rücken zuwendete. Slavo und der Tierarzt stießen den Bären mit dicken Stöcken an, um zu prüfen, ob er noch reagierte. Aber er bewegte sich nicht. Gut, man konnte es also wagen. Beim Bärenfangen gilt immer die Devise: Erst kommt die Sicherheit der Menschen, dann die Sicherheit des Tieres und ganz am Schluss der Erfolg. Und wenn das bedeutet, dass man einem Bären aus irgendwelchen Gründen kein Sendehalsband anlegen kann: Die Sicherheit von Menschen und Tier hat *immer* Priorität.

Zuerst müssen wir dem Bären die Augen abdecken, damit er nicht durch Lichtreize aufwacht. Andere Bärenteams mögen vielleicht professionell ausgestattet sein; wir hier in der Slowakei haben etwas schlichtere Methoden, die aber auch funktionieren. Zur Abdeckung der Augen diente uns dieses Mal ein abgeschnittenes Stück einer Wollstrumpfhose. Da ich die Kleinste war, hatte ich die Aufgabe, in die Falle hineinzuklettern und dem Bären das Stoffstück über die Schnauze zu ziehen und so die Augen abzudecken. Das Gefühl, das mich in diesem Moment befiel, ist mit keiner anderen Lebenssituation vergleichbar. Im Laufe meiner »Bärenfangkarriere« wird mir dieses ganz spezielle Gefühl immer wieder begegnen: eine Mischung aus riesigem Respekt, großer Verantwortung, professioneller Ruhe, aber auch Angst, die einfach dazugehört, damit man überlegt und nicht leichtsinnig arbeitet.

Im Bild sieht man das Vermessen der Pfote. Oft wird die Länge der Vorderpfote angegeben, um eine bessere Vorstellung von der Größe des Bären zu bekommen. Man kann zwar von der Größe der Pfote nicht eindeutig auf das Gewicht zurückschließen, allerdings können wir mit dieser Methode zumindest die ungefähre Körpergröße abschätzen. Hier im Bild sieht man die Pfote von Mischo, die ca. 27 cm lang war, wobei der Bär 330 kg wog. Es ist mehr als faszinierend zu sehen, wie ähnlich die Bärenpfoten unseren eigenen Füßen sind. Kein Wunder also, dass man immer wieder dachte, der Bär sei ein Vorfahre oder Verwandter des Menschen. Kein anderes großes Raubtier hat so menschenähnliche Pfoten wie der Bär. Das bestätigt nochmals unsere tiefe Verbundenheit mit den großen Braunen.

Niemand kann sich der Faszination erwehren, wenn man das erste Mal einen Bären wirklich und buchstäblich im Arm hält. Und das geht nicht nur mir so. Manche nehmen die riesigen Pfoten in die Hand, andere wollen das Fell berühren. Fast alle unsere Mithelfer sind Jäger oder

Förster und kennen Bären. Aber wenn ein solches gigantisches Tier dann vor einem liegt, fühlt man sich ganz klein und möchte es einfach anfassen. Das Fell ist lang, dunkel und rau, also sicherlich gut wasserabweisend. Die Nase ist schwarz, feucht und kalt. Nur die Ohren sind ganz warm.

Adriano wurde gewogen und vermessen. Wir arbeiteten alle zusammen: ein schönes Gefühl. Später legten wir dem Bären das Sendehalsband um und entfernen den Magneten, der das Halsband in seiner Funktion blockiert, bis es an einem Tier angebracht wird. Der Receiver schlug aus, das Halsband funktionierte also. Ab jetzt konnten wir den Bären begleiten. Wir nahmen ihm Blut für die DNA-Bestimmung ab, und er bekam eine Ohrmarke. Das klingt einfacher, als es ist. Wer schon einmal Schafe oder Ziegen mit Ohrmarken versehen hat, weiß, dass man doch einiges an Kraft braucht, um durch die knorpeligen Ohren zu kommen. Beim Bären sind die Ohren sehr dick, und man muss ganz schön arbeiten, dass man den Metallstift hindurchbekommt. Viel später wird sich ein Naturfotograf darüber aufregen, dass wir den Bären »so bekloppte Ohrringe setzen müssen – das verschandelt das ganze Bild«. Aber genau diese Ohrmarken ermöglichen uns die genaue Identifizierung unserer Individuen, selbst wenn das Halsband abgefallen ist.

Die Fangaktion hat erneut meine Bewunderung für die wundersame Kreatur entfacht und meine große Frage genährt: Was macht so ein Bär eigentlich den ganzen Tag? Wie schlägt er sich als Einzelgänger durch?

Fernab jeglicher Ideologie möchte ich diesem Bären durch das Anlegen des Sendehalsbandes nur ein bisschen wie durch ein Schlüsselloch zuschauen und Zeugin seines 24-Stunden-Rhythmus werden. Jedes Tier, egal ob Bär, Wolf, Luchs oder Rothirsch, hat mich gleich stark berührt und mit großem Respekt vor dem Leben und ebenso großer Dankbarkeit erfüllt. Gerade in der heutigen Zeit, die sich nicht nur für uns, sondern auch für die Wildtiere so rapide ändert, wäre es essenziell wichtig, bei sehr vielen unserer tierischen Mitbewohner »ein bisschen durchs Schlüsselloch zu schauen«, um sie besser zu verstehen und als Konsequenz besser schützen zu können.

Kann man Bären chippen?

Diese Frage habe ich zu Beginn etwas belächelt, dennoch begleitet sie mich bis zum heutigen Tag. Natürlich könnte man Bären chippen, aber durch diesen Chip kann man die Tiere definitiv nicht so begleiten wie durch ein Sendehalsband. Viele unserer Haustiere müssen mittlerweile einen Chip tragen, der meist in der Nackengegend unter die Haut injiziert wird. Auf diesem Datenträger kann man natürlich viele Dinge abspeichern: Name und Adresse des Besitzers, Telefonnummer und sogar Impfdaten gegen Tollwut. Findet man dann ein Tier auf, kann man mit einem entsprechenden Chiplesegerät die Identität des meist vierbeinigen Kandidaten herausfinden. Aber: Man muss das Lesegerät sehr nahe an die entsprechende Körperregion halten, damit man die gespeicherten Daten des Chips ablesen kann.

Und damit komme ich zurück zu der Frage. Die Antwort lautet: Natürlich kann man Bären chippen, aber damit kann man eben nicht ihre Wanderbewegungen aufzeichnen, sondern nur im Falle von Fangen oder Totfund auf die Identität des Tieres zurückschließen. Teilweise wird vermutet, dass man gechippte Bären genauso orten könnte wie die Tiere mit einem Sendehalsband. Das geht aber nicht, da der kleine Chip kein so weitreichendes Signal senden kann. Sicherlich wäre es kostengünstiger als die teuren Sendehalsbänder, aber eigentlich ist der Chip nicht geeignet für unsere Zwecke.

In den USA wurden Bären auch systematisch tätowiert, vor allen Dingen dann, wenn sie auffällig geworden waren. Das war nicht zuletzt vor den Zeiten des DNA-Monitorings eine beliebte Methode. Allerdings sind eindeutige Markierungen im Feld vorteilhafter, da man das Tier gut identifizieren kann. Den genetischen Code hat schließlich niemand auf der Stirn, aber eine Ohrtätowierung kann man unter Umständen auch sehen. Das Gleiche gilt für Ohrmarken, die uns sehr gute Dienste erwiesen haben, sowohl bei Bären als auch bei Rothirschen und Wölfen.

Durch Adriano bekamen wir ein besseres Verständnis von der Individualität der einzelnen Bären. Er nahm uns zum Beispiel mit auf die Getreidefelder. Zuerst bewegte er sich durch ein Weizenfeld, aber da gefiel es ihm offenbar nicht so gut. Erst viel später verstanden wir, warum: Im Maisfeld haben die Bären aufgrund der hohen Stauden (die gern mal um die zwei Meter hoch werden) genug Deckung. Weizen und auch Hafer sind zwar nahrhaft, weisen aber keine gute Deckung auf: Der Bär fühlt sich exponiert. Wir haben Adriano bei seinen Ausflügen ins Maisfeld begleitet und konnten sehen, dass er teilweise mehrere Tage lang auf einem Feld blieb. Und er ging sogar noch einen Schritt weiter, denn er jagte Wildschweine im Feld, vor allen Dingen die kleinen Frischlinge. Böse gesagt: Den Letzten beißen die Hunde oder in diesem Fall die Bären. Wenn eine ganze Wildschweinrotte durch ein Maisfeld läuft, dann machen die Maisstauden laute Geräusche, sodass die Tiere ihrer akustischen Orientierung beraubt sind. Also haben sie auch keine Chance, wenn sich ihnen aus dem Hinterhalt ein Großraubtier nähert. Adriano hat die Gunst der Stunde genutzt und konnte so seinen Speiseplan aufbessern.

Tierisches Protein ist wichtiger für Bären als gemeinhin gedacht. Wenn sie kein Fleisch von Säugetieren zur Verfügung haben, greifen sie auf Insekten wie Ameisen, Wespen, Käfer, Motten etc. zurück. Mit Adriano konnten wir die verschiedenen Ernährungspräferenzen der Bären erforschen und erfuhren viel über die Bärenernährung im Allgemeinen. Die Nahrung ändert sich im Jahresverlauf, was mit der Verfügbarkeit der verschiedenen Futterstoffe zu tun hat. Eigentlich handelt es sich um ein ganz feines, ausgeklügeltes Wechselspiel zwischen der Verfügbarkeit in der Umwelt und dem Bärenmetabolismus. Oft sagt man, Bären würden nicht aktiv jagen, aber Adriano war ein ziemlich passionierter Jäger. Wie sieht es mit den anderen Bären aus? War Adriano ein Einzelfall? Außerordentlich interessant ist, dass Adriano zwar gerne auf Wildschweinjagd ging, aber nie auch nur einen einzigen der meist ungesicherten Bienenstöcke aufbrach.

Die Größe einer Bärenpopulation ist auf der Verfügbarkeit von Futter aufgebaut, der sogenannten Tragekapazität eines Habitats. Viele Menschen wissen nicht, dass eine Kulturlandschaft eigentlich viel mehr Futter bietet als eine Naturlandschaft. Deshalb geht es den Wildtieren in Kulturlandschaften auch so gut. Was für mich persönlich aber am interessantesten ist: Auch unter den Bären gibt es verschiedene Geschmäcker. Manche Individuen präferieren mehr oder weniger Fleisch, genauso, wie sie mehr oder weniger auf Weidetiere losgehen oder Bienenstöcke plündern, wenn überhaupt. Somit ist es eigentlich falsch, von *dem Bären* zu sprechen, da wir es immer mit einem Individuum zu tun haben.

Gerade jetzt, wo Bären in westlichere Gebiete, unter anderem auch in den deutschsprachigen Alpenraum, zurückkehren, wollen Menschen eindeutige Handlungsleitfäden haben und zu hundert Prozent sicher wissen, was der Bär frisst, ob er gefährlich ist, wo er schläft, wo er Winterruhe hält, wann er wieder von der Winterruhe aufsteht usw. Doch eigentlich kann uns nur das jeweilige Bären-Individuum draußen verraten, was es frisst, ob es auffällig ist oder nicht und wann, wo und ob es schläft. Diese Tatsache ist in der alten slowakischen Jagdliteratur durchaus bekannt. Auch viele Weidetierhalter und Schäfer im osteuropäischen Raum wissen genau, ob der Bär in ihrer Nachbarschaft wirklich für Schafe, Ziegen und Co. gefährlich ist oder ob es sich um ein insektenfressendes Individuum handelt, das die Schafherde nicht behelligt. Ernst von Bethlenfalvy hat in seinem Buch *Die Tierwelt der Hohen Tatra* (1937) sogar einige Bärenunterarten beschrieben, die er aufgrund der verschiedenen Ernährungspräferenzen glaubte ausmachen zu können. Heute wissen wir natürlich, dass es sich bei all diesen vermeintlichen Unterarten um den Europäischen Braunbären handelt, egal, was er denn am liebsten verspeist. Allerdings ist es sehr spannend zu lesen, dass es Unterarten wie den Pferdebären, den Fleischbären, den Pflanzenbären und den Ameisenbären etc. gibt. Die Menschen in der Vergangenheit wussten durch ihren intensiven Kontakt mit den lokal ansässigen Bären draußen vor Ort, dass es Bärenindividuen gibt, mit denen man durchaus auskommen kann, wie zum Beispiel der Pflanzen- oder Ameisenbär. Hatten sie es jedoch mit einem Pferdebären zu tun, der eine reale Gefahr für die Pferde darstellen konnte, so wurde er pragmatisch und unaufgeregt entfernt, ohne deshalb gleich sämtliche Bären eliminieren zu wollen.

Der Bär und die Bienen – eine Beziehung voller Missverständnisse

In einer Fabel von Florian Russi heißt es:

Am Fuß einer alten Eiche hatten sich Bienen ihr Nest errichtet. Dort trugen sie von allen Seiten Nektar zusammen und lebten unbehelligt, bis eines Tages ein Bär vor ihrer Behausung auftauchte. Kaum stieg dem Bären der Duft von Honig in die Nase, da überfiel ihn ein unwiderstehlicher Drang. Er zerstörte das Bienennest und machte sich über die Waben her, aus denen der Honig tropfte. Der Bär fühlte sich wie im Himmel. Nie zuvor hatte er eine solche Leckerei gefressen.

Aufgebracht fielen die Bienen über ihn her und versuchten ihn zu stechen. Doch sein Fell war so dicht, dass die Bienen sich darin verfingen und nicht bis zu seiner Haut vordringen konnten. Der Bär erlitt keinen Schaden, das Nest der Bienen aber war verwüstet, und all ihre Mühen, für sich und ihre Kinder Vorräte anzulegen, waren umsonst gewesen.

Glücklicherweise geschah dies alles in einem Frühjahr. So konnte die Bienenkönigin verkünden: »*Wir sind fleißig und lassen uns nicht entmutigen. Unsere alte Eiche hat viele Löcher, Spalten und Hohlgänge. Wir werden drei Stockwerke höher ziehen und uns ein neues Nest bauen.*« Das taten sie dann auch, und schon bald hatten sie sich dort eingerichtet.

Einen Monat später kam der Bär wieder herbeigetrottet. Er kratzte am Fuß der Eiche die Erde auf und musste enttäuscht feststellen, dass die Bienen diesen Ort verlassen hatten. Doch dann blickte er begehrlich zum Baum hinauf. Bären haben eine gute Nase – und sie sind gute Kletterer. Er kletterte am Stamm hinauf, und als er das neue Bienennest erreicht hatte, riss er die Rinde von der Eiche, griff in die Baumhöhle und bediente sich erneut an den Waben.

»Damit habe ich nicht gerechnet«, erklärte die Bienenkönigin, die den Zugriff des Bären nur durch einen glücklichen Zufall überlebt hatte. Sie schickte ihre Arbeiterinnen aus, um nach einem sicheren Standort zu suchen. Den fanden sie mitten in einer nahe gelegenen Felswand. Als nun der Bär ein weiteres Mal versuchte, zu ihrem Nest vorzudringen, rutschten seine Krallen von dem Felsgestein ab. Ein Besteigen war für ihn unmöglich. Als er über einen Umweg auf die Spitze des Felsens gelangte und von dort aus versuchte, das neue Bienennest zu erreichen, wäre er beinahe abgestürzt und konnte sich nur mit letzter Kraft an einer Steineiche festhalten.

Von da an lebten die Bienen ungefährdet und konnten wieder in Ruhe ihren Blütennektar einsammeln. Doch einige ließen sich nicht davon abhalten, wann immer sie dem Bären wieder begegneten, ihm schadenfroh um die Nase zu schwirren.

Oft wird behauptet, dass Bären einen unstillbaren Hunger auf Honig haben. Menschen erklären sich das auch dadurch, dass Honig viel Zucker und somit sehr viele Kalorien enthält. Doch die Dinge verhalten sich ganz anders, der Bär ist kein »Schleckermaul«, das Bienenstöcke wegen des süßen Honigs aufbricht. Bären sind eigentlich auf der Suche nach den proteinhaltigen Bienenlarven. Da sich diese aber oft im unteren Teil des Bienenhäuschens befinden, müssen sie den Bienenstock von oben her aufbrechen, um an die Brutstube des Bienenvolkes zu gelangen. Leider zerstören sie dabei den ganzen Stock, was zu sehr hohen finanziellen Verlusten für den Imker führen kann. Darüber hinaus tut der Verlust eines lange gehegten und gepflegten Bienenvolkes zusätzlich sehr weh: Der emotionale Schaden ist oft um einiges höher als der reine Geldwert. Auf dem Weg zu den jungen Bienen treffen die Bären jedoch zusätzlich auf den zuckerhaltigen Honig, den sie natürlich dankbar annehmen und aufschlecken. Manche Beschreibungen von Menschen, die Bären bei ihren Bienen-Plünderungen beobachten konnten, legen auch den Schluss nahe, dass es dem Bären nur um den Honig gehen könnte. Die Honig-Plünderei der Bären inspirierte sogar die slowakische Bezeichnung für Braunbären: **Medveď hnedý**. Übersetzt bedeutet das »der Honigkenner« oder »das Tier, das weiß, wo der Honig ist« (von *med* = Honig und dem Verb *vedieť* = kennen, wissen). Kein anderes Raubtier hat in der slowakischen Sprache eine solch interessante Substitution bekommen, nur der Bär. Die Bezeichnung *Medveď* finden wir eigentlich in allen slawischen Sprachen und auch im Ungarischen (medve), das einer ganz anderen Sprachfamilie angehört.

Der Grund für diesen wundersamen Namen ist so simpel wie eindeutig: Die Menschen hatten vor dem Bären großen Respekt und große Furcht. Viele Völker glaubten, dass sie vom Bären abstammen würden oder dass der Bär ihr Verwandter sei. Die Menschen im asiatischen Teil der ehemaligen UdSSR (zum Beispiel die Ainu) glaubten an eine komplexe und verschachtelte Weltordnung, in welcher der Bär eine Art Botschafterrolle für die Waldtiere einnahm und somit große Ehrfurcht und Verehrung verdiente.

Trotz der großen Bewunderung und Verehrung wurden Bären in diesen Kulturen gejagt und auch gegessen. Diese Verspeisung war mitunter rituell genau vorgegeben und musste einem bestimmten Protokoll folgen. Bärenjagden und das anschließende Bärenmahl galten als wichtiges Mittel, um die Beziehungen zwischen den einzelnen Familien und Dörfern zu festigen. Auf solchen Veranstaltungen wurde sehr viel gelacht, getanzt, getrunken, verheiratet und verlobt. Auch der Bär durfte daran teilnehmen und bekam gar ein Stück des eigenen Bratens vorgesetzt. Nach der Veranstaltung musste der Bär rituell bestattet werden, wobei kein Stück der Überreste wie Knochen oder Knorpel verloren gehen durfte. Auf diese Weise hoffte man, dass der Bär den Umzug in den Bärenhimmel gut schaffen und zusätzlich auch als Ganzes wiedergeboren würde, um vielleicht noch ein zweites oder gar drittes Mal gejagt und gegessen werden zu können. Um den Zorn der anderen Bären oder gar des Bärengottes nicht auf sich zu laden, benutzte man einen Tarnnamen: Es wurde von der »Jagd auf den Honigkenner« gesprochen, was zusätzlich den Effekt hatte, dass auch der zu jagende Bär nicht wusste, dass man es auf ihn abgesehen hatte. Der Ethnologe Hallowell (1924) hat einigen dieser rituellen Bärenfeste beigewohnt und mitunter beschrieben, dass gerade die Ainu dann bevorzugt die Amtssprache Russisch sprachen und nicht ihre eigene Volkssprache. So sollte dem toten Bären vorgegaukelt werden, dass er eigentlich von den Russen erlegt worden war, was als zusätzliche Sicherheitsmaßnahme vor Bestrafungen aus der Götterwelt dienen sollte. Viele dieser rituellen Bärengelage im asiatischen Teil Russlands gibt es nicht mehr. Was aber geblieben ist, ist der sagenhafte Name *Medved'* = Honigkenner.

Doch zurück zu Adriano: Er war definitiv kein »Honigbär«. Oder sollte man lieber sagen: kein »Bienenlarvenbär«? In seinem Streifgebiet gab es sehr viele Bienenhäuschen, die Mehrheit davon ungeschützt und ohne Elektrozaun. Ihm schmeckte eher Fleisch von größeren Säugetieren. Wir sind Adriano gefolgt und haben einen oder zwei Tage später diejenigen Stellen aufgesucht, wo er sich lange aufgehalten hatte. Erst so konnten wir überhaupt feststellen, dass er lange Zeit in unmittelbarer Nähe von Bienenstöcken verweilt hatte, ohne sie anzurühren.

Ist Adriano also kein typischer Bär – kein »normaler *Medved'*«? Nein – Adriano ist wie alle anderen Bären auch ein Individuum, das durch sein Verhalten draußen im Freiland entscheidet, ob wir Menschen mit ihm einigermaßen zusammenleben können oder nicht. Mit Adriano, der keine Weidetiere oder Bienen gefressen hat, sondern nur ein bisschen Mais plünderte, wäre das wohl möglich gewesen.

Der Bär in der Kulturlandschaft – kann das gehen?

Wir Menschen verändern unsere Umgebung und kreieren sogenannte Kulturlandschaften. Kulturlandschaften sind Landschaften, die durch den Menschen geformt und beeinflusst wurden. Im Gegensatz dazu sind Naturlandschaften im strengsten Sinn Landschaften in ihrem unbeeinflussten Naturzustand. Oft lesen wir, dass Raubtiere, und hier insbesondere der Bär, nicht in die modernen Kulturlandschaften hineinpassen. Stimmt das?

Passt ein Bär in die Kulturlandschaft? Darf er dort überhaupt leben? Oder müssen wir ihn sofort aus Kulturlandschaften entfernen? Und wo gibt es noch unberührte Naturlandschaften? Wie »wild« ist Osteuropa eigentlich noch?

Zunächst einmal vorab: In Europa gibt es eigentlich kaum noch Gebiete, die sich über die letzten Jahrzehnte oder gar Jahrhunderte völlig ohne Störung durch den Menschen entwickeln konnten und somit laut Definition unbeeinflusst sind. Wir Menschen haben unsere Umwelt so nachhaltig und dauerhaft verändert, dass es schwierig ist, überhaupt noch unberührte Gebiete zu finden. Eigentlich müsste man sich eher fragen, wie lange ein Gebiet nicht mehr von Menschen beeinflusst werden sollte, damit es wieder zu einer Naturlandschaft wird. Außerdem bedeutet »Kulturlandschaft« nicht automatisch reduzierte Artenvielfalt – im Gegenteil. Gerade in Offenlandschaften mit vielen verschiedenen Pflanzenarten finden wir eine hohe Artenvielfalt an Insekten, Vögeln, Amphibien und Säugetieren. Also müssen Kulturlandschaften nicht automatisch »schlechter« sein als Naturlandschaften.

In der aktuellen Raubtierdebatte, die höchst emotional geführt wird, kommt plötzlich auch immer wieder Osteuropa mit ins Spiel und wird interessanterweise genauso zweigeteilt interpretiert wie Bär und Wolf selbst. Viele Mythen ranken sich um das »wilde Osteuropa«, z. T. verbreitet von Menschen, die noch nie vor Ort waren. Ist Osteuropa, und hier insbesondere die Slowakei, tatsächlich noch das unberührte Wildtierparadies, das uns immer wieder von interessierter Seite vermittelt wird nach dem Motto: »Im Osten geht es doch auch – sollen sich mal die Bauern im deutschsprachigen Raum nicht so anstellen, sondern sich ein bisschen auf die Raubtiere einstellen und anpassen!«

Die angeblich unberührten Wildtierparadiese Osteuropas dienen aber auch der Gegenseite als Argument, also denen, die Raubtieren gegenüber sehr kritisch eingestellt sind. Sie behaupten felsenfest: »Ja, Osteuropa ist ja noch so wild und unberührt, da hat der Bär noch ein Auskommen, da gibt es noch viele nicht vom Menschen gestörte Naturlandschaften. Aber bei uns hier im Westen, in den Kulturlandschaften, da passt der Bär nicht mehr hinein.«

Wenn alles so einfach wäre, dann könnte man das Buch an dieser Stelle beenden. Aber so einfach ist es eben nicht. Die Welt ist nicht schwarz oder weiß, sondern sehr, sehr bunt, und da kommen die durch den Menschen geschaffenen Kulturlandschaften gerade recht, um alles noch mehr zu verwirren. Zurück zur Slowakei: Wir finden in diesem kleinen Land wirklich alles: Ganz stark urbane Strukturen, in der Umgebung von Bratislava, mit sehr viel Industrialisierung und nur kleinen »Erholungsinseln für die Menschen«, wo es mehr als schwierig wäre, wenn sich dort Raubtiere wieder ansiedeln würden. Die wenigen Male, in welchen man in der Nähe von Bratislava auf Bären- oder Wolfsspuren gestoßen ist, waren mit ähnlich stark emotional geführten Diskussionen begleitet, wie man sie aus vielen Teilen im deutschsprachigen Raum kennt, inklusive Angst, Wut, Aggression oder fast schon frenetischer Freude. Aber die Slowakei hat vor allen Dingen im Hinterland auch Bereiche zu bieten, die (noch) weniger besiedelt sind und somit leichtere Bedingungen für das Zusammenleben zwischen Menschen und sämtlichen Wildtieren inklusive Bär, Wolf und Luchs bieten, als andere Teile des Landes. Und zum Schluss finden wir in der Slowakei auch überaus stark genutzte touristische Gebiete, hier vor allen Dingen die Malá Fatra (Kleine Fatra) und die Hohe Tatra

(Výsoké Tatra), die weit über die Landesgrenzen bekannt sind und sehr stark frequentiert werden. Gerade in diesen Gebieten gibt es ein bereits »gewachsenes Problem an Dorfbären« und das slowakische Raubtiermanagement versucht seit Jahren, diesem Phänomen mehr oder weniger Herr zu werden mit unterschiedlichen Ergebnissen und Erfahrungen. Deswegen kann die Slowakei gerade bezüglich Wiederbesiedlung mit Braunbären eine große Inspiration sein, da sie mit diesen Tieren definitiv weiter ist, als man es gerade im bayerischen oder österreichischen Alpenraum ist. Abschließend haben wir sehr viele landwirtschaftliche Flächen, die eigentlich Kulturland sind, aber von sämtlichen Wildtieren nahezu überflutet werden, da sie so viel Futter bieten, was vielen Tieren sehr zugutekommt.

Kulturlandschaften bergen in sich eine hohe Ambivalenz, auf die Wildtiere entsprechend reagieren: Zum einen decken wir Menschen den Wildtieren in Kulturlandschaften ungewollt den Essenstisch, und das lockt viele Arten an, obwohl sie nicht unbedingt mit uns in direkten Kontakt treten wollen. Und da entsteht das Dilemma, vor dem viele Wildtiere inklusive Bären stehen: Laben sie sich an den eigentlich verbotenen Früchten in der menschlichen Kulturlandschaft, dann haben sie paradoxerweise einen größeren Fitnessvorteil draußen in der Wildnis: Wer gut isst, kann besser überleben und hat somit eine höhere Chance, sich erfolgreich zu vermehren. Zum anderen lauern in einer von Menschen besiedelten Kulturlandschaft aber auch viele Gefahren durch unsere Präsenz. Ganz unmittelbar ist die Gefahr für Wildtiere auf Straße und Schiene, auf denen sie Opfer in Verkehrsunfällen werden können. Es gibt aber noch eine indirekte Gefahr durch unsere menschliche Präsenz – und das ist der Prozess der Gewöhnung. Raubtiere, die nicht mehr vor uns zurückweichen, da sie sich an unsere Präsenz gewöhnt haben, bergen in sich ein gewisses Risiko, weshalb man sie eigentlich auch pragmatisch entfernen sollte (siehe Kapitel »Peppino, Lilli und Inga«).

All diese verschiedenen Aspekte werden in den kommenden Kapiteln behandelt, aber kommen wir nochmals auf die ganz zu Beginn gestellte Frage: Kann der Bär überhaupt in einer Kulturlandschaft leben? Die Antwort ist ein klares Ja, wenn es auch lokal sehr große Einschränkungen gibt. Da wir nun erfahren haben, dass wir in Europa fast schon vergeblich nach unberührten Naturlandschaften suchen müssen, kommt gerade für den Bären das große Plus in einer landwirtschaftlich geprägten Kulturlandschaft: Es gibt für ihn als Allesfresser wahnsinnig viel zu essen, und somit könnte man kurioserweise fast schon behaupten, dass es für einen Bären relativ vorteilhaft ist, sich in einer Kulturlandschaft zu befinden, da es dort so viele verschiedene, teilweise menschengemachte Futterressourcen gibt. Wenn da nicht der ungeliebte Mensch wäre …

Sylvester und die vielfältige Speisekarte des Bären

Im Laufe meiner langjährigen Arbeit als Biologin im Freiland habe ich mehrere Tausend Kotproben sowohl von Bären als auch von Wölfen untersucht. Shit happens, und das ist auch gut so: Mithilfe der Ernährungsstudien können wir indirekt auf das Verhalten der Tiere zurückschließen. Finden wir Mais im Bärenkot, so war der »Verursacher« sicherlich auf einer Plünderung auf den Feldern. Habe ich Schafsfell im Kot, dann weiß ich, dass er sich an Weidetieren vergriffen hat, was mitunter in Zukunft zu einem Problem werden kann, aber nicht automatisch muss. Die Analyse von Bärenkot ist bei Weitem nicht so geruchlich herausfordernd wie im Falle von Wolfskot, da es sich bei Wölfen um pure Fleischfresser handelt. Die bei der Verdauung von Fleisch entstehenden Merkaptane riechen wirklich fürchterlich, weshalb der Kot auch so stark stinkt. Zusätzlich haben sehr territoriale Tiere Duftdrüsen am After, die ein zusätzliches, stark riechendes Sekret absondern. Damit werden auch Reviergrenzen markiert, und Tiere aus anderen Territorien können diese Grenzen sozusagen leicht »erschnüffeln«.

Als ich in Polen meine Diplomarbeit zum Ernährungsverhalten von Wölfen mithilfe von Kotanalysen begann, sagte mir meine damalige Betreuerin: »Also entweder du gewöhnst dich innerhalb von drei Tagen an den Gestank, oder aber du hast keine Chance.« Offenbar hat das Gewöhnen gut geklappt, ansonsten hätte ich niemals so viele »Kackehaufen« absolvieren können. Im Gegenzug dazu ist der Bärenkot ein Potpourri an verschiedenen Futterelementen, von fruchtig bis nussig, aber manchmal auch voller Insekten oder mit Knochen, Fell, Zähnen und Krallen von Säugetieren. Unter all den drei großen Raubtieren ist der Bär das Tier, das am intensivsten mit den sich veränderten Futterbedingungen seiner Umgebung in einem Wechselspiel steht. Eigentlich sind sämtliche interne Prozesse des Bärenkörpers ideal auf die Bedingungen in der Umwelt abgestimmt. Die inneren Prozesse (oder im Fachdeutsch der Metabolismus) des Bärenkörpers verändern sich sehr stark im Laufe eines Jahres, was wirklich einzigartig ist und den Bären zu einem sehr besonderen großen Beutegreifer macht – allerdings wird er dadurch auch am sensibelsten für Veränderungen, was ihn mitunter in sehr große Schwierigkeiten bringen kann, beispielsweise wenn ein wichtiger Futterstoff in der entsprechenden Zeitperiode nicht verfügbar ist. Aber er hat im Vergleich mit den anderen zwei großen Beutegreifern, Wolf und Luchs, die vielfältigste Speisekarte und kann immer, falls einmal kein Fleisch zur Verfügung steht, auf pflanzliche Alternativen zurückgreifen, was ihm in Notzeiten einen bedeutenden Vorteil verschaffen kann.

Leider konnte ich für die wichtigen, innerlichen Zustände im Bärenkörper keine deutsche Übersetzung finden, sondern muss in diesem Falle wirklich die Fachbegriffe aus dem Englischen präsentieren. Die Begriffe können jedoch etwas verständlicher umschrieben werden. Eigentlich geht es um die aufgenommene Kalorienmenge, die sich über den Jahresverlauf ändert, da die Natur dem Bären unterschiedlich kalorienreiche Ernährung anbietet.

Die Hypophagia nach dem Aufwachen aus dem Winterschlaf bis zum Frühsommer: Unterkalorische Ernährung

Wenn Bären aus dem Winterschlaf wieder zurück ins Leben kommen, dann haben sie nicht den vielmals zitierten Bärenhunger, sondern ernähren sich eher unterkalorisch. Die ersten Tage nach dem wirklichen Aufwachen sind Bären eigentlich genauso erschöpft wie viele Menschen, die eine anstrengende Partynacht hinter sich haben. Alles tut irgendwie weh, ist verspannt, der Kopf brummt, und der Kreislauf macht auch noch nicht so richtig mit. Viele Menschen, die Bären aus ihren Höhlen herauskriechen sahen, beschreiben ihr Aussehen als eher schäbig und verschlafen. Das Fell ist an vielen Stellen vom langen Liegen eingedrückt, und die Bären müssen sich immer wieder hinsetzen und können sich noch nicht wirklich bewegen. Der russische Bärenwissenschaftler Danilov und sein Team hatten ein unglaublich interessantes Projekt: Zusammen mit seinen Kollegen beobachtete er systematisch und über einige Jahre hinweg mehrere bekannte Bärenhöhlen, um genau zu beschreiben, was Bären eigentlich wirklich nach der Winterruhe machen. Die Bedingungen waren einfach, manche würden sie nahezu als primitiv bezeichnen. Die Bärenwissenschaftler saßen nämlich ganz einfach auf Bäumen oder in eigens angefertigten Unterständen und arbeiteten in »Beobachtungsschichten«. Über viele Stunden passierte wahrscheinlich erst einmal gar nichts, aber an effektiver Beobachtungszeit des Bärenverhaltens wurden über 14 000 Stunden notiert. Die Ergebnisse sind dadurch sehr eindeutig: Die Bären tappen die ersten Tage relativ verwirrt über den noch oft vorhandenen Schnee und kommen erst langsam wieder zu Kräften. In dieser Zeit trinken sie sehr viel und beginnen mit leichter Kost. Immer wieder müssen sich die Bären hinlegen und machen längere Pausen.

Die Frühjahrskost des Bären ist relativ karg und entspricht eher einer typischen Fastenzeit, die auch viele Menschen gerne im Frühling absolvieren, um den Körper zu reinigen und zu entgiften. Die Bären fressen hauptsächlich Gräser und verschiedene Kräuter, die ihnen die Natur langsam zur Verfügung stellt. Wahrscheinlich haben diese Kräuter auch im Falle des Bären einen Entgiftungseffekt, der sehr wichtig ist nach der langen Schlafenszeit, da sich Giftstoffe im Körper akkumuliert haben. Da Bären im Winterschlaf keinen Stoffwechsel haben, ihr Körper aber trotzdem weiter auf winziger Sparflamme arbeitet, sammeln sich dennoch einige Endprodukte an, die dann ausgeschieden werden müssen. Der gewaschene und getrocknete Bärenkot aus Gräsern und insbesondere Kräutern sieht fast so aus wie loser Kräutertee, den man sich in Drogerien und Apotheken kaufen kann. Teilweise riecht er so aromatisch, dass man nahezu am Geruch erkennen kann, welches Kraut der Bär konsumiert haben muss. Zudem fressen Bären auch gerne die Überreste an Bucheckern, die sie noch im Wald finden. Nach der langen Zeit unter der Schneedecke sind sie leichter verdaulich, als wenn sie frisch im Herbst vom Baum fallen. Beginnen die Samen jedoch zu keimen, verändern sie ihren Geschmack und werden bitter, weshalb die Bären sie dann verschmähen.

Im Laufe des Frühjahres und mit steigenden Temperaturen kommen allerdings kleine Kriechtierchen mit ins Spiel, die aus dem angeblich veganen oder vegetarischen Bären ein Raubtier werden lassen – wenn es sich auch nur um einen Insektenräuber handelt. Bären brauchen Protein, das für sie (wie für alle anderen Lebewesen auch) überlebenswichtig ist. Und deswegen hält er es allein mit der Pflanzenkost nicht lange aus, schließlich hat er ein ähnlich gestaltetes Verdauungssystem wie die Allesfresser Schwein und Mensch und keinen so komplizierten Apparat wie die meisten Pflanzenfresser, die in einem langwierigen und chemisch aufwendigen Prozess selbst aus unattraktiver Rinde noch essenzielle Bestandteile inklusive Protein herausziehen können.

Bären mit ihrem buchstäblichen »Saumagen« können zwar so einiges fressen, brauchen aber Protein in einer leicht verwertbaren Form, um es entsprechend aufschließen zu können. Zwischenzeitlich könnte man sie daher als Insektenfresser bezeichnen. Zuerst beginnen sie mit Ameisen, hier schmeckt ihnen insbesondere die großen Holzameise (*Componotus ssp.)*, da sie am wenigsten Ameisensäure, aber in ihrem großen Körper sehr viel Protein enthält. Andere Ameisenarten (*Formiceae)* werden zwar nicht verschmäht, aber sie sind eher zweite Wahl, denn sie haben einen geringeren Proteinanteil und größere Wehrhaftigkeit durch den erhöhten Anteil an Ameisensäure. Bären mögen es auch nicht besonders, von Ameisen angepinkelt zu werden, das gilt insbesondere an der empfindlichen Nase, aber auch an den Lippen.

Die Ameise rühmte sich ihrer Kraft vor dem Bären
und sagte, sie sei stärker als der Bär. Und die Ameise
hob wirklich ein größeres Ding auf als der Bär,
denn keines ist so stark wie die Ameise.
Darüber ergrimmte der Bär und fraß die Ameise auf.
Seitdem hat der Bär angefangen, Ameisen zu fressen,
und frisst sie, solange er auf Erden watschelt.

(nach Dänhardt; aus Finnland)

Die Sache mit dem Fleisch oder: Wie fleischlastig ernährt sich der Bär wirklich?

Leicht verdauliches Protein bekommen Bären im Frühjahr jedoch auch, wenn sie Fallwild finden können, also Schalenwild – dazu zählen z. B. Rehe, Hirsche, Gämsen und Wildschweine –, das den Winter nicht überlebt hat. Viele Bären gehen sogar mithilfe ihrer guten Nase aktiv auf die Suche nach Fallwild und werden im Gebirge oft an Abhängen gesehen, wo Lawinen abgehen. Die Nase des Bären ist ein physisches Wunderwerk und kann attraktives Futter auf eine Entfernung von 5 bis 9 Kilometer orten. Danilov und sein Team konnten effektiv beobachten, dass die Bären im Gebirge ganz genau wissen, dass immer wieder Gämsen, Steinböcke oder andere Säugetiere von den Schneemassen mitgerissen werden und dabei zu Tode kommen. Unter dem Schnee bleiben sie quasi frisch, und der endlich hungrig gewordene Bär hat keine allzu große Arbeit, um an das präferierte Fleisch zu kommen.

Von wegen Vegetarier: Zu guter Letzt gehen einige Bären ganz aktiv auf die Jagd nach Schalenwildarten wie Rothirsch, Rehwild oder Wildschwein, wobei insbesondere die noch wehrlosen Jungtiere gesucht werden. Einige slowakische Kotproben erzählen hierbei ihre eigene Geschichte: Anhand der zahlreichen, kleinen Wildschweinhufe, die nach Waschung des Bärenkotes in der Petrischale verblieben waren, konnte ich eindeutig rückfolgern, dass dieser Bär ein ganzes Wildschweinnest geplündert haben muss. Wahrscheinlich war die Bache gerade abwesend, da man Wildschweinmütter als außergewöhnlich wehrhaft und aggressiv beschreibt, wenn es um die Verteidigung ihres Nachwuchses geht. Einer unserer besenderten Bären mit dem Namen Sylvester war im Jagen von Frischlingen gar so erfolgreich, dass er sich in der Region um das Dorf Sihla bereits einen Namen gemacht hatte. Er lauerte den Wildschweinrotten aus dem Hinterhalt auf, fing dann das letzte und kleinste Junge ab und zerquetschte ihm blitzschnell den Brustkorb. Man kannte ihn bereits als den großen Schwarzen Bären, der draußen in den Wäldern ein Wildschweinschreck war. Wie sehr waren wir erfreut, aber auch mit Respekt erfüllt, als wir genau diesen Bären an einem späten Donnerstagnachmittag im Spätsommer in der Falle hatten. Und das, obwohl wir gar nicht damit gerechnet hatten. Ich war dieses Mal nicht mit dabei, da ich einen wichtigen Termin hatte. Slavo und Marian Slamka rechneten eigentlich auch nicht damit, dass überhaupt ein Bär in der Falle sein könnte, da die Kontrolle am frühen Morgen negativ ausgefallen war. Die beiden Männer waren nur zufällig in der Nähe, um einen ebenfalls besenderten Hirsch zu kontrollieren, und schauten aus Neugier an der Bärenfalle vorbei, wobei ihnen sofort die geschlossene Tür ins Auge fiel. Slavo beschrieb mir später, dass sie sich vorsichtig näherten und alles in der Falle mucksmäuschenstill war. Fast schon hätten die beiden Männer zu lachen begonnen, da sie dachten, dass wahrscheinlich mal wieder ein slowakischer Marder die Falle ausgelöst hatte. Sie standen ganz nah, als plötzlich in der oberen Öffnung ein riesiger Bärenschädel erschien, der die zwei nahezu freundlich, wenn auch überrascht anstarrte, ohne irgendwelche Angst oder Aggression zu zeigen. »Am besten könnte man den Gesichtsausdruck wahrscheinlich als Verwunderung bezeichnen«, erklärte Slavo, »und vielleicht auch ein bisschen als Aufforderung, so quasi, hey, ihr zwei, lasst mich wieder raus.«

Da Slavo und Marian überhaupt nicht mit einem Bären gerechnet hatten, waren sie auch nicht entsprechend ausgerüstet. Sie mussten also wieder zurück nach Zvolen ans Institut fahren, um das Betäubungsgewehr, die Medikamente, den Notfallkoffer und das Sendehalsband mitzunehmen. Und zwischenzeitlich natürlich auch mich. Als wir zurück zur Falle fuhren, wurde es bereits dunkel, und nur zwei Jäger gesellten sich zu uns, um uns beim Besendern zu helfen. Danke an Miro Medved' und Miro Sojka – wenn man die beiden Namen ins Deutsche übersetzt, dann muss man schmunzeln. Zusammen mit Herrn Bär und Herrn Eichelhäher haben wir in Sihla einen Bären gefangen.

Sylvester war immer noch ganz ruhig und lugte oben aus der Öffnung heraus, was denn dieser Menschenauflauf um ihn herum eigentlich sollte. Er beobachtete ganz genau, wie Slavo das Gewehr präparierte und ich die vorgefertigten Ohrmarken auf die Seite legte. Das Sendehalsband sollte passen – es war für einen sehr großen Bären bestimmt, und das konnte man eindeutig sehen, dieser Bär hatte mindestens an die 300 kg, das bestätigten uns auch die beiden Jäger. Als sich Slavo mit dem Gewehr der Falle näherte, drehte sich der Bär langsam um und kuckte immer noch sehr verwundert, aber auch interessiert, was sich denn da von hinten an ihn anzuschleichen versuchte. Er drückte seine große Nase durch die Metallstäbe und schnupperte intensiv in Slavos Richtung. Ich stand entgegengesetzt in einem Abstand von ca. zwei Metern zur Falle und beobachtete die Szenerie eher fasziniert, da wir noch nie zuvor einen so ruhigen Bären in der Falle sitzen hatten. Immer wenn sich Slavo einen Schritt weiterbewegte, um besser auf den Po oder die Oberschenkel zu zielen, drehte sich der Bär geduldig mit, als ob er schauen wollte, was als Nächstes passieren könnte. »Oje, Mischka, das wird ganz schön schwierig mit dem Kerl, der will ja immer mit. Aber diesen großen Bären müssen wir unbedingt narkotisieren, einfach so möchte ich nicht die Falle aufmachen und ihn wieder herauslassen, schon gleich gar nicht in der Dunkelheit«, meinte Slavo, und ich nickte übereinstimmend und kam dann einfach zu ihm, um das Gesicht des Bären noch besser zu sehen. Wow, dachte ich mir, der sieht wirklich niedlich aus, so ein feines und schönes Bärengesicht sieht man wahrhaftig nicht alle Tage – trotz der Größe und dem Wildschweinappetit wirkte der Bär eher wie ein zu groß geratenes Plüschtier aus der Spielzeugabteilung. Ich war ganz beeindruckt, wie ruhig der Bär war und wie er mir auf einmal sein hübsches Gesicht zudrehte. Und dann entfuhr es mir plötzlich, ohne dass ich darüber nachgedacht hätte: »Na, du? Keine Angst, du brauchst keine Angst zu haben. Was für ein schöner Bär du bist. Bleib schön ruhig, gleich ist es vorbei. Und wenn du fein schläfst, bekommst du das Halsband, und dadurch bist du besser geschützt. Besenderte Tiere schießt man nicht gerne illegal, also keine Angst.« Hätte mir das früher jemals jemand gesagt, dass ich einmal beschwichtigend auf einen in einer Falle sitzenden Bären einreden würde, hätte ich mir gedacht, was das für ein Fanatiker ist. Aber die Worte schienen zu wirken, da der Bär mich mit seinen großen Augen so anschaute, als ob er versuchen würde zu verstehen, was der komische Mensch da vor sich hin brabbelte. Er legte seinen Kopf ein bisschen auf die eine Seite und dann wieder auf die andere und ließ mich dabei nicht aus den Augen. In der Zwischenzeit war Slavo leise auf die andere Seite geschlichen und hatte die wichtigen Muskelgruppen wie auf einem silbernen Tablett vor sich. Dann fiel der Schuss, und der Bär gluckste ein bisschen, aber eher mit Verwunderung als mit Angst. Allerdings war seine Aufmerksamkeit nun doch eher wieder bei Slavo als bei mir, und er drehte sich prüfend auf die andere Seite. Sylvester schlief relativ schnell ein, wahrscheinlich auch deswegen, da er so ruhig war und sich nicht gegen die Situation wehrte.

Sind vegetarisch lebende Bären die besseren Menschen?

Dass nicht alle Bären passionierte Jäger sind, ist zwar bekannt, aber Bären sind niemals Vegetarier oder gar Veganer. Warum auch? Würde sie so eine Ernährungsform zu besseren Tieren machen? Bären sind zumindest »Gelegenheitsraubtiere« und in der Wahl ihres Futters außergewöhnlich kreativ und anpassungsfähig. Es ist viel spannender zu erfahren, dass es unter den Bären nahezu drei verschiedene Ernährungstypen gibt, die allesamt im gleichen Habitat zu Hause sind. Der amerikanische Biologe Edwards und sein Team konnten in einer sehr großen Studie zeigen, dass es Bären gibt, die hauptsächlich Pflanzen und Insekten fressen, dann gibt es solche Bären, denen das Aasfressen reicht, und in der dritten Bärengruppe befinden sich Tiere, die sehr viel und aktiv auf die Jagd gehen und alle möglichen Säugetierarten konsumieren. Es ist noch interessanter zu lesen, dass die Ernährungsweise einen maßgeblichen Einfluss auf die Größe des Streifgebietes hat, kein Wunder also, dass ein Artikel des Teams mit »Fast carnivores – slow herbivores« (Schnelle Fleischfresser – langsame Pflanzenfresser) betitelt wurde. Um aktiv Jagd auf Beutetiere zu machen, sind weitreichendere Raubzüge erforderlich. Außerdem ist man einfach mehr unterwegs, um auf mögliche Opfer zu stoßen, und bewegt sich mitunter sehr schnell, um der erhofften Fleischmahlzeit hinterherzukommen. Die erste Gruppe an Bären kann es sich mitunter leisten, längere Zeit an einem Ort zu verweilen, falls sie auf die ersehnte Futterressource gestoßen ist. Und auch Ameisen laufen nicht wirklich weg. Wenn man auf den Ameisenhügel oder Ameisenbaum stößt, kann sich der Bär in Ruhe Zeit lassen, um den Ameisenbau aufzubrechen. Allerdings muss ein Bär, um seinen Kalorienbedarf einigermaßen zu decken, um die 5000–8000 Individuen aufnehmen, von den großen Arten natürlich weniger als von den kleinen. Da kann man schon verstehen, dass für viele Bären ein großes Säugetier die präferierte Mahlzeit ist, die noch für einige Zeit vorhält. Das gilt insbesondere dann, wenn es sich um bereits tote Tiere handelt, wie eben Fallwild vom vorangegangenen Winter.

Oft frage ich mich, warum so vehement behauptet wird, dass der Bär ein Vegetarier sei, am besten natürlich ein Veganer. Einmal habe ich wirklich auf einem Internet-Post gelesen: »Bären sind Veganer:innen.« Das möchte ich gar nicht kommentieren, sondern lasse es einfach so stehen. Wahrscheinlich sagt so ein Statement viel mehr über den Verfasser aus als über die Bären. Auch in der Slowakei gab es Jahre nach dieser Fangbegebenheit mit Sylvester die Bestrebungen, Bären landesweit als Vegetarier auszugeben – mit entsprechenden ironischen Reaktionen aus der Jägerschaft. Also habe ich angefangen, darüber nachzudenken, warum man das tut. Bären sind weder bessere noch schlechtere Tiere, egal, ob sie nur Insekten jagen, Mäuse (dazu gibt es sehr lustige Videos), Fische oder die großen Huftiere des Waldes. Die einzige stimmige Erklärung ist für mich, dass man versuchen möchte, die Angst des Menschen vor dem Bären zu relativieren. Aber ein Bär, der ab und zu auch Fleisch konsumiert, ist noch lange kein Menschenfresser. Diese beiden Dinge stehen überhaupt nicht im Zusammenhang. Im Kapitel »Wenn Menschen und Bären aufeinandertreffen« werden die genauen Zusammenhänge noch besser erklärt. Niemand braucht also Angst um sein Leben zu haben, wenn er oder sie erfährt, dass Bären mitunter auch sehr große Wildtiere überwältigen konnten, auch wenn es uns zeigt, wie viel Kraft in einem Bären stecken kann. Kurioserweise sind ganz andere Tiere oder gar der Mensch selbst für uns Menschen am gefährlichsten, und Bären nehmen einen Platz auf den hinteren Reihen ein.

Laut Vienna.at (2023) ergeben sich folgende 10 Top-Plätze:

1. Die Stechmücke mit einer Million toten Menschen / Jahr
2. Wir Menschen selbst mit über einer halben Million Tötungsdelikten / Jahr
3. Süßwasserschnecken mit ca. 200 000 toten Menschen / Jahr
4. Schlangen mit ca. 100 000 toten Menschen / Jahr
5. Hunde mit ca. 25 000 toten Menschen / Jahr
6. Spulwürmer mit ca. 4500 toten Menschen / Jahr
7. Skorpione mit ca. 3000 toten Menschen / Jahr
8. Krokodile mit ca. 1000 toten Menschen / Jahr
9. Nilpferde mit ca. 500 toten Menschen / Jahr (ein Vegetarier)
10. Löwen mit ca. 220 toten Menschen / Jahr

Bei sämtlichen Bärenarten zusammen rechnet man mit maximal zehn Todesfällen pro Jahr, also ist er statistisch gesehen wirklich kein passionierter Menschenfresser. Das hat aber nichts damit zu tun, dass jeder einzelne Fall ein Fall zu viel ist. Es ist eher wichtig zu erkennen, dass die Ernährungsweise des Bären, egal ob Fleischliebhaber oder Ameisenfreund, nichts mit der Wahrscheinlichkeit zu tun hat, von einem Bären getötet zu werden; dafür gibt es oft andere Voraussetzungen. Also sollten wir endlich anfangen, den Bären als das zu sehen, was er ist, ein großes Lebewesen, per Definition ein großer Beutegreifer, der mitunter auch Beute greifen kann, was keine Bewertung des Bärencharakters ist.

Die zweite Erklärung, warum man in der Bärenernährung über so viele Jahre die pflanzliche Nahrung auf Platz eins gestellt hat, ist eigentlich fachlicher Natur. Die Grundlage hierfür lieferten zwei amerikanische Bärenbiologen, Schwartz und Roberts, die sich intensiv der Bärenernährung gewidmet haben und an vielen Bären in menschlicher Obhut dazu geforscht haben. Wenn wir im Freiland einen Bärenkot finden, so befinden sich in diesem oft mehrere verschiedene Futterstoffe – der Bär wird nicht umsonst als Feinschmecker tituliert. Wird nun der Kot hinsichtlich seiner Inhaltsstoffe analysiert, so gibt man im Endeffekt ein Verhältnis an, in welchem die verschiedenen Futterelemente stehen. Zum Beispiel finden wir Gras, Bucheckern sowie Fell/Knochen von Säugetieren in einem Frühjahrskot im Verhältnis 50:30:20 und folgern daraus, dass der entsprechende Bär viel mehr Gras gefressen haben muss als die vom Herbst verbliebenen Bucheckern oder das entsprechende Beutetier. Dies ist jedoch leider falsch, wie Schwartz und Roberts eindeutig zeigen konnten, indem sie Dutzenden von Bären immer eine gemischte Kost anboten (mit genau definierten Verhältnissen) und dann das entsprechende Verhältnis in den Ausscheidungsprodukten bestimmten. Die beiden Wissenschaftler wollten überprüfen, wie verlässlich Kotanalysen sind und ob das Verhältnis verschiedener Futterstoffe in den Hinterlassenschaften der Bären auch das entsprechende Verhältnis der aufgenommenen Nahrung widerspiegelt. Am Ende konnten sie zeigen, dass der Bärenkörper verschiedene Futterstoffe unterschiedlich verwertet, und somit finden wir im Kot ganz andere Verhältnisse, als der Bär eigentlich gefressen hatte. In akribischer Kleinstarbeit konnten die beiden sogenannte »Korrekturfaktoren« ermitteln, die bei der Analyse von Kotproben mit mehreren Futterstoffen angewandt werden sollten. In unserem obigen Beispiel mit Gras, Bucheckern und Säugetier wäre das richtige Verhältnis der tatsächlich gefressenen Nahrung 11 % Gras, 38 % Bucheckern und 51 % Säugetier. Wir erinnern uns: In der Petrischale hatten wir ursprünglich die Hälfte Gras, ein Drittel Bucheckern und nur 20 % Überreste eines Säugetieres. Es zeigt sich damit ein ganz anderes Bild, das auf eine völlig andere Ernährungsweise rückfolgern lässt als bei reiner Betrachtung ohne die Korrekturfaktoren. Die beiden Autoren haben ganze Tabellen mit den verschiedensten Futterelementen der Bärenernährung aufgestellt, was an dieser Stelle zu sehr ins Detail gehen würde. Fakt ist, dass man aufgrund der unterschiedlichen Verstoffwechselung sämtlicher Futterelemente in der Bärenernährung über viele Jahre lang den Anteil fleischlicher Nahrung unterschätzt hat. Das ist sehr interessant, da man in neueren wissenschaftlichen Publikationen, welche die entsprechenden Korrekturfaktoren anwenden, einen weitaus höheren Anteil an fleischlicher Ernährung findet als zuvor. Jedoch gibt es sehr starke regionale Unterschiede, und natürlich ist auch das Nahrungsangebot entscheidend dafür, wie hoch der Anteil tierischer Nahrung bei den lokalen Bären ist. Das konnten wir selbst innerhalb der Slowakei feststellen. Und natürlich kommt schließlich noch der individuelle Faktor mit dazu, weshalb die Beobachtung von Tieren im Freiland auch in Zukunft spannend bleibt.

Adriano und die Wildschweine

Adriano wurde einmal im späten Frühjahr dabei beobachtet, wie er an einem Futterplatz aus dem Hinterhalt eine Wildschweinbache angriff. Der Jäger, der diesen Kampf beobachtet hatte, beschrieb ihn uns als »blutiges Gemetzel« (OZ). Die beiden ungleichen Gegner hatten sich fest ineinander verkeilt und ließen kaum voneinander ab. Adriano war offenbar sehr hungrig und fest davon überzeugt, dass er das Wildschwein überwältigen könnte. Aber er hatte nicht mit der Wendigkeit und vor allem Wehrhaftigkeit des Wildschweinweibchens gerechnet: Die Bache rammte ihm immer wieder ihren Kopf in die Rippen und biss aus voller Kraft zu. Nach minutenlangem Ringen gingen sie auseinander, nur um kurze Zeit später wieder aufeinander loszugehen. Adriano schien zwar schon sehr erschöpft und pustete wütend die Luft aus den Nasenlöchern, wollte aber noch mal die Gelegenheit nutzen, das bereits verletzte Wildschwein zu überwältigen. Die Bache muss ihn aber dieses Mal sehr empfindlich getroffen haben, da der Bär laut aufschrie und dann erschöpft am Boden sitzen blieb. Die Bache blutete zwar, war aber bei Weitem nicht so schwer verletzt wie zwischenzeitlich angenommen. Offenbar war sie sich ihrer Überlegenheit auch sehr bewusst und verließ nur sehr langsam den Ringplatz. Auch Adriano überlebte den Kampf der Gladiatoren, wenn auch der Jäger meinte, dass der verbliebene Schnee mit Blut getränkt war.

Diese Begebenheit zeigt uns, wie schwer es Raubtiere haben, draußen im Feld ihre Beutetiere zu überwinden. Die Beutetiere sind viel schlauer als häufig angenommen, außerdem oft viel schneller als ihre Verfolger und sehr wehrhaft, wenn es um ihr Überleben geht. Ich hatte das große Glück, in der Slowakei an einer laufenden Rothirschstudie teilnehmen zu können. Insgesamt wurden über vierzig Rothirsche, Männchen wie Weibchen, mit Sendehalsbändern ausgestattet und teilweise über fünf Jahre lang beobachtet. Vorab gesagt mit unglaublich interessanten Ergebnissen und Schlüsselloch-Einblicken in das Leben der Rothirsche, was fast schon ein eigenes Buch werden könnte. Neben der Tatsache, dass die Rothirsche außergewöhnlich individuell und spannend sind, konnten wir verfolgen, wie erfolgreich sie sich gegen die täglich drohende Gefahr durch die Präsenz von Wölfen, Bären und mitunter auch Luchsen durchsetzen, um zu überleben. Sei es durch aktive Gegenwehr oder durch sehr planvolles Handeln und/oder wohlgewähltes Verstecken, um so den Raubtieren ein Schnippchen zu schlagen.

Das ist eines unserer besenderten Rothirschweibchen, die wehrhafte Isabella. Kurz bevor wir ihr das Sendehalsband verschrauben konnten, versuchte sie aufzustehen, und Marian und ich mussten sie kurz »fixieren«, was keine leichte Aufgabe war. Slavo wollte uns unbedingt in dieser »bizarren Situation« fotografieren. Die Begegnung zeigt, wie viel Kraft selbst ein junges Tier entwickeln kann, wenn es um das vermeintliche Überleben geht. Kein Wunder also, dass Raubtiere viele der angefangenen Jagden abbrechen, um ihre Kräfte zu sparen.

Raubtiere müssen draußen im Freiland ihre Kräfte sehr gut einteilen, um genug Energie zu haben, ein wehrhaftes, schnelles und schlaues Beutetier zu überwinden. Oft brechen sie Jagdversuche nach nur wenigen Metern ab, da sie instinktiv wissen, dass der Energieaufwand nicht im Verhältnis zur erhaltenen Energie steht. Viele Menschen sehen gerade im Wolf den perfekten Killer, was er allerdings nicht ist. Im wunderbaren englischen Buch *Jagdverhalten der Wölfe* konnten die Autoren zeigen, dass der Wolf entgegen der allgemeinen Aussage, ein Killer par excellence zu sein, eigentlich ein Meister des Fressens und Fastens ist (*master of feast and fasting*). Falls Wölfe erfolgreich töten, dann können sie mitunter sehr viel Fleisch auf einmal fressen, aber im Gegenzug müssen sie oft tagelang ohne Nahrung auskommen, und das, obwohl sie im Rudel leben und zumindest in Gemeinschaft jagen können. Wie schwer muss es dann erst ein Bär haben, der allein auf Beutejagd geht! Bären sind keine passionierten Langstreckenläufer, auch wenn sie kurzzeitig Geschwindigkeiten von 56 km/h erreichen können. Das wurde von Kollegen aus dem Forstwirtschaftlichen Institut ermittelt, als sie einem laufenden Bären auf der asphaltierten Forststraße hinterherfuhren. Also müssen Bären versuchen, gezielt ihren Beutetieren aufzulauern, um die Gunst der Stunde und das Überraschungsmoment erfolgreich zu nutzen. Und ja, ab und zu sind sie sehr erfolgreich, und das oft auch in interessanten und kuriosen Situationen. Einige Bären haben herausgefunden, dass Rothirsche, wenn sie am Futterplatz stehen und mit dem Essen beschäftigt sind, nicht ganz so aufmerksam sind. Außerdem hören sie beim Kauen nicht so gut. Insgesamt zwei unserer älteren, besenderten Rothirschdamen wurden daher am Futterplatz Opfer von Bärenattacken (eine dieser Geschichten beschreibe ich im Kapitel »Mensch-Bär-Begegnungen« noch genauer).

Aber der Bär wäre nicht der Bär, hätte er nicht einen weiteren Trumpf im Ärmel. Bären haben, wie bereits erwähnt, eine außergewöhnlich gute Nase, auf die sie sich hundertprozentig verlassen können. Und: sie leben in ihrem Habitat oft zusammen mit anderen Raubtieren wie eben Wolf und Luchs, die viel erfolgreicher in der Jagdkunst sind, als sie es selbst jemals sein werden. Daher gehen sie auf Plünderung und versuchen die Überreste von Beutetieren der anderen Raubtierarten zu finden und zu stehlen, da diese ihre Beutetiere häufig nicht direkt vollständig vertilgen, sondern mehrere Tage daran fressen. Das nennt sich im Fachjargon »Kleptoparasitismus« – bezeichnet also im Grunde einen Parasiten, der dem anderen Tier nicht direkt gefährlich wird, aber dieses eben beklaut.

Somit gehen die eigentlichen Jäger leer aus und müssen erneut versuchen, Beute zu schlagen. Gerade für den Luchs kann das große Nachteile bringen, das konnte in Slowenien gezeigt werden (Krofel et al. 2014), denn wenn Luchse einmal erfolgreich getötet haben, vergraben sie ihren Riss und fressen mehrere Tage daran. Offenbar waren die slowenischen Bären sogar so erfolgreich im Klauen von den Beuteüberresten, dass die Luchse in große Not gerieten, da sie immer wieder neue Beute machen mussten, was energetisch sehr aufwendig ist. Diese Wechselwirkungen im Feld sind das Spannende, warum es sich immer wieder lohnt, Wissenschaft zu betreiben. In der Slowakei verlassen sich viele Bären auf die mit ihnen im gleichen Gebiet lebenden Wölfe und stehlen ihnen immer wieder erfolgreich den »Braten«.

Auch manche Jäger berichteten, dass einige Bären verstanden hatten, dass nach dem Fall eines Schusses vielleicht sogar etwas Fleisch für sie abfallen könnte. Immer wieder tauchen Bären kurz nach dem erfolgreichen Abschuss plötzlich am erlegten Stück auf, was mitunter keine angenehme Situation ist. Noch kritischer wird es, wenn Menschen nachts jagen gehen und das erlegte Tier nicht direkt mitnehmen können. Dann ist am nächsten Morgen wirklich Vorsicht geboten, da eine sehr hohe Wahrscheinlichkeit besteht, dass ein Bär schon mal mit dem Festmahl angefangen hat. Die gleiche Schlussfolgerung wie aus dem Schuss ziehen einige Bären auch aus Krähen, die oft schreiend um tote Tiere kreisen, um die anderen

Familienmitglieder zu informieren. Das sind wirklich sehr clevere Rückschlüsse, die der Bär ziehen kann, und es verwundert nicht, dass sie sehr erfolgreich überleben.

Dieses Bild zeigt eine unserer mit Sendehalsband ausgestatteten Jungwölfinnen kurz nach dem Aufwachen aus der Narkose. Wie oft ihr und ihrem Rudel wahrscheinlich vom Bären Beuteüberreste geklaut wurden, kann man nicht sagen. Aber: das Studieren von Wechselwirkungen zwischen verschiedenen Tierarten draußen im Feld bringt so viele neue Einblicke und Erkenntnisse, dass ich mich oft frage, warum der Beruf des Freilandbiologen nicht viel attraktiver ist.

Bären und Jäger

Der leichteste Weg der Fleischbeschaffung im Herbst eröffnet sich den Bären interessanterweise durch die Jägerschaft. In der Slowakei ist es eigentlich fast Standard, den Aufbruch (also die Eingeweide des erlegten Wildes) an Ort und Stelle im Wald zu belassen. Daran ist eigentlich auch nichts Verwerfliches, da es sehr viele hungrige Nachnutzer gibt, insbesondere Füchse, Dachse oder Marder. Hat man den Bären im Habitat, nimmt auch dieser die leicht zu beschaffene Fleischmahlzeit dankbar an. Ich habe mich einmal sehr lange mit dem Bärenforscher Frank von Manen zu diesem Thema unterhalten, weil ich ganz begeistert davon war, dass Bären so clever sind, einfach den Jägergruppen zu folgen, immer in der Hoffnung, dass etwas für sie zurückbleibt. Frank erzählte mir sogar noch etwas Kurioseres: Er hatte einige besenderte Grizzlybären, die offenbar eine so genau funktionierende innere Uhr hatten, dass sie ganz genau wussten, wann im 60 Kilometer entfernten Gebiet die Hirschjagd begonnen hatte. Gleich zu Beginn wanderten die Bären aus ihrem Streifgebiet ab und verblieben bis zur Jagdsaison im weit entfernten Jagdgebiet, um die zurückgelassenen Innereien zu konsumieren. Kaum war die Jagdsaison der Menschen beendet, kehrten sie wieder nach Hause zurück. An diesem Beispiel sieht man, wie wichtig das tierische Protein für die Bären ist, gerade auch im Herbst, also in der Zeit, in der sie für den Winterschlaf zunehmen müssen. Zwar konnte ich in der Slowakei keinen Bären beobachten, der eine so lange Herbstwanderung machte, um an Wildinnereien zu kommen, allerdings interessierte mich, wie viel Masse an Innereien allein in Polana jedes Jahr in das Habitat eingebracht werden. Ich kam unter Zuhilfenahme der jährlichen Jagdstatistik des forstwirtschaftlichen Institutes bei einer groben Schätzung auf eine Masse von ca. 20 Tonnen Aufbruch, also 20 000 kg Fleischüberreste. Allerdings werden diese Überreste so schnell von den entsprechenden tierischen Nachnutzern verräumt, dass man eigentlich kaum irgendetwas davon sieht. Man kann also davon ausgehen, dass sich eine ganze Reihe an Tieren auf diese zusätzliche Proteinquelle verlässt, sei es Bär oder Fuchs, Dachs, Marder und Co. Ich halte es auch für keine gute Idee, diese Praktik zu verbieten, wie zwischenzeitlich angedacht wurde. So komisch es auch klingt, aber diese Methode hält sicher einige Tiere inklusive Bären »im Wald drinnen«, da sie dort alles bekommen, was sie brauchen.

Hier zeigt sich erneut, dass Entscheidungen gerade im Raubtiermanagement und hierbei insbesondere bei Bären in Kulturlandschaften verschiedene Aspekte abwägen und viele Daten sammeln und zukünftig auch die Verhaltensänderungen beobachten müssen. Ansonsten können sie ungewollt mehr Probleme schaffen, zum Beispiel wenn auf einmal hungrige Bären aufgrund extremer Futterknappheit in die Dörfer drücken und dort Probleme machen.

Die frühe Hyperphagia – essen im Einklang mit dem Grundumsatz

Kommen wir aber wieder zu unserer ursprünglichen Frage nach den Prinzipien in der Bärenernährung zurück und wie sich der Metabolismus des Bärenkörpers an die äußerlichen Bedingungen anpasst. Die sogenannte frühe Hyperphagia beginnt im frühen Sommer und dauert bis zum Spätsommer/Herbstanfang. Das ist eigentlich die Zeit, zu der die Natur dem Bären buchstäblich den Tisch deckt – und zwar mit Waldbeeren. Hierbei ist der Bär überhaupt nicht wählerisch, ihm schmeckt eigentlich alles an Beerenobst. Aufgrund der Verfügbarkeit finden wir neben Himbeeren und Preiselbeeren die Blaubeeren am häufigsten. Im Spätsommer dominiert auch die Brombeere. Wie die empfindliche Bärenschnauze die fruchtigen, saftigen und wohlschmeckenden Beeren von den dornenreichen Stauden abpflückt, ist wirklich erstaunlich: Bären führen die dicken Zweige an ihre Lippen, spitzen diese und ziehen mit offensichtlichem Fingerspitzengefühl die reifen Früchte aus den gefährlichen Dornen heraus. Die meisten Menschen werden sich sicherlich schon einmal beim Brombeerpflücken empfindlich wehgetan haben. Die Beerenkost enthält sehr viel Zucker und natürlich viele Vitamine. Der getrocknete Bärenkot bestehend aus verschiedenen Waldbeerenarten ist farbenfroh und duftet im wahrsten Sinne des Wortes »fruchtig und frisch« – sie sind normal getrockneten Früchten so ähnlich, dass Slavo einmal scherzhaft vorschlug: dass man die bunten Fruchtüberreste doch eigentlich auch als Früchtetee verkaufen könnte – Bio versteht sich und nur für exklusive Bärenliebhaber.

Beeren sind zwar schmackhaft und süß, jedoch müssen Bären, um ihren Kalorienbedarf damit decken zu können, bis zu 20 000 Stück am Tag verzehren. Das ist eine ziemliche Arbeit, und der Bär ist stundenlang damit beschäftigt. Somit verwundert es auch nicht, dass die Tiere andere, kalorienreiche, mitunter menschengemachte Alternativen präferieren. Sie sparen sich somit einfach Lebenszeit.

Pflanzliche, höherkalorische Alternativen zu den Waldbeeren finden Bären in Kulturlandschaften auf den Getreidefeldern, wie zum Beispiel Weizen, Hafer, Gerste und insbesondere Mais. Mais kann bereits in der sogenannten Milchreife ab Anfang August konsumiert werden, da ist er noch besonders weich, süß und von schmackhaftem Milchsaft umgeben. Das Thema Maisbären ist für die Slowakei so wichtig, dass es separat im Kapitel »Schigo und Noro« noch besprochen wird.

Um den Proteinbedarf zu decken, verlassen sich die Bären in den Sommermonaten auf Insekten. Neben den schon genannten Ameisen suchen sie auch verstärkt nach

Wespen und graben sehr gerne Bodennester aus. Manchmal kann man mehrere Löcher nebeneinander sehen, was uns zeigt, dass die Bären schnell versuchen, so viele Wespen wie möglich zu verspeisen, aber schon bald kommt die wehrhafte Verteidigungsarmee des entsprechenden Wespenstockes zum Einsatz, weshalb der Bär lieber zum nächsten Nest weiterzieht, als sich die empfindliche Nasenpartie zerstechen zu lassen.

Selbstverständlich sind einige Bären auch einer ordentlichen Fleischmahlzeit nicht abgeneigt, aber tendenziell präferieren sie aus energetischer Sicht eher die sechsbeinigen Lebewesen. Im vorangeschrittenen Sommer sind die Jungtiere vieler Schalenwildarten bereits recht groß und schnell, weshalb Bären sie kaum mehr erwischen können. Falls sie natürlich Beutereste von Wölfen finden, dann nehmen sie diese natürlich gerne mit.

Gegen Ende des Sommers, aber auch schon in den Herbst hinein, kommen weitere Obstsorten und das Steinobst mit ins Spiel, das ebenfalls sehr viel Zucker enthält. Auch hier frisst der Bär alles, was er bekommen kann: Äpfel, Pflaumen, Birnen, verschiedene Kirscharten, Schlehen, Holunderbeeren, Beeren des Weißdornes etc. Viele dieser Früchte wachsen in wilder Form in den Wäldern, einige haben wir Menschen auch erfolgreich kultiviert, hierbei vor allen Dingen die Äpfel, Pflaumen, Birnen und Kirschen. Vom energetischen Standpunkt her sind die domestizierten Arten dieser Obstsorten viel weicher, enthalten mehr Fruchtfleisch und somit auch viel mehr Zucker als ihre wilden Verwandten. Also macht es für Bären durchaus Sinn, die durch uns domestizierten Formen aufzusuchen. Somit kann es passieren, dass wir Bären auch an den Dorfenden an freistehenden Bäumen oder in nicht abgezäunten oder stillgelegten Obstplantagen sehen können. Das kann dann mitunter zu Problemen führen, vor allen Dingen dann, wenn die Bären unter Tags nicht mehr zurückweichen oder gar noch einen Schritt weiter ins Dorf hinein machen. Dieser Thematik widmen wir uns im Kapitel »Peppino, Lilli und Inga«, die leider genau so ihre »Dorfbärenkarriere« angefangen haben.

Was wir ebenfalls beobachten konnten, waren vereinzelte Bären, die Trauben präferierten und teilweise auf Fotofallen in Weinstöcken auftauchten.

Die Wildnis bietet dem Bären sowohl in der Sommer- als auch später in der Herbstdiät noch so einige Schmankerl, inklusive Pilzen, die Bären angeblich zwar verspeisen, deren Überreste man allerdings im Kot kaum nachweisen kann. Die Bären erfreuen sich auch an Hagebutten und Vogelbeeren, die in großer Vielzahl vorhanden sind. Ein paar Mal haben wir auch Vogelbeerbäume im Wald gesehen, die unter der Last der sich in ihnen befindlichen Bären oder gar ganzen Bärenfamilien buchstäblich zusammengebrochen sind. Das gilt natürlich auch für andere Obstbäume, inklusive die kultivierten. Kein Wunder also, dass jährlich ein gewisser Bärenschaden an Fruchtholz auftaucht, der sich aber sehr im Rahmen hält. Die kurioseste Kotprobe in diesem Zusammenhang, die ich jemals analysiert habe, enthielt neben einer Fülle an Vogelbeeren auch die Überreste eines Vogels, genauer gesagt Schnabel, Krallen und ein paar Federn. Das Bild, das in meinem Kopf entstand, ist genauso grandios wie erschreckend: Versteckt sich da gerade ein Bär im Vogelbeerbaum, um auf Vogelbeeren fressende Vögel Jagd zu machen? Wir wissen es nicht, aber für mich erscheint das plausibel.

Die späte Hyperphagia – überkalorisch essen, um sich auf den Winterschlaf vorzubereiten

Ab dem beginnenden Herbst herrscht für den Bären Endspurt in der Futteraufnahme. Es bleiben ihm nur noch wenige Wochen bis zum Winterschlaf, und da gilt die Devise: je dicker, umso besser. Je nach Winterschlaflänge sollten die Bären eine Fettschicht um den Körper und die inneren Organe herum in einer minimalen Dicke von 15 bis 20 cm haben, damit sie ungestört über den Winter kommen. Hungern sie nämlich während der Schlafphase aus, so würde der Körper automatisch aufwachen, um nicht zu verhungern. Darauf, dass die Wintertemperaturen inklusive Schneetiefe und Schneelänge momentan großen Veränderungen ausgesetzt sind, ist der konservative Bärenkörper noch gar nicht vorbereitet, aber dazu kommen wir im Detail im Kapitel »Nina und der Winterschlaf«.

Für den konservativen Bären ist jetzt die Zeit des Schlemmens. Untersuchungen zeigten, dass Bären eigentlich kein Sättigungsgefühl mehr haben und theoretisch nonstop essen können. Das ist auch bitter nötig, denn die notwendigen 20 000 Kilokalorien pro Tag, die der Bär klassischerweise aufnehmen sollte, frisst man nicht so leicht. Also präferiert der Bär jetzt wirklich schwere Kost, im besten Falle reich an Kalorien *und* Fett. Neben den letzten Obstreserven, die Mutter Natur noch zu bieten hat. Bären lungern also temporär und in großer Zahl in Buchen- und Eichenwäldern herum. Gerade das Dorf Očová im Süden Polanas kann hiervon ein Lied singen. Die Südhänge des ehemaligen Vulkans Polana sind sehr fruchtbare Böden mit vielen Buchen und Eichen. Zur Nussreife kommen die Bären aus weit entfernten Gebieten, um täglich Hunderte von hochkalorischen Samen fressen zu können. Hier grenzen noch Maisfelder an die Waldgebiete an, die für die Bären zusätzlich eine beliebte Nahrung liefern. Zudem mischen sich auch noch andere Allesfresser ein – nämlich die Wildschweine, die genauso unter Fressdruck stehen wie die Bären, vor allen Dingen, da sie sich bei Eis und Schnee nicht einfach niederlegen können, sondern auch bei eisigster Kälte und meterhohem Schnee funktionieren müssen. Deshalb macht man auch immer wieder Drückjagden in diesem Gebiet, mit teilweise fatalen Ausgängen. Bei Drückjagden gehen Treiber mit ihren Hunden in den Wald, welche die aufgeregte Wildschweintruppe zielstrebig vor sich hertreiben, damit diese auf die Schützen am Stand trifft, um dann geschossen werden zu können. Befindet sich aber zufällig ein oder im schlimmsten Falle mehrere Bären in dem nervösen Pulk, die dann auch auf die wartenden Jäger treffen, so können die Tiere aus der Panik heraus natürlich auch angreifen und mitunter die Menschen sehr schwer verletzen. Natürlich wäre es eine Gegenmaßnahme, entsprechende mit Bären nahezu übersättigte Wildschweingebiete zu meiden, doch das ist nicht immer so einfach und leicht umzusetzen. Gerade in Zeiten der Wildschweinüberpopulation und drohenden afrikanischen Schweinepest ist es für die Jägerschaft wichtig und oft auch eine Pflicht, ausreichend Tiere zu schießen.

Zurück zum Bären und seinem Herbstfutter: Fettreiche Nahrungsmittel sind auch sämtliche Nüsse, wie zum Beispiel die in der Slowakei wild wachsenden Wal- und Haselnüsse, die eine sehr gute Futtergrundlage bieten. In anderen Gebieten machen Bären aber auch vor Pistazien, Mandeln und Esskastanien nicht halt – man sieht erneut, der

Bär ist ein wirklicher Feinschmecker und uns Menschen manchmal näher als gedacht.

Aber auch tierisches Protein wird wieder wichtiger, da der Bärenkörper ein Meister in der Verwertung ist: In Nordamerika konnte man zeigen, dass das aufgenommene Protein vom Bären im Frühjahr in Muskelmasse umgewandelt wird, im Herbst jedoch kann er aus den Eiweißen sein Fettpolster auffüllen, weshalb einige Bären wieder verstärkt versuchen, Schalenwildtiere zu jagen. Zudem können sie, wie bereits oben erwähnt, auf den Aufbruch aus den Hirsch-, Reh- und Wildschweinjagden zurückgreifen, was eine mitunter sehr wichtige Komponente für die lokale Bärenbevölkerung sein kann. Und was sogar wir beobachtet haben, ist die Tatsache, dass einige Bärenindividuen systematisch unter den Felsen auf die Suche nach Motten gehen, die sehr viel Protein enthalten. Günstig ist zudem, dass die Beschaffung zwar etwas aufwendiger, dafür aber ohne Risiko vonstattengeht – Motten haben ja bekanntlich keine Stacheln oder Ameisensäure, die sie auf die Bärennase ausschütten könnten.

Als letzte Futterquelle für die Bären in der Slowakei haben wir die Wildfutterstellen, hier insbesondere diejenigen Stellen, die massenhaft mit Mais bestückt werden (oder wurden), aber dieses Thema und der andauernde Disput um diese zusätzlichen Futterquellen sollen ebenfalls im Kapitel »Schigo und Noro« intensiver behandelt werden. Eines steht nämlich fest: Der Bär lebt nicht vom Mais alleine, was sich ganz einfach aufgrund der wichtigen, enthaltenen Bestandteile Kalorien, Protein, Fett und Kohlenhydrate erklären lässt. Zu Wildfutter können wir Eicheln, Bucheckern, Walnüsse, Haselnüsse, Äpfel und teilweise Sonnenblumenkerne zählen. Auf den noch nicht abgeernteten

Feldern finden die Bären hauptsächlich noch Mais, der Weizen ist schon lange eingefahren. An den Futterstellen legt (oder legte) man insbesondere Mais, manchmal auch Weizen oder Äpfel und sehr selten Sojabohnen aus. Bis auf die mittlerweile komplett verbotene Sojabohne (hierbei ging es um das Produzieren von mächtigen Hirschgeweihen) ist das angebotene Wildfutter außergewöhnlich arm an Fett und Protein. Fetthaltige Nahrungsmittel sind jedoch essenziell wichtig, um sich erfolgreich einen angemessenen Winterspeck anzufressen. Sonnenblumenkerne kann sich der Bär an Vogelfutterstationen beschaffen, weshalb man in Waldesnähe aufpassen sollte, mit welchem Futterapparat man die Wildvögel zufüttert, um nicht plötzlich einen hungrigen Bären in einem leicht zugänglichen Vogelhäuschen zu haben.

In Tirol ist auch die Preiselbeere sehr verbreitet und wird auch gerne und viel von den Menschen gesammelt. Als ich einmal auf einer Versammlung sagte, dass ich außergewöhnlich wenig fetthaltiges Herbstfutter im Hochalpinen ausmachen kann, da dort eigentlich keine Buchen oder Eichen zu finden sind, so sagte mir jemand, die Bären hätten doch die Granten (tirolerisch für Preiselbeeren). Aber Granten sind von der Ernährungsphysiologie eigentlich am unattraktivsten mit gerade einmal 35 kcal/100 g und keinem Fett oder gar Protein. Davon wird der Bär leider nicht dick und wird sich woanders auf Nahrungssuche begeben müssen.

Ein in diesem Zusammenhang interessantes Phänomen ist die Endozoocherie. Darunter versteht man die Umsiedlung von Samen mithilfe von Tieren. Wie ist das gemeint? Wenn ein Wildtier Früchte wie zum Beispiel Äpfel frisst, so trägt es in seinem Bauch die Apfelsamen mit spazieren, die dann an irgendeinem anderen Ort ausgeschieden werden und dort keimen können. Manche Pflanzensamen müssen sogar den Verdauungstrakt irgendeines Tieres durchlaufen, um überhaupt keimen zu können. In der Slowakei ist das manchmal nahezu amüsant, wenn man plötzlich in einem gewöhnlichen Mischwald ein oder zwei Apfelbäume stehen sieht. Irgendein Wildtier hat somit eine Apfelplantage geplündert und auf dem Weg zurück in den Wald die Samen mitgebracht.

Wenn wir über den Sinn oder Unsinn von Bären in einem Habitat sprechen, so bringe ich sehr gerne dieses Beispiel. Zumindest bringen Bären als Allesfresser entsprechende Pflanzensamen an ganz andere Orte, wo die entsprechenden Pflanzenarten sogar eine Gründerpopulation anfangen können. Als wir einmal tief im Wald einen älteren Bärenkot fanden, aus dem junge Hagebuttentriebe sprossen, hatten Slavo und ich eine unglaubliche Freude. Das sah sehr niedlich aus und bestätigte, dass Bären im Wald eine wichtige Rolle für die Pflanzenwelt einnehmen. In der Hohen Tatra ist man sogar überzeugt, dass der Bär ein heiliges Tier ist, das den Pflanzen erst ihre Heilkraft verleiht, wenn er auf sie trampelt.

Den wunderschön blühenden Bärenkot kommentierte Slavo allerdings so: »Siehst du, Mischka, wenn dich jemand nach dem Unterschied zwischen Bären und Wölfen fragt, dann musst du antworten, dass aus der Bärenkacke schöne Hagebutten wachsen können, während Wolfskacke einfach nur erbärmlich stinkt.«

Mischo, der sanfte Riese, und die Rolle des Bären in der slawischen Mythologie

Mischo war und ist bis heute der größte Bär aus der Polana-Region. Er wog stolze 330 Kilogramm und sah trotzdem buchstäblich aus wie ein Teddybär – gedrungen, runder Kopf und kleine Ohren. Aber er war durchtrainiert wie ein Topathlet und hatte Muskeln hart wie Beton. Mischo haben wir zweimal gefangen: Einmal ging er uns in die kastenförmige Boxfalle in Brusniansky Grun, beim zweiten Mal saß er in der runden Röhrenfalle in Fangova, mehr als 35 km entfernt vom ersten Ort.

Beim ersten Mal wäre es beinahe zu einem Unfall gekommen, da wir zu vielen Leuten erlaubt hatten, beim Fangen zuzusehen. Leider folgten einige Hobbyfotografen unserer Anweisung nicht, den Bären in Ruhe aufwachen zu lassen, und es wäre beinahe zu einer Bärenattacke gekommen. Seitdem haben wir nie mehr so vielen Menschen erlaubt, dabei zu sein. Slavo sagt immer: »Ich brauche kein Publikum, Mischka. Sollen die Leute sich halt den Yogi-Bär im Fernsehen ansehen, aber nicht unsere Arbeit kaputt machen.«

Bären kommen aus der Narkose langsam wieder zurück, genauso wie wir Menschen. Oft sind Augenblinzeln, Schmatzen oder Schlecken mit der Zunge Signale, die uns zeigen, dass die Wirkung der Narkose nachlässt. Das beginnt normalerweise am Kopf und setzt sich dann langsam über den Rumpf und die Gliedmaßen fort. Die Bären können also zuerst den Kopf anheben, versuchen sich dann umständlich zu rollen und stehen irgendwann »urplötzlich« leicht torkelnd wieder auf. Sobald die Bären gemächlich den Kopf bewegen können, ist es für uns das Zeichen, dass wir uns vom Ort des Geschehens wegbewegen müssen. Als also Mischo anfing, mit den Augen zu blinzeln, sich langsam mit der Zunge über die Lippen zu lecken und den allzu schweren Kopf anzuheben, forderte Slavo die anwesenden Männer auf, nun endlich das Feld zu räumen.

Aber das wollten zwei der Männer nicht verstehen. Immer wieder forderte Slavo sie auf, den Bären endlich in Ruhe zu lassen; schließlich kann das Aufwachen und Aufstehen mitunter sehr rasch passieren. Wir selbst bewegten uns langsam den Berg hinauf zum Auto und öffneten den Kofferraum, um unsere Utensilien darin zu verstauen. Unten nahe am Bären stand noch ein großer Geländewagen, der bis auf den Beifahrersitz besetzt war, da einer der Männer immer noch in unmittelbarer Nähe versuchte, den bereits wackelnden Bären zu fotografieren. »Jetzt hört endlich auf damit, ansonsten hat das Konsequenzen«, hörte ich noch Slavo sagen, als der Bär plötzlich aufstand und wie ein Blitz in Richtung des fotografierenden Mannes lief. Bis ich überhaupt realisiert hatte, was da vor sich ging, war es auch schon zu Ende – Gott sei Dank ohne gravierende Folgen: Der Fotograf rannte mit der schweren Kamera in der Hand um den langen Geländewagen herum und wollte die Beifahrertür öffnen, die jedoch klemmte. Laut schreiend, während der Bär irritiert schnaubte, lief der Mann weiter um die Motorhaube herum auf die Fahrerseite, wo bereits das Fenster offen stand und der Fahrer des Wagens den erschrockenen Fotografen ins Innere zog. Dann wurde schnell das Fenster hochgefahren. Slavo und ich konnten noch sehen, wie der Bär gegen das geschlossene Fenster prallte und langsam eine Rolle rückwärts auf dem Boden machte. Wir blieben wie versteinert neben dem Auto stehen. Der Bär schüttelte den Kopf und schien verwirrt; dann stand er langsam auf, blickte sich um, schnaubte noch einmal und wackelte so schnell wie möglich in den Wald.

Ich war so wütend, dass ich überhaupt nichts mehr sagen konnte. Und auch Slavo wirkte mit seiner finsteren Miene wie versteinert. »Das sollte eigentlich ein Nachspiel haben«, sagte er. »Stell dir mal vor, wenn jetzt etwas passiert wäre, dann hätten wir unter Umständen einen Verletzten oder gar Toten gehabt, den Bären hätte man erschießen müssen, und das ganze Projekt wäre gestoppt worden. Bloß weil irgendein Idiot sein Ego befriedigen muss.«

Wir fuhren weg und sprachen kein Wort mehr. Da wir niemandem schaden wollten, ließen wir den Vorfall auf sich beruhen. Allerdings haben wir beim Fangen nie mehr so viele Zuschauer zugelassen. Und das ist gut so und hat sich bewährt: Beim Bärenfangen braucht man keine seltsamen Gestalten, denen es Spaß macht, Selfies mit Bären zu schießen. Man braucht ruhige und professionell arbeitende Leute, die ganz genau ihre Grenzen kennen. Wir haben lernen müssen, dass unsere Gutmütigkeit gefährliche Situationen heraufbeschwören kann. Danach gab es oft Geschrei von verschiedenen Seiten, warum wir so egoistisch seien und niemanden mehr mitnehmen. Ganz einfach: Wir hatten gesehen, dass es leider allzu oft nicht funktioniert.

Ein paar Jahre später wollte ein deutsches Fernsehteam das Bärenfangen filmen. Das Team plante dafür genau drei Tage ein – als ob sich der Bär an den Zeitplan von irgendwelchen Fernsehleuten halten würde. Letztlich haben wir abgelehnt, weil unsere Sorge vor unangenehmen Zwischenfällen überwog. Mit dem Bären hat man schon genug zu tun, die Menschen aber können wir oft gar nicht mehr beeinflussen, selbst wenn wir die gleiche Sprache sprechen.

Zurück zu Mischo: Interessant war, dass keiner der anwesenden Männer – fast alles Jäger – den großen, stattlichen Bären kannte. Sie schauten in die Falle und konnten sich gar nicht erklären, wie es möglich war, dass sie einen so großen Bären noch nie gesehen hatten. Mischo muss so zurückgezogen gelebt haben, dass er mit Menschen kaum in Kontakt kam. So ein Verhalten nennen wir »kryptisch« (also »verborgen, heimlich«). Eigentlich kann man mit solchen Tieren gut zusammenleben, sie halten sich von den Menschen fern.

Leider konnten wir Mischo das erste Mal nur ein paar Monate lang begleiten, dann war auf einmal das Signal weg. Da wir das Sendehalsband nirgendwo fanden, wussten wir nicht, was passiert war. Schon fingen wir an, uns Sorgen zu machen, dass er womöglich geschossen worden war. Doch dann brachte eine Fotofalle Licht ins Dunkel: Die Aufnahmen zeigten deutlich, dass ihm eine als rabiat bekannte Bärin, mit der er während der Paarungszeit unterwegs war, einige saftige Backpfeifen verpasst hatte. Vermutlich hatte sie ihm den Sender weggeschlagen.

Als wir ihn das zweite Mal in der Falle hatten, haben wir uns sehr gefreut. Eindeutig war natürlich auch die Ohrmarke. »Mischka«, sagte Slavo, »das ist Mischo! Das hätte ich nie geglaubt.« Mithilfe des zweiten Sendehalsbandes konnten wir ihn fast 24 Monate begleiten, was uns sehr viele Eindrücke in sein Leben und seine Interaktion mit anderen Bären gab.

Das Ende von Mischo war leider sehr tragisch: Die Bärensituation in Polana war schon länger schwierig; manche Leute forderten höhere Abschusszahlen. Vermutlich in einer »Protestaktion« wurde der nun schon sehr bekannte Mischo erschossen und sein Körper einfach liegen gelassen. Es hat uns traurig und bestürzt gemacht, dass es gerade diesen zurückhaltenden Bären getroffen hat, aber leider kann es passieren, dass gerade die unauffälligen Tiere tief im Wald illegal geschossen werden und nicht die auffälligen Tiere am Rand von Siedlungen. Auch an diesem Vorfall sieht man, wie wichtig ein pragmatisches und konsequentes Management für das Zusammenleben mit so großen und potenziell gefährlichen Tieren wäre. Mischo gilt bis heute noch als einer der größten jemals in der Slowakei dokumentierten Bären. Schade, dass er so enden musste.

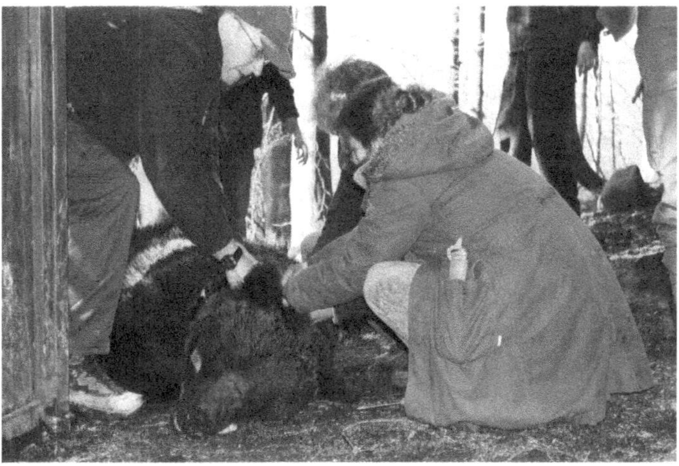

Besenderung des Bären Mischo beim ersten Fangen – vielen Dank an alle Mithelfer.

Bärenfangen ist Teamarbeit

Ich möchte diesem Thema einen eigenen Exkurs über das Fangen und Besendern von Raubtieren widmen. Oft lese ich, dass man jetzt ganz schnell irgendwelche Raubtiere, oft Wölfe, besendern will, und dann muss ich schmunzeln. »Schnell« geht da nämlich gar nichts; das Fangen und Besendern von Raubtieren ist eine sehr langwierige Angelegenheit. Das Sammeln von Daten von besenderten Tieren kann sehr gute Ergebnisse liefern, aber es ist keine Alibitätigkeit, die in emotional geführten Diskussionen um das Zusammenleben mit den großen Beutegreifern einfach mal so in die Runde geworfen werden sollte, um die Menschen vorübergehend zu beruhigen. Ein Wildtier zu fangen und zu besendern, ist eine sehr professionelle Angelegenheit und erfordert ein hohes Maß an Teamarbeit und Vorlaufzeit.

Kurioserweise gibt es Menschen, die sich sehr deutlich gegen das Besendern von Tieren aussprechen, da es a) ein aggressiver Akt gegen das Tier sei und b) die Tiere aggressiv gegen Menschen machen könnte.

Sicherlich ist es richtig, dass das Einfangen und Narkotisieren von Tieren mit einem gewissen Level an Stress verbunden ist. Deswegen ist es ja so wichtig, dass wir hierbei professionell vorgehen und dass nicht jeder interessierte Bärenliebhaber denkt, er könne »mal eben« einen Bären fangen. Selbstverständlich hat die Technik des Fangens einen Einfluss darauf, wie stark der Stress ist, dem wir die Tiere aussetzen. Grundsätzlich können wir Bären in Boxenfallen oder Schlingfallen fangen oder vom Helikopter aus bzw. in freier Wildbahn (oft von einem Hochsitz aus) mit dem Narkosegewehr direkt narkotisieren. Vor Kurzem gab es allerdings eine sehr interessante tierärztliche Studie, die aufzeigte, dass das Narkotisieren vom Helikopter aus zu einem wahnsinnig hohen Stresslevel führt. Der leitende Tierarzt meinte, die entsprechenden Stresshormone seien so hoch, dass es ein Wunder sei, wenn den Bären dabei nicht mehr passiert. Diese Art des Fangens funktioniert auch nur auf ebenen, freien Flächen und nicht in waldreichen Gebieten oder im Gebirge. Auch das Fangen in Schlingfallen ist stressiger als der Einsatz von Boxfallen. In den Boxen können die Tiere bequem liegen und sind eigentlich von allen Seiten geschützt. Narkotisieren vom Hochsitz aus ist die stressärmste Methode, da der Bär vollkommen überrascht wird und dann sofort einschläft; allerdings müssen die Tiere regelmäßig an einen Platz kommen. Darüber hinaus ist es mit einem gewissen Risiko für die beteiligten Menschen verbunden, da man dem Bären dabei sehr nahe kommt. Aus all diesen Gründen entscheiden wir uns meistens für Boxfallen.

Durch das Anlegen eines Sendehalsbandes werden Bären sicherlich auch nicht aggressiv gegen Menschen. Durch die Narkose bekommen sie von all dem nichts mit, und wenn man sich in der Aufwachphase klug verhält und rechtzeitig zurückzieht, ist nach einem Moment der Verwirrung für sie die Sache erledigt. Bei mehr als vierzig besenderten Bären in der Slowakei gab es (bei guter Durchführung, über die Ausnahme mit Mischo habe ich schon berichtet) keinen Zwischenfall und selbstverständlich auch nicht danach, obwohl die Tiere bekannt waren und oft gesehen wurden. Dieses Argument ist absolut nicht haltbar. Seltsamerweise wird es manchmal ausgerechnet von Leuten gebraucht, die ihrerseits Menschen ganz nah an Bären heranführen, was die Tiere wirklich an unsere Präsenz gewöhnen kann.

Kurios war auch einmal das Argument eines radikalen Bärenschützers aus der Slowakei. Der meinte nämlich, die Strahlung aus dem Sendehalsband könne das Gehirn des Bären so stark schädigen, dass dieser dann dement würde und somit menschliche Nähe aufsuchen müsste auf der verzweifelten Suche nach Futter. Diese abenteuerliche Überlegung wurde sehr schnell vom Hersteller der Telemetriesender entkräftet, der zeigen konnte, dass die »elektrische Energie«, die aus dem Sender kommt und auf das Gehirn des Bären trifft, tausendmal schwächer ist als die Strahlung, der wir uns mit dem Handy in der Hosentasche aussetzen.

Wie bereits gesagt: Beim Fangen steht immer die Sicherheit des Menschen an erster Stelle, dann die des Tieres, und ganz am Schluss steht der eigentliche »Erfolg«, also die Frage, ob wir dem Tier wirklich ein Sendehalsband umlegen können. Das Wichtigste beim Bärenfangen ist ein verlässliches Team, hinzu kommt eine umfassende Vorarbeit im Feld.

Zuerst einmal müssen wir uns entscheiden, wo wir die Falle platzieren. Dafür haben wir oft mit Förstern und Jägern zusammengearbeitet, die ihren Wald und seine Bewohner sehr gut kennen. Später, mit immer mehr Wissen (auch durch die besenderten Tiere), konnten wir zunehmend besser abschätzen, ob es sich wirklich um einen guten Platz handelt. Wichtig: die Tiere müssen regelmäßig vorbeikommen und nicht nur sporadisch vorbeischauen. Oft haben wir entsprechende Plätze zuvor ein wenig beködert, beispielsweise mit einem Eimer Mais, und überprüften dann mithilfe von Fotofallen, ob und wie häufig die Bären tatsächlich vorbeischauen.

The Maize man :-) Nach guter Vorarbeit konnten wir an genau dieser Stelle insgesamt drei Bären fangen und mit einem Sendehalsband versehen.

Leider sehen wir zunehmend eine Tendenz, dass Menschen die Wälder überfluten und überall auftauchen, auch außerhalb der offiziellen Wege. Selbst wenn es sich um gute Plätze handeln sollte, können wir dann aufgrund der hohen menschlichen Frequenz dort keine Falle aufstellen, da die Gefahr einfach zu groß ist, dass etwas passiert. Es wäre nicht auszudenken, welchen Skandal wir provozieren würden, wenn ein Kind in eine Bärenfalle gerät und sich dabei verletzt.

Der erste Prototyp unserer Kastenfalle wurde von Slavo geplant und dann mit unserem alten, erfahrenen Fuhrparkleiter in liebevoller Kleinarbeit umgesetzt. Wir waren alle sehr stolz, als die riesigen Metallteile abholbereit waren und wir sie an den vorher ausgesuchten Platz im Herzen von Polana brachten. Das Metall war jedoch auch unheimlich schwer; der Geländewagen pfiff buchstäblich aus dem letzten Loch, bis wir die Falle an den ersten Ort gebracht hatten. Dann wurde alles verschraubt und die Falle offen gelassen – die Bären müssen sich zuerst einmal an das komische neue Ding gewöhnen, und das dauert oft länger, als man denkt. Teilweise meiden die Tiere den Platz mehrere Wochen lang, so verdächtig kommt ihnen der fremde Gegenstand im Wald vor.

Irgendwann kommt allerdings der Moment, in dem sie sich annähern bzw. auch schon einmal hineinschauen. Dann kann man langsam darüber nachdenken, die Falle zu aktivieren, damit beim Auslösen des Triggers das Tor zufällt. Wir haben immer sehr darauf geachtet, dass der Abstand vom Trigger bis zum Tor weit genug ist, damit der Bär darin nicht eingeklemmt wird.

Natürlich muss die Falle überwacht werden, damit wir wissen, ob sich ein Tier darin gefangen hat. Mittlerweile gibt es moderne Methoden wie etwa Fotofallen, die regelmäßig Bilder auf das Handy schicken. Am Anfang jedoch mussten wir jeden Morgen in den Wald fahren und die Falle kontrollieren. Unterstützt wurden wir dabei durch Förster und Jäger, die bei der Kontrolle mithalfen.

Heutzutage sehen wir auf den Aufnahmen der Fotofallen, ob ein Bär in die Falle gegangen ist. Aber ich erinnere mich noch gut an einen sehr frühen Morgen, an dem Slavo und ich Dienst hatten und er plötzlich meinte: Mischka, das Tor ist zu! Okay, das kann natürlich alles und nichts bedeuten. Wir waren sehr aufgeregt, als wir uns leise anpirschten und dabei zu hören versuchten, ob sich denn wirklich etwas in der Falle befindet. Wir näherten uns von zwei verschiedenen Seiten an, immer im Blickkontakt zueinander. Es kann immer sein, dass ein Jungtier in die Falle gegangen ist und das besorgte Muttertier sich irgendwo in der Nähe aufhält.

Auf einmal hörten wir ein komisches Geräusch, ein Quietschen und Kratzen, als ob kleine Krallen versuchen, sich auf Metall zu bewegen. Wir schauten uns an und mussten gar nichts sagen. Das Geräusch wiederholte sich, während wir uns bis auf fünf bis sieben Meter näherten. Nach allen Seiten sichernd, starrten wir auf die obere Öffnung, ob dort eine kleine Bärenpfote sichtbar würde. Wir waren nicht bewaffnet, und Bärenspray gab es damals noch nicht. Eine riskante Situation, wie sie zu meinem Beruf dazugehört; ich habe mich ein Stück weit daran gewöhnt. Vielleicht wundere ich mich deshalb manchmal, wenn Menschen in München sich beim täglichen Spaziergang im Englischen Garten plötzlich vor einem Bärenangriff fürchten, nur weil man im weit entfernten Allgäu Spuren gesehen hat.

Diese konkrete Situation jedoch endete weit weniger dramatisch, als wir im ersten Moment befürchtet hatten. Denn siehe da: Auf einmal steckte ein Marder sein hübsches Köpfchen durch die Öffnung der Falle, erneut begleitet von dem kratzenden, quietschenden Geräusch. Sekunden später war er mit einem Pfeifen im Wald verschwunden. »Boah!«, stöhnte Slavo. »Das blöde Vieh hat mich vielleicht erschreckt!« Er schüttelte noch einmal ungläubig den Kopf, um dann in lautes Lachen auszubrechen. »Sagen dürfen wir das keinem, dass uns so ein kleiner Waldmarder an der Nase herumgeführt hat, nur, weil er unserem Bären die Äpfel klauen musste.« Denn so war es: Der kleine Kerl hatte sich an den ausgelegten Äpfeln und anderen Leckereien bedient, die allerdings ordentlich festgebunden waren, damit durch die Bewegung der Trigger ausgelöst wird. Irgendwie hat es der kleine Kobold dann geschafft, die angebundenen Knochen loszureißen, was den Trigger ausgelöst und die Türen zum Zufallen gebracht hatte. »Da sieht man erst mal, welche Kraft so ein kleines Tierchen hat«, meinte Slavo. »Na ja, kein Wunder, sie erledigen ja auch Hasen und Kaninchen.«

Slavo und ich mit unseren fleißigen Helfern aus dem Feld, zwei Jägern aus Sihla. Wir sind bis heute dankbar, dass wir so viel Hilfe aus der Jägerschaft bekommen haben. Hier im Bild: Beködern der Falle mit Maiskolben an einer weiteren Stelle; im Bild sieht man bereits die Röhrenfalle.

An derselben Stelle hatten wir einen noch weitaus kurioseren Zwischenfall. Bevor wir an diesem Platz Mischo fangen konnten, war schon einmal ein Bär in die Falle gegangen, der sich aber auf ungewöhnlichste Art selbst befreit hatte – und wieder waren wir zwei morgens dran mit der Kontrolle. Nach dem Marder-Zwischenfall reagierten wir nicht mehr ganz so nervös, als wir mit dem Fernglas von oben sahen, dass die Tür zugefallen war. Trotzdem näherten wir uns mit entsprechender Vorsicht der Falle – doch sie war leer. Zuerst dachten wir natürlich an den Marder, dann bemerkten wir aber, dass die Zwischenwände offen standen. Erneut hatten wir die Falle an einem Ende auf einer großen Wurzel aufgestellt, was ein leichtes Schaukeln der Falle ermöglichte, wenn man es denn versuchte. Der Bär hatte das offenbar herausgefunden, und irgendwann, er hatte ja die ganze Nacht Zeit, mussten sich draußen an der Verschraubung der beiden Seitenteile die Muttern von den Schrauben gelöst haben, und der Bär konnte entkommen. Wir waren baff, mit so etwas hatten wir wirklich nicht gerechnet.

Im Laufe unserer Bärenfangkarriere haben wir so einiges erlebt, aber dieser Zwischenfall zeigte uns erneut, wie schlau, aber auch wie beharrlich Bären sein können, wenn es wirklich darauf ankommt. Jedoch hätte eine solche Situation auch gefährlich enden können, falls wir genau in dem Moment gekommen wären, als der Bär seinen Kopf aus der Falle herausstreckte. Eine Lösung für das unerwartete Problem war jedoch schnell gefunden: Wir tauschten sämtliche Schrauben gegen Lkw-Schrauben aus, die man in den Reifen einsetzt und die über ein Sicherheitsgewinde verfügen, damit sich nichts lösen kann. Was man nicht alles von den Bären lernt!

Gefangen

Ist der Bär dann wirklich in der Falle, muss man als Team gut zusammenarbeiten und sich aufeinander verlassen können. Die heutigen Medikamente sind sehr gut, und die Tiere schlafen eigentlich sehr verlässlich. Trotzdem handelt es sich noch immer um einen Bären, der unter einem riesigen Stress steht und versuchen wird, sich zu verteidigen. Die Geschichte mit Mischo zeigte uns sehr schnell, dass wir kein Publikum brauchten. Immer wieder gab und gibt es Anfragen von interessierten Leuten, die sehr gerne eine Bärenfangaktion miterleben möchten. Wir lehnen das aber generell ab, da jeder Mensch mehr für uns und unsere Arbeit ein zusätzliches Risiko bedeutet. Oft stieß und stößt dieses Verhalten zwar auf Unverständnis, aber Bärenfangen ist keine Zirkusvorstellung und auch keine exklusive Selfie-Gelegenheit. Manche Leute wollten sogar aus Bratislava erst anreisen, wenn tatsächlich ein Bär gefangen worden war. Für uns – und für das gefangene Tier! – hätte das mindestens drei Stunden Wartezeit bedeutet.

Die ruhigste Fangaktion hatten wir mit der Bärin Saimiri. Es ist schon interessant, dass dieselben Leute, die sich unbedingt zum Bärenfangen anmelden wollen, am Ende nur dann zur Verfügung stehen, wenn sich der Bär »innerhalb der Geschäftszeiten« besendern lässt. Am Wochenende oder Feiertag schwindet die Bäreneuphorie zunehmend. Aber für die Narkotisierung und Besenderung brauchen wir mindestens einen oder zwei kräftige Helfer.

So auch bei Saimiri. Wir wussten, dass die Bärin in der Falle saß, früh an einem sehr schönen und heißen Sonntagmorgen Ende Juni, also bei prachtvollem Badewetter. Und auf einmal hatte keiner unserer angemeldeten Helfer Zeit. In unserer Verzweiflung waren wir schon fast so weit, an der Tankstelle den erstbesten einigermaßen trainierten Mann zu fragen, ob er denn nicht Lust hätte, uns heute Vormittag beim Bärenfangen zu assistieren. Gott sei Dank hat sich der Jagdvorsteher aber dann spontan dazu bereit erklärt, uns zu helfen und zur Unterstützung noch seinen Kollegen mitzubringen. Wir waren also zu viert und arbeiteten sehr schnell, endlich einmal komplett ruhig und effektiv. Die Bärin war 121 kg schwer; die beiden Männer konnten sie relativ einfach aus der Falle holen.

Nachdem wir mehrmals getestet haben, ob der Bär denn auch wirklich schläft, kommt irgendwann der spannende Moment, in dem die Bärenfalle geöffnet werden muss. Jetzt ist es besonders wichtig, sich auch ohne Worte aufeinander verlassen zu können.

Wenn Bären fest schlafen, dann sind sie nahezu bewegungslos und dementsprechend schwer, da sie keine Muskelspannung mehr haben. Es ist also anstrengender, als man denkt, ein so großes Tier aus der Falle herauszubekommen, schließlich kann man es ja nicht einfach herausschütteln. Da heißt es vorsichtig sein, aber auch gut zupacken können. Die eigentliche Besenderung ist relativ schnell gemacht, es ist nur wichtig, immer etwas Puffer zwischen dem Hals und dem Sendehalsband zu lassen. Auch auf die Gefahr hin, dass die Bären das Halsband verlieren: Es geht in erster Linie um die Sicherheit des Tieres. Wenn die Bären im Spätsommer und Herbst für den Winterschlaf Gewicht zulegen, können sie in ernsthafte Schwierigkeiten geraten, falls der Sender zu eng anliegt. Leider gab es auch in der Slowakei diese Probleme, als nicht ausreichend geschulte Leute anfingen, Bären mit Sendehalsbändern zu versehen. In anderen Teams wurden zu junge Bären besendert, denen das Sendehalsband dann buchstäblich in den Hals eingewachsen ist. Aus diesem Grund haben wir zu junge Tiere immer freigelassen, ohne ihnen ein Halsband umzulegen. Das Risiko, dass den Tieren etwas passiert, ist einfach zu hoch. Mittlerweile gibt es die Möglichkeit, eine Art »Pappsender« anzulegen, die buchstäblich auf das Fell geklebt werden; diese halten jedoch höchstens bis zum nächsten Fellwechsel. Trotzdem lassen sich mithilfe dieser speziellen Sender zum Beispiel Abwanderungen von Tieren studieren, wenn es sich um ein Individuum handelt, das sich im Alter von zwei bis vier Jahren ein neues Streifgebiet sucht.

Vorbereitungen zur Besenderung. Links wird die Narkose vorbereitet, während wir rechts noch einmal das Sendehalsband überprüfen.

Nach der Besenderung warten wir immer so lange, bis der Bär wieder bei Bewusstsein ist und sich fast schon wieder bewegen kann. Dieser Prozess dauert oft länger, als man glaubt: mindestens neunzig Minuten, manchmal bis zu drei Stunden. Wir fühlen uns einfach sicherer, wenn wir sehen, dass es dem Bären beim Aufwachen gut geht. Wenn er aber schon wieder so mobil ist, dass er fast gehen könnte, ist es allerhöchste Zeit, endlich zu verschwinden, damit wir das Tier nicht zu sehr stressen.

Warum wir »unseren« Bären Namen geben

Gerade im deutschsprachigen Raum wird mitunter hitzig darüber diskutiert, ob man den Tieren (menschliche) Namen geben soll oder nicht. Mittlerweile ist man dazu übergegangen, die Tiere mit einem Art Code zu belegen, oft zusammengesetzt aus Zahlen und Buchstaben mit verschiedenen Bedeutungen. Darauf hatte man sich schon vor geraumer Zeit geeinigt, da man jede Form von Vermenschlichung und eine zu starke Identifizierung von Menschen mit den entsprechenden Raubtieren draußen im Feld vermeiden wollte. Ein sehr prominentes Beispiel ist in diesem Falle der Bär Bruno, der erste Bär, der nach einer sehr langen Abwesenheit dieser Spezies im deutschsprachigen Raum aufgetaucht war und für sehr viel Aufregung, Angst, Unsicherheit, aber auch rasende Euphorie in den verschiedensten Gruppen sorgte.

Ehrlich gesagt, der Name Bruno ist nicht besonders originell für einen Bären, aber er hat sich bis heute in die Köpfe der Menschen eingebrannt und ist für viele eng mit dem bayerischen Bären verbunden. Bruno war nicht gerade der einfachste Kandidat, was das Zusammenleben zwischen Raubtier und unerfahrenen Menschen im Alpengebiet betraf. Letztlich wurde er aufgrund verschiedener Indizien und Beurteilungen aus dem Feld entfernt, sprich geschossen. Allerdings hat dieser Bär wie kaum ein anderer bei vielen Menschen sowohl aus dem Pro- als auch aus dem Contra-Lager einen bleibenden Eindruck hinterlassen. Auf mich wirkt es befremdlich, dass es bis heute »Bruno-Gedenktage« gibt, die an den Tod dieses Tieres erinnern sollen.

Trotzdem geben wir »unseren« Bären Namen, und zwar aus einem ganz bestimmten Grund: In der Slowakei sieht man die Raubtiere draußen im Wald noch etwas pragmatischer und gelassener. Sie polarisieren nicht so stark wie im deutschsprachigen Raum, werden weniger stark verteufelt bzw. verehrt. Das ist für die Wildtiere ein großer Segen, und man kann nur hoffen, dass es auch so bleibt. Da in der Slowakei immer Bären gelebt haben, gab es auch keinen Superbären, der auf einmal da war und so viele verschiedene, starke Emotionen hervorrufen konnte. Wir haben angefangen, den Tieren Namen zu geben, da es auf diese Weise einfacher war, sie zu identifizieren und draußen vor Ort über sie zu sprechen. Selbstverständlich hätten wir ihnen auch einen Zahlencode geben oder sie mit der Nummer des Sendehalsbandes bezeichnen können. Aber die Namensgebung ermöglichte es uns, mit allen Menschen im Bärenstreifgebiet eindeutig über spezielle Individuen zu sprechen.

In Polana gab es eine Gruppe Menschen, die ganze Stammbäume ihrer anwesenden Bären aufstellten und diese Jahr für Jahr beobachteten. Manche Namen bezogen sich auf spezifische Körpermerkmale (*Harlekin* wegen der weißen Halskrause oder *Maximus* wegen der Größe), andere wurden einfach so gegeben.

Wenn wir mit unserem kleinen Team einen Bären fangen, dann darf immer ein Teammitglied den Namen aussuchen, der dann auf dem Protokoll vermerkt wird. Selbstverständlich verwenden wir diese Namen nicht in wissenschaftlichen Publikationen, aber wir hören auch nicht damit auf, nur weil einige Menschen keine Grenze mehr zwischen Bären und Menschen ziehen können.

Die wahrscheinlich wildeste Geschichte rund um das Thema Beködern oder: Gibt es den slowakischen Yeti?

Einmal bekamen wir von einem Jäger einen Tipp hinsichtlich eines guten Fangplatzes für Bären. Er meinte, dass in dem Gebiet viele Bären seien und wir gern überall eine Falle aufstellen dürften. Wie immer haben wir uns das Gelände gründlich angesehen und dann an einer abgelegenen Stelle ein paar Äpfel ausgelegt, um mithilfe der Fotofalle zu überprüfen, ob und wie oft hier Bären vorbeikommen.

Ein paar Tage später kontrollierten wir die Bilder auf der Fotofalle und trauten unseren Augen kaum: Anstatt eines Bären hatten wir einen großen, hageren, offenbar ausgehungerten Mann mit langem, bis zum Knie reichendem Bart und bis zur Hüfte reichenden Haaren fotografiert, der hastig die Äpfel in einen Stoffbeutel packte. Wie kam der arme Mensch an diesen Ort, so viele Kilometer weg von menschlichen Siedlungen oder Strukturen? Was machte er im Wald? War er auf der Flucht, auf der Wanderschaft, oder war es ein armer Obdachloser, der irgendwo im Wald sein Lager aufgeschlagen hatte? Ehrlich gesagt waren wir auch sehr bestürzt über den erbärmlichen Zustand dieses Mannes. »Also, Mischka, wenn das der Yeti ist, dann hat die

Slowakei leider nur einen ganz dünnen Yeti zu bieten, so viel steht fest«, sagte Slavo, fügte aber gleich hinzu: »Irgendwie habe ich ein schlechtes Gewissen, dass er ausgerechnet diese schlechten Äpfel erwischt hat. Komm, wir fahren noch mal ins Geschäft und kaufen bessere Qualität.«

Gesagt – getan. Wir fuhren ins Dorf zurück und kauften ein paar Kilo sehr schöne und feste Äpfel, die wir dann an der Stelle erneut auslegten. Nur haben wir den Mann mit den langen Haaren und dem langen, ausgefransten Bart nie mehr wiedergesehen, geschweige denn fotografiert. Allerdings kam auch kein Bär an dieser Stelle vorbei.

Der einsame Mann blieb mir noch sehr lange Zeit im Gedächtnis, und immer wieder denke ich an ihn zurück. Wie kam er wohl dorthin? Wie lange hatte er nichts mehr gegessen? Lebt er im Wald? Hatte er etwas angestellt? Oder ist die Antwort auf diese Frage ganz einfach, vor allen Dingen im Hinblick darauf, dass wir die Fotografie nicht mehr finden können: Handelte es sich einfach um Lesnik, den Waldgeist aus der slawischen Mythologie? Wir wissen es nicht, aber es macht Spaß, darüber zu spekulieren.

Vielleicht sollten wir erst einmal die Frage klären, wer Lesnik ist und was es mit seinem Verhältnis zu den Bären auf sich hat.

Lesnik und der Bär – ein Ausflug in die slawische Mythologie

Die Bedeutung des Bären bzw. der Bärin in der slawischen Mythologie ist sehr berührend, weshalb sie hier zumindest kurz erwähnt werden soll. Die meisten Menschen kennen die slawische Mythologie eigentlich gar nicht, häufig sind sie eher mit der skandinavischen Mythologie oder dem Glauben der nordamerikanischen Ureinwohner vertraut.

Interessant ist zu wissen, dass der Kult um den Bären seinen Ursprung in Eurasien hat und somit eigentlich in der slawischen Mythologie die ursprünglichsten Bilder zu finden sind. Offenbar haben die Menschen, die vor langer Zeit die damals noch zugefrorene Beringstraße überquerten, ihren Glauben mitgenommen, inklusive einer starken Verehrung der Natur. Der Ethnologe Hallowell hat sich das so erklärt, dass die Bären in der nördlichen Hemisphäre, in der es keine Affen gibt, eigentlich die menschenähnlichsten Tiere darstellen. Anscheinend haben die Bären mit ihren menschenähnlichen Zügen und dem teilweise aufrechten Gang die Menschen sehr inspiriert und zum Nachdenken gebracht. Man sagt im slawischen Kulturkreis (aber auch in anderen Teilen der Welt) auch, dass ein gehäuteter, auf dem Bauch liegender Bär extrem einem menschlichen Wesen, oder ganz konkret einer Frau, ähnelt.

Oft denke ich mir: Der slawische Glaube war so liebevoll und mit so viel Magie angefüllt – vielleicht sähe unsere Welt ganz anders aus, würden wir noch immer so denken. Zuerst einmal hatte alles eine Seele, von Steinen angefangen über Pflanzen, Tiere und natürlich bis hin zu uns Menschen. Es gab dabei kaum eine Hierarchie – und alle beseelten Lebewesen waren letztlich gleich viel wert. Man glaubte an freie Seelenwanderung und war überzeugt, dass man im nächsten Leben als Pflanze oder auch als Tier wiedergeboren werden konnte, was nicht schlechter war als die Menschengestalt.

Über die Entstehung der Erde

In unserer uralten Vergangenheit war rundherum nur Wasser, Wasser und Wasser, überall Wasser. Es gab sonst nichts anderes.

Einmal bat der Gott Inmar die Ente, unter Wasser zu tauchen, um den Grund zu erreichen. Und der Gott Inmar befahl ihr, bei ihrem Zurückkommen einige Krumen vom Grund mitzubringen und nicht zu verlieren. Der Vogel tauchte und hakte seinen Schnabel in den Bodengrund. Dann schwamm er wieder zur Wasseroberfläche. Beim Auftauchen nahm der Bodengrund in ihrem Schnabel an Gewicht zu, mehr und mehr, bis die Ente keinen Platz mehr im Mund hatte – sie hätte platzen können.

Als die Ente an der Wasseroberfläche zurück war, saß dort Satan. Der Satan spottete über die Ente, er wollte sich über den Vogel lustig machen. Die Ente ertrug ihn nicht und lachte laut auf. Dabei spuckte sie den mitgebrachten Bodengrund überall auf das Wasser aus.

Dort, wo mehr Bodengrund hinfiel, entstanden die Berge. Dort, wo der Bodengrund gleichmäßig hinfiel, dort entstanden die Täler und Wiesen.

*Wie könnten wir auf dieser Welt sein, hätte nicht die Ente den Bodengrund zu Gott Inmar bringen wollen?**

Der »slawische Olymp« ist geradezu vollgestopft mit verschiedenen Gottheiten und variiert von Region zu Region, zum Teil von Dorf zu Dorf. Auch die Namen der Götter und Göttinnen variieren. Dennoch ist die Vorstellung von der generellen Organisation der Welt gleich, und sie ähnelt durchaus den Vorstellungen in der keltischen und skandinavischen Mythologie. So glaubte man,

---

* Quelle: 1998, Konga Dorf in Russland; Janaul Bzk., Bashkiria. Übersetzt von Frau Dr. Dr. Tatiana Minniyakhmetova – Translated by Mrs. Dr. Dr. Tatiana Minniyakhmetova, August 2004.

dass die Weltordnung einem Baum ähneln würde: In der Krone befindet sich die Welt der Lebenden, und im Wurzelwerk dürfen die Toten ruhen. Beide Zonen werden jeweils von speziellen Gottheiten beschützt: Oben im Wurzelwerk befindet sich der »weiße Gott« (Bielyboh) und unten passt der »schwarze Gott« (Ciernyboh) auf die Toten auf. Parallelen zum »lieben Gott« und »bösen Teufel« sind schnell gezogen, auch wenn die beiden slawischen Gottheiten keine Attribute hatten; sie waren einfach die Hüter der ihnen anvertrauten Welt. In verschiedenen Vorstellungen wird entweder der »weiße Gott« oder der »schwarze Gott« von Wölfen oder auch von Bären begleitet, die ihnen bei der Arbeit behilflich sind. Leicht kann da aus dem Bären oder dem Wolf ein Gefährte Satans werden – obwohl sie doch in der slawischen Mythologie nur treu ihren Dienst erfüllten. Gerade der Wolf wird diesen negativen Beigeschmack bis heute nicht los und ist bei vielen Menschen immer noch als ein teuflisches, böses Wesen verschrien. Meiner Meinung nach geht dieser Irrglaube viel weiter zurück als das allzu oft zitierte Märchen von Rotkäppchen, das viel jünger ist als die mythologischen Vorstellungen von der allgemeinen Weltordnung.

Für den Bären gilt Ähnliches wie für den Wolf. Oft wird zwar behauptet, dass wir Menschen deshalb den Bären lieber mögen, weil wir als Kinder mit Teddybären gespielt haben. Aber mit dem Wissen um die alten Mythologien und die Menschenähnlichkeit des Bären glaube ich, dass die Zuneigung zu diesen Tieren viel älter ist als das Kinderspielzeug aus dem vergangenen Jahrhundert.

Dieser Bär rekelt und reckt und streckt sich mit Genuss. Die meisten würden ihn wohl als sehr menschenähnlich bezeichnen, wenn er sich gemütlich und mit ausgestreckten Pfoten auf dem Rücken rollt. Dieser Kandidat freut sich zusätzlich, dass er den Wölfen ein Stück Wildfleisch geklaut hat und er sich ausgiebig an der willkommenen Fleischmahlzeit laben kann. Danach gönnt er sich ein Verdauungsschläfchen.

Das Transportmittel zwischen den beiden Welten der Lebenden und der Toten war das Wasser, mit welchem die Seelen leicht mitschwimmen konnten. Bis zum heutigen Tag sieht man in kleinen Dörfern, dass der Friedhof vom Rest des Dorfes durch einen Fluss getrennt ist. So, dachte man, könnte man den Seelen der Toten den Weg in das warme, schützende Totenreich erleichtern und den verwirrten umherwandernden Seelen helfen, das richtige Transportmittel zu finden. Umherirrende Seelen gibt es auch im Christentum, hier jedoch sind es eher die Geister von Toten, die nicht zur Ruhe kommen und oft die Lebenden erschrecken oder gar terrorisieren.

Sämtliches Wasser war heilig und lebensspendend. Das Gleiche galt für heilige Steine und verschiedene mystische Orte. Die Vorstellung ging so weit, dass man annahm, Frauen könnten im Wasser schwanger werden, da man dort frei schwimmende Seelen vermutete, die gerne wieder auf die Erde zurückkommen wollten. Ein paar wenige Tiere konnten sich frei zwischen dem Reich der Toten und dem Reich der Lebenden hin- und herbewegen, darunter zum Beispiel Vögel und Eichhörnchen. Dem Bären, beziehungsweise eigentlich der Bärin, kam eine ganz bedeutende Rolle zu: Man glaubte nämlich, dass die Bärin ein Symbol für die Wiedergeburt sowie eine Lebensspenderin sei.

Wie konnte die Bärin zur Fruchtbarkeitsgöttin werden?

Bären leben fast ausschließlich als Einzelgänger. Ausnahmen sind die kurze Paarungszeit und natürlich die Kinder- und frühe Jugendzeit der Bären, wenn sie bei ihrer Mutter sind. Die Menschen früherer Zeiten haben noch viel näher mit der Natur und all ihren Bewohnern zusammengelebt und natürlich gesehen, dass die großen, braunen Riesen im Winter einfach verschwinden. Im Frühjahr kamen die Bären aber wieder zurück, die Bärin gar noch in Begleitung von Jungtieren. Die einzige Erklärung, die für die Menschen Sinn machte, war, dass die Bären wahrscheinlich im Winter sterben und im Frühjahr wiedergeboren werden. Die Bärin, die ja nicht einmal in einem Paarverband lebte, musste also ein gottähnliches Wesen sein, da sie ganz allein »Bärenbabys« produziert hatte. Einige eurasische Völker glaubten sogar, dass die Bärin ihre Stammesmutter sei.

Im Christentum machte man aus der Bärin eine »immer geile Hure«, die sogar ihre Jungtiere auffrisst, um wieder ranzig zu werden. So würde sie zum Symbol für Wollust und Kindesmord. Wenn man aber genauer darüber nachdenkt, dass man früher in Menagerien armselige Bären (aus dem Freiland) hielt, die sich verpaaren durften und dann wahrscheinlich einfach unter den furchtbaren Bedingungen so überfordert waren, dass sie der heroischen Aufgabe als stolze Mutter gar nicht nachkommen konnten, dann verwundert es nicht, dass vielleicht eine Bärin auch einmal ihren Nachwuchs getötet hat. Aber sicherlich nicht aus Jux und Tollerei, Völlerei oder gar Geilheit. Gerade das Beispiel der Bärin zeigt uns, wie stark das frühe Christentum den Naturglauben als Konkurrenz gesehen haben muss und deshalb sämtliche Bilder in etwas Negatives umgedreht hat.

Wichtige Freunde und Verbündete der Bären unter den Gottheiten der slawischen Mythologie

Gerade Bären hatten als Helfer- oder Begleiter-Tiere immer ihren festen Platz in der slawischen Mythologie, was ihre Ausnahmerolle im Tierreich ein weiteres Mal bestätigt. Der zu Beginn erwähnte Waldgeist Lesnik (von Les = Wald) ist nur einer davon. Lesnik oder Lesny befindet sich als Beschützer und Geist des Waldes sehr oft in Begleitung von Bären. Lesnik treibt gerne Schabernack und versteckt den Menschen, die sich im Wald aufhalten oder arbeiten, immer wieder Sachen und Werkzeuge. Allerdings ist Lesnik verfressen, weshalb man ihm bei Waldarbeiten sehr oft süßen Haferbrei mitbrachte, der ihn besänftigen sollte.

Neben Bielyboh und Ciernyboh ist der Bär auch oft in der Gefolgschaft von Veles, der zum einen als Kriegsgott, aber auch als Beschützer des Feldes und des Viehs galt. Veles war somit für die Bauern eine wichtige Anlaufstelle, da sie sich von ihm erhofften, dass er die Weidetiere und die Ernte beschützte. In manchen Gebieten ließ man ihm als Opfergabe einige Ähren auf den Feldern stehen. Jetzt aber, mit dem Wissen, dass Bären sehr gerne Feldfrüchte wie Hafer, Weizen oder auch Mais plündern, muss ich schmunzeln: Vielleicht war die Opfergabe gar nicht für Veles, sondern für sein »Haustier«, den Bären, bestimmt?

Eine außergewöhnlich wichtige Person in der slawischen Mythologie ist und bleibt die Frauengestalt Baba Yaga, die in der westlichen Welt sehr schnell den Ruf einer kinderfressenden Hexe bekommen hat, was überhaupt nicht stimmt. Baba Yaga ist eine weise Frau und kann als Waldgöttin oder gar als Mutter Natur bezeichnet werden. Sie lebt allein mit ihren Tieren, darunter ihre Bären, im Wald in einem Häuschen auf einem Krähenfuß. Sie kann in drei verschiedenen Gestalten und Altersstufen vorkommen: Als junge Verführerin, die teilweise auch die Treue von Verlobten und Ehemännern testet. Die zweite Gestalt ist eine reifere Frau, von der man sich Rat und Tat erhofft – eine Heilerin und kräuterkundige Person, schon erfahren genug, um gute Abhilfe zu schaffen – hier finden wir das Gegenstück zur bösen Fee, die verzaubert und verwünscht. Das häufigste Bild aus Filmen und Fernsehserien ist jedoch eine alte, hässliche Baba Yaga, die perfekte Parallele zur Hexe aus dem Grimm'schen Märchen »Hänsel und Gretel«. Auch das war ursprünglich anders gemeint: Baba Yaga hat als alte Frau durchaus ungezogene Kinder bestraft (wenn auch niemals aufgegessen). Aber man konnte sich von der weisen alten Frau im Wald auch Hilfe erwarten, wenn man sich verlaufen hatte – zumindest dann, wenn man ihren Freunden, den zahlreichen Tieren, kein Leid zugefügt hatte. Es ist eigentlich zum Kopfschütteln, wie sehr die Bilder missinterpretiert worden sind.

Baba Yaga konnte in Ausnahmefällen Tiergestalt annehmen, unter anderem die Gestalt einer Bärin. Teilweise galten ja auch in der späteren Hexenverfolgung die Bären als die Reittiere der bösen Frauen, was den Hass auf diese Tiere sicher noch beflügelt hat.

Vor langer Zeit wurde Baba Yaga auch gern an die Hochzeitstafel eingeladen, da sie als Fruchtbarkeitsgöttin galt und somit dem jungen Brautpaar reichen Kindersegen bescheren sollte. Teilweise kam sie aber auch in Bärengestalt und tanzte dann mit der Braut, was als Fruchtbarkeitsritual diente. Auch hier können wir rasch die negative Auslegung zeigen. Aus der freundlichen Baba Yaga am Hochzeitstisch wird die böse Fee, die das neugeborene Kind verwünscht. Und aus der ausgelassen tanzenden Bärenfrau wird auf einmal ein sexuell überaktiver Bär, der die unschuldige junge Braut raubt und sie in seine Höhle zerrt.

Die letzte Verbindung hat der Bär zu Väterchen Frost – dem slawischen Gegenstück zum heiligen Nikolaus bzw. dem Weihnachtsmann. Väterchen Frost ist ja vor allem in vielen Teilen Russlands unterwegs; er belohnt brave Kinder mit Geschenken und straft die bösen für ihre Vergehen. Oft hat er als Helfertier den Bären bei sich; teilweise ziehen Bären auch die mit Geschenken vollgepackte Kutsche über den verschneiten, gefrorenen Boden. Nun kann man sich leicht vorstellen, dass aus dem eigentlichen Helfer- und Reittier, dem Bären, ganz plötzlich der böse Geselle vom Nikolaus werden kann, der im Extremfall die Kinder furchtbar bestraft oder sie in seinen großen Jutesack packt und dann irgendwo in den Wald verschleppt.

*Der Klaubauf, Bartl, Krampus, Santaklas gesellte sich erst später zum Nikolaus; in den Heiligenlegenden ist er jedenfalls nicht zu finden. Er hat sein ungutes Wesen von den Dämonen des Winters, von den Begleitern der Wilden Jagd, die man einst dahinstürmen hörte, und mancherorts sagt man: »Wenn du nicht brav bist, kommt statt dem Nikolaus der Wilde Mann und holt dich!« Im Eisacktal in Südtirol erscheint der Klaubauf oft in Bärengestalt oder wenigstens mit zottigem Pelz vermummt, Ähnliches gilt für die Perchten und Klausen in Oberbayern und im Allgäu. Die Rute aus Zweigen, die der Klaubauf bei sich trägt, bringt die »Lebensrute« aus der germanischen Mythologie in Erinnerung. Weit gefährlicher ist der große Sack, aus dem der Krampus nicht etwas herausnimmt wie Nikolaus aus dem seinen, sondern etwas hineinsteckt, nämlich – so geht die Sage – die schlimmen Buben, die trotzigen Mädchen, versoffene Bäuerlein, zänkische Weibsbilder und bösmaulige Ratschkathln! Kein Wunder, dass der Sack so groß sein muss.**

Die letzte Rolle kommt dem Bären dann auch im Frühjahr in den zahlreichen Frühlingsritualen zu. Auch hier gilt er als Fruchtbarkeitssymbol, das dem aufkeimenden neuen Leben alles Gute wünschen soll. Die Faschingsrituale werden auch in der slawischen Mythologie gefeiert, allerdings ursprünglich in der sogenannten Butterwoche (Maslenica).

---

* Quelle: Heilige im Südtiroler Volksleben, Hans Matscher, Brixen 1961, S. 87 ff.

Dort ist der Bär mit unter den Feiernden und sieht zu, wie die Wintergöttin Marzana rituell verbrannt wird. Es ist spannend, wie sehr die verschiedenen Rituale einander ähneln, wird ja auch oft eine Strohpuppe verbrannt. In der Slowakei feiert man den Faschiangi, der wirklich den Charakter eines Frühlingsfestes hat. Bei traditionellen Umzügen sieht man manchmal als Bären verkleidete Menschen, die Erbsenbär oder Dickwanst heißen.

Popoluschka und Alica – Partnertausch und Jungenaufzucht im Bärenreich

Popoluschka

Popoluschka (zu Deutsch: Aschenputtel) war die erste Bärin, die wir gefangen haben; davor gab es nur männliche Tiere. Die Freude war also sehr groß, und wir haben viel von Popoluschka gelernt. Als wir an der runden Falle ankamen und hineinlugten, konnten wir unschwer erkennen, dass es sich um mehr als einen Bären handelte. Aber wie viele Bären dann im Endeffekt aus der Falle herauspurzelten, das konnten wir vorher beim besten Willen nicht erahnen. Wie sagte doch der Tierarzt so schön: »Slavo, Mischka, es ist nicht ein Bär, sondern ein ganzer Haufen Bären.«

Zuerst musste die Bärin narkotisiert werden, da sie, obwohl sie selbst in der Falle saß, sehr forsch versuchte, ihre Jungtiere gegen die menschlichen Feinde außerhalb der Falle zu verteidigen. Dieses Mal konnten wir die Bärin relativ schnell an der anderen Seite ablenken, sodass der Tierarzt die Narkose setzen konnte. Dann kam die Überraschung: Kaum lag die Bärin bewegungslos am Boden der Falle, kuschelte sich das erste Jungtier hilflos an die Mutter und blickte ängstlich in Richtung des oberen Gucklochs der Falle. Das zweite Bärenjunge jedoch ging auf die Hinterbeine, fauchte ganz fürchterlich und ging sogar noch einen Schritt auf die Fallentür zu.

Zu unserem Glück verlief auch die Narkotisierung der beiden jungen Bären ohne Probleme. Slavo hatte die Falle so konstruiert, dass sie lang genug war, um keinen Bären in der zufallenden Türe einzuklemmen. Allerdings hatten wir es hier ja mit einer dreiköpfigen Bärenfamilie zu tun, weshalb wir sehr froh waren, dass nichts passiert war. Interessanterweise hatten wir in der Voranalyse gar keine führende Bärin auf der Fotofalle gehabt. Ansonsten hätten wir vielleicht noch mal darüber nachgedacht, ausgerechnet an diesem Ort die Bärenfalle aufzustellen. Auch an dieser Geschichte sieht man ganz deutlich, dass man im Feld immer mit unerwarteten Situationen rechnen muss.

Da liegt sie nun, unsere narkotisierte Bärenfamilie. Aus Sicherheitsgründen hat nur die Mutterbärin ein Sendehalsband bekommen, ihre zwei Töchter sind noch zu klein für ein Halsband. An einer Zitze der Mutter sieht man deutlich, dass sie ab und zu noch gesäugt hat. Die Bären haben noch ihr Winterfell, sodass gerade die beiden Jungtiere viel größer aussehen, als sie eigentlich sind. Das Gewicht notiere ich für das kleine Weibchen Eins mit 41,5 kg und für das kleine Weibchen Zwei mit 42 kg. Noch ist die Familie zusammen, wird sich aber noch im selben Jahr trennen.

Bei den Jungtieren handelte es sich um zwei Töchter aus dem Vorjahr. Sie bekamen jeweils eine Ohrmarke, damit wir sie auch in Zukunft besser identifizieren konnten. Es war ein unglaubliches Gefühl, so eine ganze Bärenfamilie zu sehen und zu begleiten. Als ich zusammen mit einem Kollegen eines der Jungtiere hinaustrug, war ich auf einmal tief beeindruckt, wie unglaublich niedlich diese kleinen Kerlchen aussehen. Und sogar ein Jäger meinte: »Wahnsinn, sind die putzig. Die Bilder darf ich meiner kleinen Enkelin zu Hause nicht zeigen. Sonst wird sie ganz böse mit mir, warum ich ihr keins mitgenommen habe.« Ja, das stimmt, und trotzdem sollte man dabei nicht vergessen, dass es sich um ein unabhängiges Wildtier handelt, das einmal sehr groß wird und die Freiheit braucht.

Als alle Arbeiten erledigt waren, warteten wir noch zu viert in gebührendem Abstand im Auto, um zu kontrollieren, dass auch in der Aufwachphase alles gut verlief. Zuerst wachte eines der Kleinen auf, hob den Kopf und starrte ungläubig in unsere Richtung. Langsam stand es auf und wackelte im Zick-Zack-Gang über die Lichtung in den gegenüberliegenden Wald. Fast könnte man meinen, das Kleine würde sich denken: Ui, nur weg von diesen komischen Menschen.

Als das zweite kleine Bärenkind erwachte und sich nach einem langen, prüfenden Blick in unsere Richtung ebenfalls auf die Lichtung begab, passierte etwas sehr Berührendes, was keinen von uns im Auto kaltließ: Die Kleine begann zu schreien, bekam aber offenbar den Geruch der kleinen Schwester in die Nase und verfolgte wie ein Spürhund die entsprechende Spur zurück in den nahen Wald. Bald konnten wir die Quietschgeräusche der beiden kleinen Jungbären hören und wussten, dass sich die Geschwister gefunden

Das zweite kleine Jungtier hebt sein Köpfchen und blickt verwirrt in unsere Richtung. So eine Situation hat es sicherlich nicht erwartet. Es war mehr als berührend zu sehen, wie das Kleine die Spur seines Geschwisterchens verfolgt hat, lauthals schreiend, um sich dem zweiten Bärchen mitzuteilen. Auch Popoluschka nahm exakt den gleichen Weg zurück in den Wald. So war die Familie bald wieder vereint, und wir konnten beruhigt und unendlich glücklich nach Hause fahren.

haben. Kurze Zeit später erwachte auch Popoluschka, hatte aber stärkere Schwierigkeiten mit dem Gehen als ihre Jungen. Wir alle kennen dieses Schwindelgefühl, wenn wir selbst eine Narkose absolvieren mussten und uns am Anfang nicht wirklich auf den Beinen halten können. Plötzlich aber hebt die Bärin den Kopf und lauscht – und dann macht auch sie sich auf den Weg über die Lichtung in das Waldstück auf der anderen Seite. Genau wie ihre Tochter erschnüffelt sie sich genauestens den Weg zu ihren Kindern. Als sie im Wald verschwunden war, nicht ohne uns noch mit einem bösen Blick zu strafen, waren wir sehr erleichtert, dass alles so gut ausgegangen ist. Jetzt wussten wir, dass sich die Familie wiederfinden würde, um dann gemeinsam die Nachwirkungen der Narkose auszuschlafen.

Warum Partnertausch im Bärenreich gerade für die Weibchen Sinn macht – und wie schwierig ist es, Bären erfolgreich aufzuziehen

Die Familienzeit ist eigentlich im Leben des als Einzelgänger lebenden Bären eine sehr spezielle Zeit. Männliche Bären leben nie mehr in ihrem Leben so lange mit Artgenossen zusammen wie in ihrer Kinder- und Jugendzeit in der Familie. Nach der Trennung des Familienverbandes erleben männliche Bären im späteren Leben nur noch während der Paarungszeit (normalerweise Mai bis Juli) Unterbrechungen ihres Single-Daseins. Teilweise, während außergewöhnlich warmen Jahren, konnten wir allerdings bereits ab Mitte April die Anwesenheit von Bärenpärchen beobachten, was vermuten lässt, dass der Bär bezüglich des Temperaturanstiegs ein Modelltier sein könnte. Darauf kommen wir im Kapitel »Nina und der Winterschlaf« noch einmal zurück. Während der Paarungszeit erhöhen sich die Hormonspiegel, und beide Geschlechter suchen intensiv nach einem Paarungspartner. Das heißt, nicht nur die Männchen gehen auf Brautschau, sondern auch die Weibchen machen sich auf die Suche nach einem Bräutigam. Diese Partnersuche ist auch der Auslöser dafür, dass der bisherige Familienverband auseinanderbricht. Nach der Verpaarung kommt es zunächst zu einer sogenannten versteckten Trächtigkeit, während der die Entwicklung des Embryos »eingefroren« wird. Erst mit einem Futterüberschuss draußen im Habitat, wenn das Weibchen also im Spätsommer/Herbst sehr hochkalorisch essen kann, beginnt die Entwicklung der Bärenbabys.

Das Weibchen bringt seine Jungtiere während des Winterschlafs in der Höhle zur Welt. Gerade deshalb ist es besonders wichtig, dass die Bärin einen guten und sicheren Platz findet. Bei der Geburt sind die Jungtiere winzig klein, sie wiegen um die 400 Gramm, etwa so viel wie ein Labrador-Welpe, und haben noch keine Thermoregulation, weshalb sie ganz auf ihre Mutter angewiesen sind. Also klettern sie instinktiv an die wärmste Stelle ihrer Mutter, unter die Achseln, und kommen so automatisch an den Zitzen an, wo sie die sehr gehaltvolle Bärenmilch trinken können, die um die 17 Prozent Fett enthält – etwa viermal so viel wie Kuhmilch oder auch menschliche Muttermilch.

Ab einem Alter von circa drei Monaten beginnt für die Kleinen bereits der Start ins richtige Leben: Sie verlassen ihre Höhle, um die Welt draußen zu erkunden. Interessanterweise erkennen die Jungtiere mehr als vierzig verschiedene Futterstoffe instinktiv, was sehr wichtig ist, damit sie keine giftigen Dinge verschlucken. Den Rest ihrer Speisekarte erlernen sie von Mama Bär. Die Jungtiere sind während der ersten Lebensmonate sehr hilflos, und die Bärenmütter kümmern sich rührend um den Nachwuchs. Gerade im ersten Lebensjahr ist die Welpensterblichkeit sehr hoch; man vermutet, dass nur etwa die Hälfte der Jungen die ersten zwei Jahre überlebt. Dass sich hier aufgrund wärmerer Winter erneut einiges ändern kann, werden wir später noch sehen.

Die erste wirklich große Hürde ist für die neugeborenen Jungtiere allerdings die Bärenpaarungszeit, da bei Bären der sogenannte Infantizid relativ häufig vorkommt. Salopp könnte man Infantizid als vorsätzliche Tötung von Bärennachwuchs durch Bärenmännchen übersetzen. Was sich im ersten Moment grausam anhört, hat eine biologische Bedeutung, wie in mehreren Studien gezeigt werden konnte. Bärenweibchen, die neugeborene Jungtiere haben, sind im ersten Jahr an keiner Verpaarung mit Männchen interessiert, da sie in die Aufzucht ihrer Jungen sehr viel Zeit und Energie stecken müssen. Verlieren sie aber aus irgendwelchen Gründen die Jungtiere, bekommen sie während der Paarungszeit automatisch einen Eisprung und können sich mit den Männchen verpaaren. Tötet nun ein Bärenmännchen einem Weibchen während der Bärenpaarungszeit die Kleinen, dann würde er damit den Eisprung beim Weibchen auslösen und könnte sich mit der Bärin verpaaren, die dann *seine* Jungen austragen würde. Man spricht in diesem Zusammenhang auch von einem »Fitnessvorteil«, da es laut Evolutionstheorie immer nur darum geht, so viele der eigenen Gene wie möglich in die nächste Generation zu bekommen. Bärenmännchen gehen bei dieser Strategie allerdings nicht planlos vor: Tatsächlich kennen sie diejenigen Weibchen, mit denen sie sich im Jahr davor verpaart haben, sehr gut. Und wenn sie auf ein ihnen bekanntes Weibchen stoßen, dann schonen sie auch die Bärenjungtiere, als ob sie denken: Das ist mein Nachwuchs, der muss weiterleben. Allerdings haben das auch die Bärenweibchen erkannt und reagieren darauf mit einer entsprechenden Strategie: Sie verpaaren sich im Laufe einer Paarungszeit mit verschiedenen Bärenmännern, um die eigentliche Vaterschaft zu »verschleiern«. Sämtliche Paarungspartner werden nun im nächsten Jahr diese Bärin schonen, da sie davon ausgehen müssen, dass die Jungen von ihnen sind. Sehr clever. Allerdings erklärt das auch manchmal, warum wir sehr unterschiedlich aussehende Jungtiere innerhalb eines Wurfes ausmachen können: Da sind dann vermutlich mehrere Väter im Spiel.

Nachweislich haben wir Popoluschka sowohl mit Mischo als auch mit Adriano zusammen gesehen. Mischo war definitiv auch kurz mit Nina zusammen und hatte sogar eine Woche lang zwei Bärinnen an seiner Seite. Allerdings waren uns diese Bärendamen unbekannt.

Die Interaktionen zwischen den verschiedenen Bären in einem gewissen Studiengebiet sind für mich einer der interessantesten Aspekte. Die Bären bleiben zwischen ein paar Tagen und mehreren Wochen mit dem gleichen Partner zusammen, das scheint sehr individuell zu sein. Schwierig wird es für die Weibchen immer dann, wenn viele fremde Männchen in ein entsprechendes Gebiet einwandern: In solchen Situationen ist der Nachwuchs sehr gefährdet. Offenbar bilden die Bären eines Gebietes eine Art Hierarchie aus, auch wenn das nicht so ausgeprägt ist wie bei in Gruppen lebenden Tieren wie dem Wolf. Kommt es zum Tod des stärksten Männchens, so führt das zu sehr viel Unruhe im Wald und einem erhöhten Risiko für die Jungtiere. Deshalb sollte man auch bei einer Jagd *immer* das größte Männchen schonen, da es für eine gewisse Stabilität im Wald sorgt. Ist das stärkste Männchen weg, leben die Bärinnen und ihr neugeborener Nachwuchs um einiges gefährlicher, da fremde Männchen aus der Umgebung einwandern können. Mischo hatte definitiv einmal den Alpha-Status inne; nach seinem Tod wurde es dann Gaspar, den wir leider nie besendert hatten. Generell ziehen sich die Weibchen mit ihrem Nachwuchs in unwegsames Gelände zurück und meiden besonders zur Paarungszeit sämtliche anderen Bären. Sehr selten konnte man beobachten, dass auch Bärinnen die Jungtiere ihrer Geschlechtsgenossinnen töteten, wobei wir nicht genau erklären können, warum. Zweimal fanden wir auch Bärinnen, die offenbar bei der Verteidigung ihrer Jungtiere von Männchen getötet wurden. Das kommt aber glücklicherweise nur sehr selten vor.

Offensichtlich übernimmt in einem Bärenpaar oft das Weibchen den dominanteren Part; deswegen haben wir Mischo auch insgesamt zweimal besendert. Den ersten Sender hat ihm die »kleine Graue« (oder auch Susa), ein als rabiat bekanntes Weibchen, während der Paarungszeit so beschädigt, dass das Halsband abfiel. Viel später erst fanden wir das Equipment und schickten es zur Reparatur an die Firma zurück. Die Mechaniker standen dann zu viert am Werktisch um das Bärenhalsband herum und konnten sich einfach nicht erklären, wie ein Bär diese massive Konstruktion so hatte auseinandernehmen können. Einige Interaktionen der beiden liebestollen Bären konnten wir auch filmen, und dabei war gut zu erkennen, dass die »kleine Graue« ganz deutlich zeigte, ob sie gerade Lust auf Mischo hatte oder nicht. Trotz zärtlicher Annäherungsversuche von Mischos Seite haute sie ordentlich zu, wenn er ihr lästig wurde.

Das Familienleben von Popoluschka und ihrem Nachwuchs brachte nicht nur uns zum Schmunzeln, sondern auch viele Menschen, die in ihrem Streifgebiet lebten. Die schönste Geschichte ist sicherlich die, dass die Bärin an heißen Tagen sehr gerne mit ihren vier Jungtieren in einem großen Stausee zum Baden ging. Teilweise planschten die fünf Bären des Nachts für mehrere Stunden im Wasser, was uns die gesendeten GPS-Positionen eindeutig bestätigten. Das amüsierte die Leute umso mehr, als um den Stausee herum mehrere Schilder angebracht waren mit der Aufschrift: *Baden verboten. Dieser Stausee dient der Trinkwassergewinnung!* Nun ja, noch können unsere

Bären nicht lesen, aber sie zeigten, wie viel Spaß sie im kühlen Nass hatten.

Viele Bärenfamilien brechen im zweiten Lebensjahr der Jungtiere automatisch auseinander, wenn das Weibchen wieder in Paarungsstimmung ist und intensiv nach den Spuren von Männchen sucht. Die Jungbären haben aufgrund der großen Gefahr durch Männchen eine angeborene Angst vor Bärenmännchen, weshalb sie meist panisch flüchten, wenn sie auf die frische Spur eines solchen Tieres treffen. Man konnte beobachten, dass sie manchmal stundenlang hoch auf den Bäumen warteten, damit ihnen nichts passiert. Das Weibchen jedoch folgt den Spuren nach, und so trennen sich die Wege von Mutter und Nachwuchs auf ganz natürliche Weise. Manchmal finden einzelne Jungtiere nach der Paarungszeit wieder den Weg zur Mutter zurück, das ist aber sehr selten. Im Slowakischen nennt man einen solchen Bären, der länger am Rockzipfel seiner Mutter hängt als die anderen, einen »Pestún«, also Stubenhocker. Da die Jungtiere in einem Wurf aber mehrere Väter haben können, passiert es mitunter auch, dass wir Menschen uns täuschen und fälschlicherweise glauben, die größeren Jungen müssten ein Jahr älter sein als der Rest. Zudem beobachten wir, dass aufgrund der milderen Winter und hoher Futterverfügbarkeit in der Kulturlandschaft die Jungbären definitiv schneller wachsen und oft größer sind als noch vor ein paar Jahren.

Die Jungtiere verbringen oft noch die Zeit bis zum kommenden Frühjahr zusammen, und manchmal sieht man auch kleine Gruppen von »Bärenteenies«, die miteinander den Sommer verbringen. Nach dem zweiten gemeinsamen Winter jedoch gehen auch diese Beziehungen auseinander, und jeder junge Bär startet in sein eigenes Leben.

Alica – lieber ein Mensch als ein anderer Bär?

Slavo und ich wollten gerade das Institut verlassen, als wir gegen 17 Uhr den Anruf eines besorgten Anwohners aus dem Dorf Lubietova bekamen: »Herr Ingenieur, bitte kommen Sie, wir haben eine ganze Bärentruppe um unser Dorf herum. Und ein Bär hat auch ein Sendehalsband, der muss doch dann von Ihnen sein, oder nicht?« Ja, der Bär bzw. die Bärin konnte eigentlich nur von uns sein. In diesem Gebiet hatten wir seit mehreren Monaten das Weibchen Alica am Sender, die sich eigentlich sehr unauffällig verhielt. Genau an diesem Tag hatten wir die gesendeten Positionen noch nicht kontrolliert, aber es stimmte: Alica war am Vorabend am Waldrand aufgetaucht und hatte sich für mehrere Stunden dort aufgehalten. Zwischen Wald und Dorf befand sich nur ein Feld, das aber zu diesem Zeitpunkt, im Juni, noch keine Feldfrüchte zu bieten hatte. Trotz anderer Pläne sprangen wir sofort ins Auto, besuchten den entsprechenden Ort und trafen uns mit den Anwohnern. »Da«, zeigte uns der Mann, »da vorne, am Waldrand hinter dem Feld, da haben wir sie gesehen. Vom Vater habe ich ein Fernglas geerbt, und Sie werden es nicht glauben: Es waren neun Bären, zwei große und sieben kleine.« Ja, das war wirklich kaum zu glauben, aber wir mussten der Sache natürlich nachgehen – schließlich haben wir eine Verantwortung für die von uns besenderten Tiere.

Noch am selben Abend konnten wir selbst beobachten, was uns der aufgeregte Mann berichtet hatte: Neun Bären kamen aus dem Wald, und zwar direkt nach Sonnenuntergang. Neun Tiere, zwei erwachsene und sieben kleine! Und einer der großen Bären trug tatsächlich ein Halsband. Das war sie, unsere Alica. Die Bärentruppe hielt sich in den nächsten drei Wochen auch untertags in einem Abstand von circa 300 Metern im dichten Gestrüpp um das Dorf herum auf, unsichtbar für die Menschen und offenbar nicht daran interessiert, sich im Dorf selbst oder an den Abfalltonnen am Dorf zu schaffen zu machen. Die Nachricht von den neun Bären verbreitete sich allerdings wie ein Lauffeuer, und es wurde fast schon zur Normalität, dass einige Leute mit ihren Autos auf dem Feld parkten, um die Bären zu beobachten. So eine Sensation war das.

Plötzlich waren die Tiere jedoch weg – wie vom Erdboden verschluckt. Nur wir wussten aufgrund der GPS-Positionen, dass sich Alica wieder tief in die Wälder zurückgezogen hatte. Und es gibt sogar eine Erklärung dafür, dass sie sich am Dorfrand aufgehalten hatte: das Ausnutzen der Präsenz von Menschen als sogenanntes »human shield« – ein menschlicher Schutzschild also.

Der »menschliche Schutzschild« – Vorteile der menschlichen Präsenz

Wenn Wildtiere mit uns Menschen zusammen im selben Habitat leben, können sich manchmal ungeahnte Wechselwirkungen ergeben. Dazu gehört sicher auch der sogenannte »menschliche Schutzschild«. Auch Alicas Nähe zum Dorf können wir so erklären: Offenbar hatte sie erkannt, dass gerade zur Paarungszeit die Anwesenheit von Menschen ihr und ihrem Nachwuchs einen Vorteil bieten konnte. Vor allem die älteren, dominanten Männchen haben einen ordentlichen Respekt vor menschlichen Siedlungen und umgehen sie oft weiträumig; das haben uns unsere Daten ganz eindeutig gezeigt. Während der

Paarungszeit im Frühjahr und Frühsommer herrscht ein großer Tumult im Wald, und Weibchen mit diesjährigen Jungtieren stehen unter einem erhöhten Druck, ihre Jungtiere vor ihnen unbekannten Männchen zu beschützen. Deshalb kann es vorkommen, dass sich in dieser Zeit Weibchen mit diesjährigem Nachwuchs an die Dörfer annähern und so wie Alica auch mehrere Wochen in Dorfnähe verbleiben. Wahrscheinlich herrschte in ihrem aktuellen Streifgebiet eine hohe Konzentration paarungswilliger Bären und Bärinnen, die allesamt Alicas Jungtieren gefährlich werden konnten. Ans Dorf jedoch trauten sich viele der anderen Tiere nicht, also konnte die führende Bärin die kleinen Jungbären durch dieses Verhalten schützen. Ähnlich können auch die jungen Tiere der Bärenpopulation reagieren, die den erwachsenen Artgenossen unterlegen sind und oft ebenso um ihre Gesundheit fürchten müssen. Zur Paarungszeit laufen besonders die jungen Männchen Gefahr, schmerzhaft von den älteren Bären verprügelt und (ganz selten) auch getötet zu werden. Insofern ist das Auftauchen von jungen Bären oder führenden Bärinnen ums Dorf herum oft ein zeitlich begrenztes Phänomen, das sich in den meisten Fällen gegen Ende der Paarungszeit wieder auflöst. Eigentlich handelt es sich eben nicht um typische Dorfbären, sondern um potenziell gefährdete Tiere, die sich von uns Menschen Schutz versprechen.

Klar ist aber auch: Solche Situationen sind eine extreme Herausforderung für die betroffenen Dorfbewohner. Sicher kann jeder die Angst verstehen, wenn sich plötzlich in Dorfnähe mehrere Bären befinden und darunter auch noch Bärenmütter mit Nachwuchs, denen man ja nachsagt, bei der Verteidigung ihrer Jungtiere besonders rabiat vorzugehen. So bringen sich die Schutz suchenden Bären automatisch in eine kritische Situation, da sie sichtbarer sind und zudem ein Risikofaktor für die Bevölkerung sein können. Außerdem ziehen Bären, die sich so sehr in menschliche Nähe begeben, auch unvernünftige Menschen an, die sich den Bären annähern, beispielsweise um sie zu fotografieren. Dabei können sehr ungute Situationen entstehen. Das ist ein großes Dilemma von Bären in Kulturlandschaften: Werden sie sichtbar, da sie unser Habitat oder unsere Präsenz nutzen, dann gelten sie als Risiko und müssen im schlimmsten Fall entfernt werden.

Ein gehäuftes Bärenvorkommen in der Nähe von Dörfern kennen wir auch im Herbst, wenn sich einige Bären auf den Feldern an Weizen, Hafer oder Mais laben. Die jungen Tiere der Bärenpopulation stehen unter einem hohen Konkurrenzdruck, und die starken Tiere besetzen meist die besten Futterplätze am Feld, und das auch noch direkt in der Nähe des schützenden Waldes. Um nicht wieder Prügel zu beziehen und dennoch auf den Feldern fressen zu können, kommen jüngere Tiere eher an die Plätze, die sich in Dorfnähe befinden, da sich die dominanten Männchen dort oft nicht hintrauen. Mit denselben Folgen wie schon erwähnt: Sie werden sichtbarer und als potenzielles Risiko wahrgenommen. Als einzige Strategie kann eine sorgsame Beobachtung der Situation vor Ort dienen, um die Menschen zu unterstützen. Dennoch bleiben solche Situationen eine große Herausforderung, und wir müssen im Einzelfall sehr weise entscheiden, um kein Risiko für die Dorfbewohner einzugehen.

Das hier beschriebene Verhalten kennen wir auch von anderen Wildtieren, und es wäre sehr wichtig, diese Wechselwirkungen noch viel mehr zu erforschen, als es momentan der Fall ist. Auch viele Beutetiere, beispielsweise

Hirsch und Reh, flüchten sich bei Raubtierdruck in die Nähe menschlicher Siedlungen und tauchen plötzlich an Bushaltestellen oder in Schafherden auf. Dadurch kann es allerdings auch vorkommen, dass die Raubtiere ihnen nachhetzen und unwillkürlich ebenfalls in Dorfnähe auftauchen. Und dann ist für die Dorfbewohner und das Wildtiermanagement oft guter Rat teuer. Auch aus diesen Gründen glaube ich ganz fest, dass Wildtierforschung wieder mehr im Feld stattfinden muss, um die verschiedenen Anpassungsstrategien der Tiere an uns und unsere Strukturen zu ergründen.

Dass Alica aber mit einer anderen Bärin gemeinsam am Dorfrand auftauchte, war für uns alle eine sehr große Überraschung. Sie selbst hatte drei Jungtiere, das zweite Weibchen sogar vier. Von anderen Wildtierarten kennen wir gemeinschaftliche Jungenaufzucht, oft »Kindergarten« genannt. Bei Braunbären ist dieses Phänomen aber bis jetzt unbekannt. Allerdings wurde es in seltenen Fällen für Schwarzbären beschrieben. Dort kommt es mitunter vor, dass sich Mutter-Töchter-Gruppen bilden, die gemeinsam ihre Jungen aufziehen. Die Vorteile einer gemeinschaftlichen Aufzucht liegen ja auch auf der Hand. Vielleicht war es im Fall von Alica und dem zweiten Weibchen auch eine Kombination aus Mutter und Tochter, die sich die Sorgen und Probleme der Jungenaufzucht teilten. Bären sind offenbar immer für eine Überraschung gut, weshalb das Arbeiten mit ihnen draußen im Feld immer neue Daten bringt und auch sehr viel Spaß macht. Beide Weibchen wurden im darauffolgenden Jahr allerdings nicht mehr in der Nähe irgendwelcher Dörfer registriert, was die Theorie bestätigt, dass es zum Zeitpunkt ihres Auftauchens um Lubietova herum, gerade in ihrem Wald, besonders heiß herging. Die Hotspots der Paarungssaison finden sich nicht immer an der gleichen Stelle, sondern verschieben sich. Durch eine bessere Beobachtung der Bären in einem Gebiet und eine gute Kenntnis über solche »Bärentreffpunkte« könnte man vorausschauend handeln und vorbeugen, um ungute Situationen so gut wie möglich zu vermeiden.

Maja, Dežo und das Problem der verwaisten Bärenbabys

Eine Bärengeschichte der Inuit

Vor langer Zeit fand einmal eine Frau einen zwei bis drei Tage alten Bären. Da sie so einen Liebling schon lange vermisst hatte, widmete sie ihm ihre innigste Fürsorge, als ob er ihr eigener Sohn wäre, hätschelte ihn, machte ihm neben ihrem eigenen ein weiches, warmes Bett zurecht und sprach mit ihm, wie eine Mutter mit ihrem Kind spricht. Sie hatte keine lebenden Verwandten mehr und bewohnte mit dem Bären allein das Haus. Als Kunikdjuaq – so hieß der Bär – herangewachsen war, bewies er der Frau, dass sie ihn nicht umsonst erzogen hatte, denn er begann bald, Seehunde und Lachse zu jagen, die er, bevor er selbst davon aß, seiner Mutter brachte. Erst aus ihren Händen empfing er seinen Anteil davon. Auf einer Hügelspitze wartete sie immer auf seine Rückkehr, und wenn sie sah, dass er kein Glück gehabt hatte, bettelte sie bei den Nachbarn um Walfischspeck für ihn. Sie konnte ihn von ihrem Ausguck aus beobachten, denn wenn er Erfolg gehabt hatte, kam er in derselben Spur zurück, die er beim Auszug gemacht hatte; wenn er aber keinen Erfolg gehabt hatte, lief er immer auf einer anderen. Da er die Inuit auf der Jagd zu übertreffen wusste, erregte er ihren Neid, und so wurde nach langen Jahren treuen Dienstes sein Tod beschlossen. Als die alte Frau das hörte, erbot sie sich, von Gram überwältigt, ihr eigenes Leben herzugeben, wenn dafür nur der Bär verschont würde, der sie so lange erhalten hatte. Ihr Angebot wurde kurzweg abgewiesen. Als sich alle seine Feinde in ihre Hütten zurückgezogen hatten, führte die Frau mit ihrem Sohn, der nun auch schon in die Jahre gekommen war, ein langes Gespräch und sagte ihm, dass böse Männer darauf aus wären, ihn umzubringen, und dass es für ihn nur eine Möglichkeit gebe, sein und ihr Leben zu retten, nämlich auf und davon zu gehen und nicht mehr zurückzukommen. Zugleich bat sie ihn aber, sich nicht weiter zu entfernen, als dass sie weggehen und ihn treffen könnte, um einen Seehund und sonst dergleichen, was sie brauche, zu bekommen. Nachdem der Bär gehört hatte, was sie ihm unter Tränen gesagt hatte, legte er freundlich seine großen Tatzen auf ihren Kopf, umschlang dann ihren Nacken und sagte: »Gute Mutter, Kunikdjuaq wird immer auf Ausschau sein nach dir und dir, so gut er kann, dienen.« Nachdem er das gesagt, befolgte er ihren Rat und ging zum Kummer der Dorfkinder und der Mutter fort.

Nicht lange danach ging diese, da sie Mangel an Nahrung halte, hinaus aufs Meereis, um zu sehen, ob sie nicht ihren Sohn treffen könnte, und sie erkannte ihn auch bald als den einen von zwei Bären, die miteinander dalagen. Er lief zu ihr, und sie patschte ihm in ihrer altgewohnten traulichen Art auf den Kopf, verriet ihm ihre Wünsche und bat ihn wegzueilen und etwas für sie zu bringen. Der Bär lief davon, und wenige Augenblicke darauf sah die Frau einen fürchterlichen Kampf zwischen ihm und seinem früheren Gefährten, der zu ihrer großen Beruhigung bald damit endete, dass ihr Sohn einen leblosen Körper vor ihre Füße zerrte. Mit ihrem Messer häutete sie rasch den toten Bären ab, gab ihrem Sohn große Speckscheiben und sagte ihm, sie werde bald zurückkommen, um das Fleisch, das *sie nicht auf einmal nach Hause bringen könne, zu holen. Und wenn es ihr wieder an Nahrung mangle, werde sie wiederkommen. Das tat sie denn auch noch lange, lange Zeit. Der treue Bär half ihr immer und genoss die gleiche Liebe wie in seiner Jugend.**

Das Thema der sogenannten »verwaisten Bärenjungtiere« ist eine der emotionalsten Fragen in der Arbeit mit Bären, weshalb es hier auch ein eigenes Kapitel und relativ viel Platz bekommt. In meiner langjährigen Arbeit mit Bären gab es auch einige aufgefundene Bärenjungtiere, deren Schicksal ich mitverfolgen durfte, mitunter auch musste. Um das Jungtier Dežo hatte ich mich gar so bemüht, dass ich anfing, die Bärensituation international zu recherchieren. Dabei kam ich zu sehr ernüchternden Ergebnissen: Der sogenannte Bärenmarkt in Europa ist übervoll, das heißt, eigentlich sind sämtliche einigermaßen guten Plätze im Gehege besetzt, und es gibt richtige Wartelisten mit Tieren, die unter furchtbaren Umständen in manchen Zoos oder Freizeitparks sitzen und auf einen besseren Platz warten. Und nun kommen zusätzlich noch Jungtiere aus dem Freiland dazu, die meist eine lebenslange Unterbringung benötigen und die ohnehin katastrophale Situation noch zusätzlich erschweren. Denn Tatsache ist: Haben sich Jungtiere einmal an den Menschen als potenzielle Bezugsperson gewöhnt, so ist das eigentlich nicht mehr umkehrbar, und die Tiere können und dürfen nicht mehr ausgewildert werden. Selbst das niedlichste »Bärenbaby«

---

* Quelle: Eskimomärchen, übersetzt von Paul Sock, Berlin o. J. [1921], Nr. 19, S. 67. Aus: F. Boas: Central Eskimo (Annual Report of American Ethnology, Vol VI. Washington 1888).

wird irgendwann einmal richtig groß, und dann wird es ein großes Sicherheitsrisiko darstellen, wenn es in die ihm vertraute, menschliche Nähe kommt, um dort Schutz und Futter zu suchen.

Bär und Mensch – eine seltsame Wechselbeziehung

Tierkinder nahezu aller Arten sind riesige Publikumsmagneten und ziehen unsere Aufmerksamkeit extrem an. Das wissen auch viele Zoos, weshalb es sich für sie immer empfiehlt, irgendwelche Jungtiere herumspringen zu haben. Handelt es sich auch noch um besondere Arten oder gar um Raubtiere, so kann man mit riesiger Aufmerksamkeit rechnen. Denn was gibt es Niedlicheres als ein kleines Tiger- oder Löwenbaby, einen Wolfswelpen oder eben ein putziges, kleines, hilfloses Bärenjungtier.

Tierkinder machen gute Laune und erhellen unseren Tag. Dr. Lupták aus dem Zoo Bojníce hat das einmal sehr klar, wenn auch drastisch formuliert: »*Mischka, den Leuten ist es wirklich scheißegal, was mit den kleinen Tierkindern passiert, wenn sie ein bisschen größer und erwachsener geworden sind. Ich sehe das jedes Jahr mit dem Sikawild (eine Rothirschart). Wehe, wenn die Junge haben, dann stehen sie alle da, die Muttis und die Papis, und erklären ihrem menschlichen Nachwuchs die Welt von Vater, Mutter, Kind in der Tierwelt. Sikawild dürfen wir ja schießen und an die Raubtiere verfüttern. Sind die lustigen Hirschbabys also ein paar Wochen später weg, so merkt das kein Mensch. Bei den Bären ist das nicht anders. Die ganz kleinen Bären werden von den Leuten bejubelt und im schlimmsten Fall zu Tode gefüttert. Und ein Jahr später? Dann*

Das ist Juhlo, ein Bärenjungtier aus dem Freiland, das im Zoo Bojníce in der Slowakei gelandet ist. Im Jahre 2007 herrschte in der Slowakei geradezu ein Babyboom an Bären-Findelkindern, und ich tauchte regelrecht ein in die Materie und lernte eine Menge an selbst ernannten Bärengurus kennen. Allerdings sehe ich nach diesem extremen Jahr das Thema »verwaiste Bärenjungtiere« nüchterner und realistischer, was sich in den kommenden Jahren noch bestätigt hat. Was tun wir den Tierkindern an, wenn wir sie ohne Rücksicht auf Verluste retten? Was haben sie für ein Schicksal? Wie viel Fläche können wir überhaupt noch einzäunen, die dann anderen Tierarten verloren geht? Ist das noch nachhaltiger Tierschutz oder nur Befriedigung unserer ersten Reaktion: Ach Gott, wie niedlich – schnell gesagt und auch schnell wieder vergessen? Und sind am Ende immer die Zoos schuld, die doch endlich anfangen sollten, Tieren mehr Platz zu bieten? Juhlo hat wie so viele andere Bärenjungtiere eine Odyssee von mehreren Aufenthaltsorten hinter sich, ist aber jetzt schon seit Längerem in einem guten Gehege untergebracht. Dank dem Engagement von Zoopersonal, dem sein Schicksal auch dann nicht egal war, als er schon groß und nicht mehr niedlich war. (Foto: M. Belák)

kräht nach denen kein Hahn mehr, und man ist enttäuscht, dass es nicht wieder Bärenbabys gibt. Also, vom wirtschaftlichen Standpunkt her lohnen sich eure Bärenkinder aus dem Feld für uns ungemein. Ich brauche sie aber nicht, weil es mir leidtut, was wir der Kreatur antun. Draußen lassen ist auch oft Unsinn, da verrecken sie dir eins nach dem anderen oder werden von erwachsenen Männchen getötet, zumindest bei uns mit so vielen Bären. Geld könnte man wahrscheinlich bis zur Erstickung sammeln, würde man anfangen, Bärenbabys in der Slowakei aufzuziehen – für so etwas zahlen die Westler aus ihren Großstädten sehr gerne. Aber du weißt genauso gut wie ich, dass das oft nicht geht. Du bist ja nicht blöd. Aber versuch mal den Leuten zu erklären, dass wir die Bären vielleicht einschläfern müssen, als bessere Option. Dann bist du der personifizierte Luzifer, da geht kein Weg daran vorbei.«

Wie recht er hatte, kann ich mit jedem Jahr mehr im »Bärengeschäft« bestätigen, auch das mit dem Luzifer, das bin auch ich schon für einige Bärenliebhaber der extremen Sorte.

Aber fangen wir noch einmal am Anfang an. Bären, wie auch andere (Tier-)Kinder, lösen aus einem einfachen, biologischen Grund so starke Emotionen aus: wegen des sogenannten »Kindchenschemas«, das als Schlüsselreiz wirkt, um einen Pflegeinstinkt auszulösen. Dadurch ist gewährleistet, dass die Eltern für ihre Jungen bzw. Kinder sorgen, sie ernähren, beschützen und großziehen. Bei Arten, bei denen die Sprösslinge eine lange Kindheit haben, spielen solche durch Instinktverhalten abgesicherten Reaktionen auch eine wichtige Rolle, um die emotionale Bindung der Eltern an das Kind lange aufrechtzuerhalten.

Dieser Umstand wirkt so nachhaltig, dass es Hunderassen gibt, die bis ins Extreme auf das Kindchenschema hin überzüchtet wurden, beispielsweise der Mops. Das wirklich Verrückte bei Bären ist aber die folgende, außergewöhnlich interessante Tatsache: Bärenjungtiere gewöhnen sich außerordentlich schnell an uns Menschen – viel schneller als sämtliche anderen Raubtierjungen oder andere Säugetiere; Ausnahme sind Affenartige. Der russische Verhaltensbiologe Belajev konnte in unzähligen Versuchen zeigen: Bärenjungtiere können sich an den Menschen als Sozialpartner gewöhnen. Womöglich sehen auch sie die Ähnlichkeit, denn Wölfe oder Luchse gewöhnen sich viel schwieriger an den Menschen – auch wenn es einige Menschen gibt, die mit Wölfen kuscheln. Komischerweise kuschelt niemand mit den Luchsen. Aber das nur am Rande.

Aufgrund der starken wechselseitigen Beziehungen können somit Mensch und Bär eine wirklich außergewöhnliche Bindung eingehen. Der russische Verhaltensbiologe erklärte sich damit die Tatsache, dass sich gerade Bären von Menschen so gut trainieren lassen, wenn eine solche Bindung erst einmal aufgebaut ist. Und es stimmt ja: Wenn man früher europäische Raubtiere in Zirkussen sah, dann waren es immer Bären, niemals Wölfe oder Luchse. Nun könnte man salopp sagen, dass so etwas doch eigentlich ganz praktisch sei: Wenn sich die Bären so schnell und nachhaltig an uns Menschen und an das Pflegepersonal gewöhnen, dann wäre doch die Alternative für Bärenkinder aus dem Feld auch schnell gefunden: naturnahe Gehege mit genügend Wald und Felsen, wo sich dann die erwachsenen Bären lebenslang wohlfühlen können. Aber das ist leider falsch gedacht: Abgesehen davon, dass wir es uns einfach nicht mehr leisten können, immer mehr wertvolles Wildtierhabitat einzuzäunen und somit für viele Tierarten unbewohnbar zu machen, bewies Prof. Dr. Schildger vom

Zoo Bern in seiner jahrzehntelangen Arbeit eine traurige Tatsache, die er mit »Was tun wir den Bären mit Handaufzucht an?« betitelte. Gerade Bären, und das gilt vor allem für die ganz kleinen und schwachen Jungtiere, die intensiv auf den Menschen angewiesen sind und somit bei der Aufzucht viel Zeit mit ihm verbringen, gewöhnen sich an Menschen als Sozialpartner, wollen dann aber im erwachsenen Alter eigentlich auch mit diesem Sozialpartner mitgehen. Die Tiere reagieren intensiv auf »ihren Menschen« oder gar sämtliche Menschen und sind hochgradig traurig und frustriert, wenn sie nicht mitgehen dürfen, mit hinein in die Menschenwelt auf der anderen Seite der Gitterstäbe oder des naturnahen Zauns. Dann weinen sie regelrecht und sind sehr unglücklich. Im schlimmsten Falle muss man sie vom Menschen »entwöhnen«, was wiederum ein lebenslanges Trauma bedeutet. Und damit komme ich auf meine Anfangsfrage zurück: Was tun wir den niedlichen Bärenbabys mit falsch verstandener Tierliebe an?

Der zeitgleich mit Juhlo aufgefundene Dežo erlebte eine noch frustrierendere Odyssee: Der junge Bär wurde von einem Förster gefunden, nachdem das Muttertier von einem Zug überfahren worden war. Aus Mitleid nahm der Förster das Jungtier mit und wollte es vermitteln, bekam aber einfach keine Hilfe. Und so wurde ein Fehler nach dem anderen begangen, bis aus dem niedlichen Jungtier irgendwann ein vier Monate alter Tyrann geworden war, den die Familie unbedingt loswerden wollte. Was am Anfang so putzig war, nämlich, dass der kleine Bär sogar im Bett schlief und lustig Milch, Honig und Sahne aus den Näpfchen schleckte, endete in schmerzhaften Forderungen, Bisswunden und flächendeckender Verwüstung des Gartens und der Garage. Der

Juhlo ein Jahr später, kurz vor seiner Abreise in einen anderen Park. Jetzt kann der größer gewordene Jungbär, böse gesagt, bei den Besuchern schon »keinen Blumentopf mehr gewinnen«. Zugegeben, das Gehege ist nicht ganz optimal, aber das ist dem Zoo durchaus bewusst, und man bemüht sich um Abhilfe. Außerdem ist Bojníce ein Tierpark in der Slowakei – einem Land, in dem nicht einmal das Sozialsystem für Menschen funktioniert. Viele Menschen, die keine Familie haben, landen nach einem halben Jahr Arbeitslosengeld auf der Straße, weil es dann kaum mehr etwas vom Staat gibt. Das dürfen wir nie vergessen, wenn wir die Bedingungen für Tiere in Osteuropa kritisieren.

Bär konnte nichts dafür, auch die Familie nicht. Da man ihn nicht in einen Tierpark geben wollte, blieb nur die Hoffnung, er würde von selbst gehen. Die sich aber nicht erfüllte: Der Bär musste schließlich doch in einen Zoo umziehen.

Als man Dežo dann abholte und in den Zoo verfrachtete, war es ein Riesendrama für alle Beteiligten – nicht zuletzt für den Bären, der ja nichts falsch gemacht hatte und sich einfach nur verhielt, wie es Bären nun mal tun.

Nach monatelanger Arbeit und sehr guter Kooperation mit dem Zoopersonal aus Bojníce, dem es eben nicht egal war, wie seine Tiere leben, das aber aus finanzieller Not keine besseren Bedingungen bieten konnte, wurde Dežo zusammen mit Juhlo in einen Wildpark im Ausland gebracht, wo es den beiden jetzt anscheinend sehr gut geht. Dass das keine Alternative für eine unbegrenzte Zahl von Tieren sein kann, ist allerdings klar.

Maja, ein Bärenkind aus Orava

Der Anruf erreichte uns völlig unerwartet und schmiss mal wieder sämtliche für den Tag aufgestellten Pläne durcheinander. Es war wieder ein verwaistes Bärenkind aufgetaucht, dieses Mal in Orava, genauer gesagt im Dorf Kríva. Sehr klein sollte die junge Bärin sein, klein und dünn. Der Förster am anderen Ende des Telefons sprach von einem Gewicht von nur drei Kilogramm. Das wäre wirklich wenig. Traf das zu, dann musste die Kleine unterernährt sein, und die geplante Auswilderung hätte für sie ein hohes Risiko bedeuten können.

Gerade mal 24 Stunden befand sich das Junge zum Zeitpunkt des Anrufs in menschlicher Obhut, zeigte also keinerlei Spuren von Habituierung und sollte so schnell wie möglich wieder in die Freiheit entlassen werden. Auch die Chancen, dass die Mutter ihr Junges wiederfand, standen dann besser – falls sie noch lebte. Wir überlegten kurz, hatten uns aber eigentlich schon entschieden. Wir beteiligten uns an der Aktion, jetzt waren wir ohnehin mal wieder mittendrin statt nur dabei. Der Förster sprach davon, dass er gehört hatte, dass es in Zvolen Wissenschaftler gab, die sich seit Kurzem speziell dem Bären und den entstehenden Problemen widmeten. Die Nachricht verbreitet sich offenbar sehr schnell über das ganze Land hinweg.

Der Bezirk Orava liegt ganz im Norden der Slowakei, dicht an der polnischen Grenze, was bedeutete, dass mindestens 2,5 Stunden vergehen würden, bis wir am Ort des Geschehens eintreffen könnten. Wir würden dann die ganze Aktion begleiten, das kleine Bärenweibchen mit einem Mini-Radiosender ausstatten und es dann zusammen mit den Förstern wieder in den Wald freilassen. Mithilfe der Besenderung, wobei die Batterie ungefähr vier Wochen laufen kann, wäre es uns dann möglich, den Aufenthaltsort der Kleinen und ihr weiteres Schicksal mitzuverfolgen. Dieser Minisender verfügt zusätzlich über das sogenannte Mortalitätssignal. Mithilfe dieser Funktion wird gewährleistet, dass sich nach 24 Stunden der Bewegungslosigkeit der Mortalitätsmodus automatisch einschaltet, was ein besonders eindeutiges, weil sehr schnelles und hohes Signal auslöst. So können wir bei Eintreten dieses besonders negativen Falles sagen, wie die Lage ist. Außerdem ist das Halsband so klein und dünn, dass es beim Wachsen des Halses reißen würde; so verhindern wir Strangulationen und andere Verletzungen.

Die Fahrt führte uns an der Niederen Tatra vorbei in die nördlichste Ecke des Landes. Die winzigen Straßen waren mit polnischen und slowakischen Lastern überfüllt. Die Straße, die sich über einen Bergpass und später durch eine etwas flachere Landschaft zieht, stellt den Hauptverbindungsweg für den Handel mit Polen dar, auch wenn man sich das aufgrund der Straßenverhältnisse nur schwer vorstellen kann. Tagtäglich, Stunde um Stunde preschen die riesigen Ungetüme von beiden Seiten durch die winzigen Dörfer und die engen Bergserpentinen. Das ist in hohem Maße belastend für die Menschen, die in dieser Region leben, der starke Lkw-Verkehr zerschneidet aber auch jegliche Wanderungsmöglichkeiten für Wildtiere von den Wäldern der linken Seite in das rechte Gegenüber und umgekehrt. Wohlgemerkt: Wir sprechen hier von ganz einfachen Landstraßen, nicht von Autobahnen.

Der Norden der Slowakei gilt als besonders arme Region mit hoher Arbeitslosigkeit, nahezu ohne Industrie und Bodenschätze. Einige Orte sind touristisch erschlossen, und riesige Plakate werben entlang der Straße für Hotels, Pensionen, Gaststätten und Schwimmbäder. Der große Besucherstrom bleibt allerdings oft aus; maximal im Winter können die Bewohner einen relativ rentablen Skitourismus verzeichnen, falls es Schnee gibt. Im Sommer ist aber gerade dieses Gebiet unterversorgt, da viele Touristen eher auf die andere Seite der Hohen Tatra ausweichen, die sehr stark erschlossen ist.

»Hier sagen sich wirklich Fuchs und Hase gute Nacht«, meinte Slavo. »Manchmal kann ich mir nur schwer vorstellen, wovon die meisten Leute hier leben und wie.«

Ich kann mir auch kaum vorstellen, dass hochrangige Persönlichkeiten der Europäischen Union jemals von diesem Teil der slowakischen Landkarte gehört haben. Geschweige denn, dass sich irgendjemand ein Bild von den wirklichen Lebensumständen gemacht hat. Manche Dörfer oder kleinen Städte sehen wirklich erbärmlich aus. Viele Häuser sind sehr alt, teilweise verfallen. Das Dorfende ist am Rand oft flankiert von alten, verlassenen und stillgelegten Fabrikanlagen. Dennoch donnern die Lastwagen über Land und durch die Dörfer – ein nicht aufzuhaltender Strom an Fahrzeugen, die meisten mit ausländischen Kennzeichen, da die Slowakei aufgrund ihrer geografischen Lage gerne als Transitland genutzt wird.

Besonders erschreckend war für mich ein Zebrastreifen in der Mitte eines winzigen Dorfes, wo an beiden Seiten auf dem Bürgersteig Stühle aufgestellt wurden – für wartende Passanten, die die Straße überqueren wollen, falls es denn einmal kurz frei werden würde. Ein alter Mann saß auf der rechten Seite auf einem wackeligen Stuhl nach vorne gebeugt, wobei er sich auf seinen Stock abstützte. Wie lange er wohl warten musste, um seinen Weg fortzusetzen …

Treffpunkt mit dem Förster war im Dorf Kríva bei der Kirche, auf dem Marktplatz. »Der Marktplatz eines Dorfes beinhaltet eine Kirche, die Gemeindeverwaltung und eine Kneipe. Das reicht«, erklärte mir Slavo, was in diesem Falle auch wirklich stimmte; mehr war außer den umstehenden Wohnhäusern nicht zu sehen. Wir waren mittlerweile mehr als eine Stunde zu spät und konnten nur hoffen, dass die ganze Aktion nicht schon ohne uns über die Bühne gegangen war. Also telefonierte Slavo kurz mit dem entsprechenden Förster, als ich auf einem kleinen Parkplatz auf der Ladefläche eines Geländewagens einen kleinen Plastikhundekäfig erkannte, um den sich momentan eine ganze Menge Leute herumscharten und begeistert hineinschauten. Wenn das nicht schon das Bärenjungtier war!

»Sie sind hier ganz in der Nähe, in der Kneipe, und warten auf uns«, sagte Slavo, nachdem er sein Telefonat beendet hatte. Nur wenige Sekunden später kamen aus der dunklen, kleinen Dorfkneipe insgesamt sechs Männer heraus, die neben dem erwähnten Auto zum Stehen kamen. Es handelte sich um fünf Förster beziehungsweise Jäger, zumindest der grünen Kleidung nach zu urteilen, und um einen weiteren Mann, den ich wegen der Jeans und Lederjacke eher in ein Büro platziert hätte. Im Endeffekt stellte sich das als richtig heraus, es handelte sich um einen Angestellten der staatlichen Naturschutzbehörde.

Wir stießen also zu ihnen, und ich konnte das erste Mal einen Blick in den kleinen Käfig werfen. In der hintersten Ecke saß ein winzig kleines Bärenjungtier, das mit seinem spitzen Gesicht sehr unsicher in die ihm unbekannte Umgebung blickte. Die Nase und die kantigen Gesichtszüge erinnerten eher an einen Igel als an einen Bären. Die kleinen Ohren waren dicht an den Kopf angelegt, was deutlich zeigte, dass sich das Tier in der übermäßigen menschlichen Nähe nicht besonders wohlfühlte. Das war also der kleine Schützling. Die sechs Männer waren tief betroffen und besorgt, ob es die Kleine denn auch wirklich im Freiland alleine schaffen könnte.

Im Gespräch wurde klar, dass dieses Bärenjunge nahe einer etwas vom Dorf abgelegenen Farm gefunden worden war, als es am Tag zuvor frühmorgens hilflos zwischen den Misthaufen herumgeirrt war.

Die Käfigtür wurde geöffnet, woraufhin sich die kleine Bärin nur noch mehr in ihre Ecke zurückzog. »Bloß keine Aufregung jetzt«, meinte Slavo. Die Tür wurde wieder geschlossen. Die Leute johlten vor Vergnügen – es ist eigentlich ein Wahnsinn, welche emotionalen Reaktionen die Anwesenheit eines Tierkindes auslösen kann, aber ich bin mir nicht sicher, ob das wirklich gut ist. Am Boden des Plastikkäfigs floss eine kleine Lache Milch, die aus der umgestoßenen Plastikschüssel zu stammen schien. Zitternd und verängstigt um sich blickend tauchte das Bärenkind sein spitzes Näschen in die weiße Flüssigkeit. Zu allem Unglück bekam sie nun auch noch Milch in die Nase und fing an zu niesen und zu schniefen.

Ich war mir nicht sicher: War die Kleine wirklich fähig, wieder ausgewildert zu werden? Sie war schon sehr mager und wirkte regelrecht ausgezehrt. Bärenkinder zeigen doch in der Regel rundliche Gesichtszüge, unabhängig davon, wie viel Speck sie auf den Rippen haben. Dieses Junge aber erinnerte mehr an Pinocchio. Auch würde ich meinen, dass sie neben ihrem Untergewicht auch eine Mangelerscheinung aufwies. Die kleinen Krallen wirkten eher gummiartig weich, nicht starr. Leider hatte sie zudem auch noch Durchfall – also keine guten Voraussetzungen. Nur der Zoo Bojníce darf in der Slowakei geschützte Wildtiere aufnehmen, und dort bestand keine Möglichkeit, die kleine Bärin fernab von Menschen oder anderen Tieren aufzuziehen. Damit würde ihr eine Zukunft als Gehegebär blühen – auch keine schöne Alternative. Niemand in der Slowakei hat bis dato die Fähigkeit, Bärenwaisen so aufzuziehen, dass sie sich nicht an den Menschen als potenziellen Sozialpartner oder als Futterquelle gewöhnen.

Erst einige Jahre später sollte ich verstehen, dass es eigentlich in der ganzen Slowakei kaum möglich ist, irgendwo Bären auszuwildern. Die lokalen Populationen sind schon jetzt mehr als gesättigt. Und zusätzlich setzen wir den ausgewilderten Bären einem sehr hohen Risiko aus, von anderen, dominanten Artgenossen getötet zu werden. Ohne Kenntnis des entsprechenden Habitats ist es dem Neuankömmling auch kaum möglich, sich effektiv zu verstecken.

Nach kurzer Absprache und Diskussion brachen wir alle zusammen in den Wald auf. Slavo und ich sollten das erste Stück noch mit dem Privatauto fahren und dann in einen der Jeeps umsteigen. Ansonsten würde es schwierig, in das entsprechende Gelände zu kommen. Gesagt, getan, und schon bald befanden wir uns vor dem Eingang in den Wald, der als Bärenhabitat bekannt und dem Fundort sehr nahe war. Dort angekommen, begannen wir mit der Präparation des kleinen Halsbandes. Zuerst fixierte Slavo den Minisender mithilfe eines ausgeliehenen gelben Isolierbandes an dem fragilen Minihalsband, er musste es allerdings nochmals versetzen, weil das Hälschen so dünn war. Die weitere Fixierung übernahm ich.

»Ach, was Frauenhände tun, das wird gut«, hörte ich eine Stimme auf Deutsch sagen. Lachend blickte ich in das freundliche Gesicht des relativ jungen Försters, der sich neben meiner Linken befand und interessiert unser Vorgehen beobachtete. »Ja, ich kann ein wenig Deutsch«, sagte er.

Und dann ging es los in den Wald, entlang einer feuchten und tief abgefahrenen Forststraße. »Wir haben die Spuren von mindestens zwei erwachsenen Bären hier eindeutig erkennen können«, meinte der junge Förster. »Und heute Morgen haben Leute aus dem Dorf auf der Wiese, die wir gerade überquert haben, am sehr frühen Morgen auch Bären gesehen.« Offensichtlich befanden wir uns also wirklich in einem guten, allerdings uns bis jetzt unbekannten Bärengebiet. »Ein Wolfsrudel haben wir hier auch«, erklärte der junge Förster mit einem gewissen Stolz in der Stimme.

Die anderen fünf Männer waren zusammen mit dem Käfig schon vorausgegangen und warteten auf einer etwas offeneren Lichtung im Wald. Alle sahen tief besorgt aus und standen dicht um den Käfig herum. Offenbar hatten die anwesenden Männer ein wirkliches Interesse daran, was mit der kleinen Bärin passierte. Einer der Männer öffnete den Käfig und kippte ihn leicht nach hinten. Die Kleine hatte Angst und wollte nicht herauskommen, im Gegenteil: Durch einen Spalt konnte ich unschwer erkennen, dass sie sich schon fast in die linke Ecke hineinpresste. Ich trug mittlerweile dicke Lederhandschuhe und war konzentriert auf die Dinge, die da wohl kommen würden. Auch der Förster trug zu seinem Schutz die typischen Falknerhandschuhe, als er tief in den Käfig hineingriff. Bärenkrallen, selbst wenn sie noch so klein sind, können sehr schmerzhaft sein.

Die Kleine kreischte, kämpfte und strampelte wie wild, als sie plötzlich entgegen ihrem Willen auf den Boden abgesetzt wurde, immer noch gut durch die starken Arme des Försters gehalten. Aber das Kreischen war nicht nur hilflos, es schwang eine Menge Wut mit. Und sie war größer als erwartet, wobei ich ihr Gewicht jetzt auf circa fünf bis sechs Kilogramm schätzte. Ihr Fell wirkte ein wenig stachelig und erinnerte, wie das spitze Gesichtchen, eher an einen Igel. Sie war schokoladenbraun, keine Bitter-, sondern rahmige Milchschokolade. Ohne weiße Halskrause. Und noch immer kämpfte sie.

Also, wehrlos ist sie nicht, dachte ich mir, und wesentlich aufgeweckter als vorhin. Musste vermutlich doch der Stress gewesen sein. Vielleicht bestand also dann doch ein Funken Hoffnung.

Als Slavo versuchte, ihr das kleine Halsband umzulegen, gestaltete sich die ganze Aktion schwieriger als anfangs erwartet. Der Förster hielt sie im Nackenfell, aber ihre Vorderbeine waren frei, und die setzte die kleine Bärin sehr wirksam ein. Um den Prozess und Stress so gut wie möglich abzukürzen, hielt ich die kleinen Pfoten nach unten, und gemeinsam befestigten wir so schnell wie möglich den Sender. »Lasst sie uns doch Maja nennen«, meinte der älteste Mann in der Riege. Der Name gefiel allen Anwesenden gut, zustimmendes Nicken machte die Runde.

Das Kreischen hatte sich mittlerweile in ein Keifen verwandeln, das keinen Zweifel mehr offenließ: Jetzt war Maja richtig wütend, auf die Zwangslage, auf die Situation und auf ihre eigene Hilflosigkeit.

Aber schlussendlich war es dann doch geschafft. Ich schnitt die Reste des überstehenden ehemaligen Hunde-Flohhalsbandes ab, und der Förster lockerte seinen Griff, um Maja in ihre wohlverdiente Freiheit zu entlassen. Und dann geschah etwas, womit sicher keiner der Anwesenden, mich eingeschlossen, gerechnet hätte. Für das Bärenjungtier war jetzt der Moment der Abrechnung gekommen: Wütend und kreischend schlug die kleine Bärin erst einmal auf den Plastikkäfig ein, aber damit nicht genug. Anschließend biss sie in die Erde, und zwar genau an der Stelle, wo sie noch bis vor wenigen Sekunden ausharren musste. Und zu guter Letzt ging sie auf mindestens drei der anwesenden Männer los. Wütend und heftig keifend und knurrend stapfte sie ohne Vorsicht, zwar mit leicht nach unten abgesenktem Blick, aber doch sehr bestimmt, in die Richtung ihres anvisierten Opfers und versuchte mit ihren Vorderpfoten direkt die Beine zu attackieren und darauf einzuschlagen. Im Grunde bin ich froh darüber, denn durch diese Aktion zeigte sie, dass sie längst nicht so hilflos war wie zu Beginn angenommen.

Die Kleine war stärker als vermutet, vielleicht hatte sie doch eine Chance.

Nach den drei erfolglosen Angriffen entschied sich Maja schließlich dazu, sich in angemessenem Tempo wieder in den vielleicht bekannten und hoffentlich schützenden Wald zurückzuziehen. Jedoch nicht, ohne dabei weiterhin heftigst zu knurren und zu keifen. Als sie einen umgestürzten Ast erfolgreich erklettert hatte, drehte sie sich nochmals um und starrte wütend auf uns alle. Damit ihr auch ja keiner folgte. Fast musste ich lachen angesichts dieser wehrhaften kleinen Persönlichkeit. Nach dieser letzten Absicherung rannte sie mit beachtlicher Geschwindigkeit von uns weg, was wir noch für einige Zeit mit dem Abhören des Senders verfolgten.

Maja auf dem Weg zurück in den Wald, brav trägt sie ihr Sendehalsband spazieren. Auch nachdem ich weiß, wie die Geschichte endet, bleibt die Frage offen, ob es eine Alternative gegeben hätte. Man hat ihr eine Chance gegeben, damit sie sie nutzen kann, falls sie dazu in der Lage ist. Die Alternative ist sicherlich nicht menschliche Obhut, sondern wäre wahrscheinlich gewesen, die Bärin einzuschläfern, auch wenn das für einige Menschen nicht nachvollziehbar ist.

Für uns ging es zurück zu den Autos. Die Männer lachten und waren sichtlich erleichtert. Es könnte gut aussehen für die Bärin, vielleicht hatte sie eine Chance. Falls sie wirklich ihre Mutter gefunden haben sollte, dann können wir nur hoffen, dass diese ihre verloren gegangene Tochter auch wieder angenommen hat. Am Ort der Verabschiedung wurden noch Telefonnummern ausgetauscht, und einer der Jäger versprach, dass er sich am nächsten Tag höchstpersönlich um den Verbleib der Kleinen kümmern würde.

Gibt es Rabenmütter unter den Bärinnen?

Warum gibt es eigentlich immer wieder verwaiste Bärenjunge? Widerspricht denn nicht gerade dieser Umstand sämtlichen Annahmen, die von der hingebungsvollen Mutterliebe und mütterlichen Fürsorge, gerade im Tierreich, berichten? Über die genauen Umstände lässt sich nur spekulieren, doch es gibt einige Indizien, die sich als sehr stimmig erwiesen haben:

Zunächst einmal kann es sein, dass das Muttertier allein auf Futtersuche geht und dabei der Nachwuchs kurzzeitig allein gelassen wird. Dann kommt die Mutter definitiv zurück, man muss nur warten.

Immer wieder kommt es im Tierreich aber auch zu einer »Überproduktion« an Nachwuchs. Dann gibt es zu viele Jungtiere, die von der Mutter nicht alle ernährt und aufgezogen werden können. Steht die Mutter nicht so gut im Futter, bleibt ihr manchmal gar nichts anderes übrig, als das schwächste Jungtier oder gar mehrere von ihnen zu verstoßen, um den gesünderen Rest ihres Nachwuchses erfolgreich durchzubekommen. Manchmal bleiben diese schwachen Individuen auch einfach alleine zurück, da sie mit dem Tempo der restlichen Familie nicht mithalten können. Es wird also angenommen, dass das »Verstoßen« kein aktiver Akt der Tiermutter ist, vielmehr handelt es sich um einen Prozess, in welchem die kaum lebensfähigen Individuen buchstäblich ausscheiden. Ähnliche Verhältnisse herrschen schon in der Milchphase, wenn sich die kleinen Jungtiere teilweise buchstäblich um die Zitzen streiten müssen. Manche dieser Jungtiere erwischen einfach nicht genug hochkalorische Muttermilch und verenden somit schon recht früh in ihrem Leben. Das kennen ja auch viele Leute von Hunde-, Katzen- oder sonstigen Welpen. Manche Tiere schaffen es einfach nicht. Als Mensch ist man dann immer versucht, selbst Hand anzulegen und die putzigen Kerlchen als »Flaschenkinder« aufzuziehen. Aber diese oft kränklichen Tiere verbleiben schließlich auch ihr Leben lang in menschlicher Obhut. Ohne menschliche Hilfe liegen die weniger erfolgreichen Jungtiere irgendwann einmal tot in der Wurfkiste. Im wilden Tierreich gibt es keine helfend einspringende Menschenhand, was mitunter auch gut ist. Alles, was nicht alleine durchkommt, bleibt auf der Strecke, da das Leben draußen im Freiland weniger verträumt ist, als die wunderschönen Bilder aus der Wildnis mit romantischen Sonnenuntergängen uns glauben machen sollen. Nur wer gesund genug ist, hat dort eine Chance, zu überleben.

Falls das Jungtier krank ist oder körperliche Einschränkungen hat, passiert es auch recht häufig, dass sich die Mutter gegen ihr Jungtier entscheidet – eine natürliche Reaktion, die man auch bei manchen Hündinnen beobachten kann.

Im Fall der kleinen Maja konnte es natürlich auch sein, dass der Mutter etwas zugestoßen war. Wir wissen es einfach nicht. Definitiv »verlieren« die Bärenmütter ihre Jungen nicht, und es ist auch kaum anzunehmen, dass sich Bärenjunge wirklich »verlaufen«.

Interessant ist allerdings, dass viele verwaiste Bärenjunge die Nähe von Menschen suchen. Fast könnte man sagen, dass sie angezogen werden von menschlicher Präsenz in jeglicher Form. Viele Leute interpretieren das als Hilfeschrei, aber vielleicht steht dahinter auch einfach nur die Hoffnung auf leicht zugängliches Futter. Die Bärennase funktioniert auch bei den ganz Kleinen schon gut und könnte die Jungtiere deshalb zu uns leiten.

Erste Überwachung am 19. Mai 2007

Wir hielten die ganze Zeit intensiv Kontakt mit dem Hobbyjäger Martin, der an der Aktion mit beteiligt war. Eigentlich ist er Angestellter im Elektrowesen, aber seine Leidenschaft sind die Wälder. Am Telefon berichtete er uns bereits, dass er schon am nächsten Tag abends nach der Kleinen schauen wollte. Leider fand er genau auf der Forststraße, also unmittelbar neben dem Platz der Auswilderung, neue und frische Bärenspuren eines offenbar recht großen Bären. Daraufhin traute er sich natürlich nicht, in den tiefen Wald einzutauchen. Zu Recht, denn es konnte sich ja um die vermisste Mutter handeln, die ihr Junges an der offenen Stelle im Wald abholen kam. Einer führenden Bärin zu begegnen, sollte immer so gut wie möglich vermieden werden. Schlimm wäre es, wenn es sich um ein territoriales Männchen handelte. Dann würde die Kleine relativ gefährlich leben und müsste sich gut vor dem großen Bären verstecken.

Wie ausgemacht trafen wir uns an den Stallungen des Bauernhofs, an dem die Kleine gefunden worden war. Martin war mit einer Kamera ausgerüstet und hatte zur Sicherheit auch ein Gewehr bei sich. Mit der Kamera filmte er alle fremden Gesichter, die in dieser Gegend auftauchten. Akribisch und fein säuberlich legte er sich dann zu Hause eine Datenbank mit sämtlichen Porträtaufnahmen, Datum und Uhrzeit an. »Um die Wilderei unter Kontrolle zu halten«, erklärte der Hobbyjäger, der sich für sein Revier sehr verantwortlich fühlt.

Gleich nach Anschalten des Receivers, der die ausgesendeten Radiowellen des Sendehalsbandes empfangen kann, freuten wir uns über ein Signal. Komisch war nur, dass es so nah an dieser Scheune ausschlug. War die Kleine etwa zurückgekommen? Langsam pirschten wir drei uns also vor und wurden hinter der Ecke des verfallenen Scheunengebäudes am Rande für unseren Übereifer belohnt. Das Signal stammte von einem Elektrozaun, der regelmäßig und konstant seine Impulse abgibt und deswegen auch so eindeutig von dem Receiver aufgefangen wird. »Okay, alles besser als die Maja mit ihrer Mutter im Schlepptau«, meinte Martin lachend.

Na gut, dann eben hinauf auf den Berg, in die Richtung, in welche die Kleine vor drei Tagen entlassen worden war. Auf einem Drittel der Höhe angekommen starteten wir den zweiten Versuch, der wieder erfolgreich und dieses Mal auch richtig war. Die Bärin befand sich im gleichen Wald, in dem sie freigelassen worden war. Das gleichmäßige Signal zeigte, dass sie momentan inaktiv war; vielleicht versteckte sie sich bei diesem heißen Wetter an einem

Schattenplatz. Das regelmäßige Piepen des Receivers war langsam, sodass wir davon ausgehen konnten, dass Maja am Leben war, da das Mortalitätssignal schneller schlägt. Wir freuten uns: Jetzt hatte sie schon 72 Stunden überlebt! Und vielleicht handelte es sich bei den gefundenen Bärenspuren ja nicht um ein Männchen, sondern wirklich um das Muttertier, das nun zusammen mit der Kleinen in dem Waldstück rastete. Wir bewegten uns noch ein Stückchen höher, bis knapp unter den Grat. Immer wieder maßen wir das Signal, wobei klarer wurde, dass die Kleine sich nicht nur in dem Wald befand, in dem sie freigelassen worden war, sondern offensichtlich genau an der Stelle, wo wir sie zuletzt gesehen hatten: auf der Lichtung.

Das ist jetzt aber weniger gut, dachte ich, wollte mir aber die vorher aufgekeimte Hoffnung nicht ganz zunichtemachen. Slavo schien ähnliche Gedanken zu haben: »Wurde der Bärin denn zusätzliches Futter gebracht? Es wäre gut, in diesem Falle etwas zuzufüttern, nur zur Sicherheit. Ich bin nicht sicher, ob sie nicht immer noch alleine ist. Wenn man ihr an zwei, drei oder vier Stellen etwas auslegen würde, dann hätte sie es etwas leichter.« Zugefüttert wurde nicht, aber Martin wollte entweder am Abend oder am nächsten Morgen mit einer ordentlichen Portion Nahrung in den Wald fahren – Maisschrot sollte sie bekommen, Kartoffeln und anderes Gemüse.

Vermutlich war die Mutter nicht zurückgekehrt, ansonsten hätten sich die beiden zumindest ein bisschen von diesem Ort entfernt. Wahrscheinlich war das Junge also immer noch allein, ganz nahe am Ort der Freilassung. Das waren eher schlechte Zeichen. Aber wir mussten abwarten.

Zweite Überwachung, eine Woche später

Leider war die Woche mal wieder kurz und so voll, dass wir es nicht schafften, die über 300 Kilometer entfernte Region zu besuchen, in der sich Maja aufhielt. Aber wir standen in regem Telefonkontakt mit Martin. Wie wir es besprochen hatten, hatte er dem Jungtier umgehend an verschiedenen Stellen Futter ausgelegt und war zwischenzeitlich abends, nach der Arbeit, auch im Gebiet gewesen, um die Stellen zu überprüfen. Wieder war er auf frische Bärenspuren eines sehr großen Tieres gestoßen, weshalb er den Wald im spätabendlichen Dämmerlicht aus Sicherheitsgründen nicht betreten hatte: Er ist Jäger und weiß um die Gefahr. Aber als wir nach einer Woche unsere nächste Fahrt in die Region unternahmen, wollte er kommen, spätestens um 2 Uhr nachmittags, und uns wieder helfen. Er war sehr interessiert und engagiert, und es ist gut, mit einem Ortskundigen zusammenzuarbeiten. Das Gebiet war für uns nicht nur fremd, sondern es ist auch sehr groß und aufgrund der vielen Schneisen kompliziert.

Wir waren schon früher da und planten, uns zuvor schon einmal mithilfe des Receivers »umzuhören«. Auf zwei Drittel der Höhe des gleichen Hügels dann das erste Piepen, nur schwach und kurz, aber eindeutig ein Signal. Maja musste also noch irgendwo hier sein; fragte sich bloß, wo und in welchem Zustand. Also schlugen wir einen anderen Forstweg in den Wald ein, um eventuell von dort aus mehr Klarheit zu erhalten. Immer wieder versuchten wir, ein eindeutigeres Signal zu bekommen, und stiegen dabei immer höher hinauf durch den dichten, dornenreichen Wald.

Nach längerer Wanderung gaben wir auf, hier hatte es keinen Sinn. Das Signal war gänzlich verschwunden, und wir gelangten eher auf die andere Seite des Hügels, die dem vermuteten Aufenthaltsort gegenüberlag. Also gingen wir wieder zurück, um an der Wiese von Neuem zu beginnen. Es war kurz vor zwei, wir warteten auf Martin. Um der gleißenden Sonne und der schwer erträglichen Hitze zu entgehen, zogen wir uns etwas mehr nach rechts in einen schattigen Platz zurück und schalteten den Receiver nochmals ein, mehr aus Interesse, ob sich hier überhaupt irgendetwas messen ließ. Was wir dann hörten, war eindeutig: ein schnelles, hohes, gleichmäßiges Signal. Eine eindeutige Frequenz mit einer eindeutigen Aussage: Mortalität. Überwachtes Tier mindestens 24 Stunden inaktiv. Das schnelle Piepen hämmerte an mein Trommelfell, und ich wunderte mich, warum wir es erst an dieser Stelle empfingen, nur wenige Meter entfernt von der vorher begangenen Forststraße. Egal – es war schnell, hoch und eindeutig. Und das war nicht gut.

»Also, das muss jetzt auch noch nichts heißen. Sie kann ja auch den Sender ganz einfach nur verloren haben. Wenn das 24 Stunden oder auch länger her ist, haben wir ganz automatisch so ein Signal. Ein Halsband wandert schließlich nicht von alleine«, so Slavo. Aber ich spürte eine komische Klarheit, das eindeutige Gefühl, dass es nicht so war. Dass sie das Halsband noch anhatte.

Wenig später kam auch Martin, in Begleitung seiner beiden Kinder, zwei Söhne, circa vier und sechs Jahre alt, ausgerüstet in voller Montur, um einen kleinen Bären zu beobachten. Slavo sprach leise mit ihm, und Martin verstand. Er schickte die beiden Kleinen zurück zum Auto, da sollten sie warten. Die Aktion könnte gefährlich und/oder traurig werden. Die Kinder sollten kein totes, im schlimmsten Fall angefressenes Jungtier sehen.

Schließlich kam noch jemand. Ein junger Bursche, circa siebzehn Jahre alt, mit seinem Hund, einer Französischen Bracke. Zehn Jahre war die Hundedame alt und etwas müde, aber sie könne noch ganz prima mit auf Fährte gehen, so ihr Besitzer.

Jetzt hieß es also das Halsband inklusive teurem und speziellem Sender suchen, egal ob mit oder ohne Bärenkind.

»Jetzt werden wir den Sender also am Tier, frei oder im Magen eines anderen Tieres finden«, scherzte Slavo, wobei man merkte, dass es eher sarkastisch gemeint war und zur eigenen Aufmunterung dienen sollte. Ich weiß, er war traurig. Und ich selbst fühlte die ganze Zeit dieses komische Nichts.

Das schnelle, hohe Piepen führte uns zielsicher direkt auf das Waldstück zu, in dem die Kleine vor zehn Tagen freigelassen worden war. Weit war zumindest das Halsband nicht gekommen. Wir passierten die Forststraße und näherten uns etwas weiter rechts dichtem Gestrüpp und Unterholz. Die Hundedame war eher mit der anstrengenden Hitze als mit der Fährtensuche beschäftigt, aber sie machte zumindest eines: allen ein bisschen gute Laune.

»Das Signal wird immer klarer und lauter. Da muss es irgendwo sein. Also Augen offen halten, auch auf den Bäumen und Sträuchern schauen. Nicht, dass sie es nur an einem Ast abgestreift hat.«

Martin und der Hundeführer gingen voraus, während Slavo und ich zentimeterweise die Richtung und Eindeutigkeit des Signals überprüften. Mittlerweile befanden wir uns in einem dichten Himbeerfeld, und die Stacheln kratzten schmerzhaft an den nackten Armen. Ich ging voraus und nahm plötzlich den Geruch von verwesendem Gewebe wahr. Nur kurz, dann war ich auch schon wieder zu weit. Bis unter den Hals standen wir in dem Himbeerfeld und versuchten, mit den Ranken klarzukommen, um den Boden zu sehen.

»Ich hab was.« Martin zerrte an ein paar Ästen. »Hier, kommt, genau hier liegt sie.«

Es war klar, dass er nicht nur auf das Halsband gestoßen war. Ganz betreten und traurig standen wir, Martin, der Hundeführer, Slavo und ich, nun um die Stelle herum und starrten gemeinsam auf den bewegungslosen kleinen Körper mit dem Sender am Hals. Maja lag auf der linken Seite. Der Hund schnupperte nun doch etwas interessiert an der gegenüber wachsenden Tanne, ließ sich aber ansonsten von der Situation nicht beeindrucken.

Sie hatte es nicht geschafft. Sie war nicht von ihrer Mutter abgeholt worden, und sie hatte auch selbst niemanden gefunden. Der Körper wies keine Spuren von Verletzungen oder Bissstellen auf. Sie musste an Ort und Stelle entweder an Hunger, Schwäche oder einer Krankheit gestorben sein, und das bereits vor vier bis sechs Tagen, denn der Körper zeigte deutliche Spuren von Verwesung, und er hatte bereits eine große Menge an Insekten angelockt, die als »Gesundheitspolizei des Waldes« an der Zersetzung von totem Gewebe maßgeblich beteiligt sind.

Als ich die eingefallenen Flanken des kleinen Körpers betrachtete, hatte ich den Eindruck, dass sie auch kaum mehr etwas zu sich genommen hatte, womöglich schon seit ihrer Freilassung nicht mehr. Vielleicht hatte sie Angst gehabt, sich dem ausgelegten Futter zu nähern, Angst vor dem anderen großen Bären, der das Gebiet durchstreifte.

Man weiß, dass junge Bären in Panik geraten, wenn sie die Nähe eines erwachsenen Männchens mitbekommen. Schon der Geruch einer Fußspur ist für sie so erschreckend, dass sie diese natürliche Barriere nicht überschreiten. Aber vielleicht war sie auch einfach krank gewesen und hatte nicht essen können. Vielleicht hatte sie interne Parasiten gehabt, die sämtliche Nahrung sofort vernichtet hatten. Oder, oder, oder …

Projekt Auswilderung gescheitert. Ich packte das Halsband inklusive Sender in eine der mitgebrachten kleinen Plastiktüten und verstaute es in meiner Tasche. In meinem Notizbuch notierte ich die genaue geografische Lage, Uhrzeit und Höhe über dem Meeresspiegel:

14.30 / 491 545.2 / 192 926.0 / Mortalität Maja / E=789 m

im Himbeerfeld, ca. 5 bis 6 Tage alt

Tod eingetreten vermutlich aufgrund Verhungern, Schwäche oder Krankheit

Martin und der Hundeführer hatten Handschuhe dabei und betrachteten nochmals den kleinen Körper von allen Seiten. Bevor sie ihn jedoch vollständig in eine größere Tasche einpacken wollten, bat ich sie um eine Gewebeprobe. Für die Genetik.

Schweigend machten wir uns schließlich auf den Rückweg, durch das dichte Gestrüpp hindurch, auf der Wiese am Waldrand entlang und durch das dichte Gras zu Martins Auto. Der Hund war froh, dass es zurück nach Hause ging. Der Hundeführer bog schon etwas früher links ab, um über einen Schleichweg ins Dorf zu kommen, und nahm die große Tasche mit; niemand wollte, dass die beiden Jungen, die am Auto warteten, etwas davon mitbekamen.

Was haben wir aus dem Fall Maja gelernt? Oder: Warum es keine Babybärenstation in der Slowakei gibt und warum das auch gut so ist

Die Geschichte um Maja ist nicht die einzige Situation mit traurigem Ausgang, aber wir haben sie besonders intensiv miterlebt und begleitet. Immer wieder werden Jungtiere aufgefunden, die dann aus falsch verstandener Tierliebe aus dem Wald mitgenommen werden, um den Kleinen zu helfen. Also wäre es denn nicht an der Zeit, dass Bärenländer wie die Slowakei endlich ihre eigene Auffangstation hätten, wo die Bärenkinder aufgezogen werden könnten, um anschließend ausgewildert zu werden?

Nein, nein und nochmals nein. Das ist keine Lösung, und zwar aus ein paar wenigen und leicht verständlichen Gründen:

Erstens: Es ist außerordentlich schwer, Jungbären so aufzuziehen, dass sie sich nicht an den Menschen und/oder seinen Geruch gewöhnen. Genau das ist aber eine essenzielle Voraussetzung, wenn man die Bären später auswildern will. Der Biologe Pazhetnov hat zwar eine Methode entwickelt, mit der dies trotzdem gelingen kann, aber er lebte und arbeitete in einem Gebiet, das fast menschen- und bärenleer war. Somit hatte er genug Platz zur Verfügung, um die großen Gehege zu bauen. Menschen, die mit ihm in dem Projekt arbeiteten, durften sich wochenlang nicht waschen, geschweige denn Zähne putzen oder Deodorant verwenden. Denn gerade an die Gerüche von Seife und Körperpflegeprodukten könnten sich die Bären gewöhnen. Ausgewildert wurden die Bären in einem Alter von sieben bis acht Monaten, da die Jungtiere theoretisch ab diesem Zeitpunkt überlebensfähig sind. Leider konnte man die Tiere im Rahmen dieses Projekts nicht wirklich überwachen; sie bekamen nur eine Ohrmarke gesetzt und keine Sendehalsbänder. Einige Bären konnte das Team im nächsten Jahr zwar ausmachen, aber nicht über längere Jahre hinweg beobachten.

Zweitens: Medienträchtige Aufzuchtstationen mit Menschen, die zusammen mit den kleinen Bärenkindern auf Bäume klettern, um ihnen das beizubringen, sind schlichtweg Humbug. Das Klettern ist ein instinktiv funktionierendes Verhalten, da es für junge Bären im Falle einer Gefahr nur eine einzige Überlebensmöglichkeit gibt: hinauf auf den Baum in der Hoffnung, dass der mögliche Feind nicht hinterherkommt. Bären muss man relativ wenig beibringen, aber man muss garantieren, dass sie keine Verbindung zwischen Menschen und Futter bzw. Sicherheit herstellen. Ist diese Verbindung in ihrem Kopf einmal vorhanden, dann ist das Spiel verloren, und zwar für immer. Auch ich kenne die sogenannten Bärenpapas und Bärenopas, die, ohne ihr Gesicht zu verdecken, Bärenkinder in ihren Armen hätscheln, mit ihnen zusammen im Wald herumturnen oder sie liebevoll im Schaumbad baden. Das ist entweder purer Egoismus oder Geldschneiderei, um Spenden einzuwerben. Oder beides zusammen. Funktionieren tut es nicht, jedenfalls nicht für die Bären. Pazhetnov hat sein spezielles Projekt von der russischen Regierung bezahlt bekommen, um in einem Gebiet, in dem es keine Bären mehr gab, erneut welche anzusiedeln. Dabei wurde aber nur sehr wenig Medienarbeit gemacht. Viele der medial sehr präsenten Bären-Babystationen sind also mit allergrößter Vorsicht zu betrachten. Wollen Sie meine ehrliche Meinung dazu hören? Spenden Sie lieber an ein örtliches Tierheim oder gewähren Sie heimatlosen

Haustieren einen Pflegeplatz. Dann sehen Sie, wo Ihr Geld hingeht, und das Ganze macht auch Sinn, da es sich um Tiere handelt, die sich ja an den Menschen gewöhnen sollen.

Drittens: Wir haben keinen Platz mehr für zusätzliche Bären draußen im Freiland, die Bärenländer platzen jetzt schon aus allen Nähten, und jedes zusätzliche Individuum macht die Situation nur noch schlimmer. Und die Gebiete, die noch bärenfrei sind, sind meistens nicht geeignet. Wir können Bären auch nicht überall hinbringen oder gar exportieren; schon alleine wegen der genetisch unterschiedlichen Subpopulationen gibt es dabei sehr strikte Vorgaben. In jedem Fall werfen wir die Jungbären in ein Habitat hinaus, wo sehr viele Gefahren lauern, vor allen Dingen durch erwachsene Männchen oder durch den Menschen. Maja wurde wahrscheinlich indirekt das Opfer eines erwachsenen männlichen Bären. Sie wusste ganz genau, dass sich in ihrer Nähe ein potenziell gefährliches Männchen befand – das sie so sehr gefürchtet hat, dass sie buchstäblich in einem Baum sitzen blieb und wahrscheinlich jämmerlich verhungert ist.

Eigentlich gibt es nur eine Lösung, die natürlich ist und den Jungtieren eine Chance gibt: Sie an den Ort des Auffindens zu bringen, gegebenenfalls zu besendern und zu überwachen. Nichts anderes.

Viertens: Gäbe es Auffangstationen, dann gäbe es auf einmal umso mehr hilfsbedürftige Jungtiere. Was sich im ersten Moment komisch anhört, ist Fakt. Wahrscheinlich würden wir einige Menschen sogar ermutigen, Bärenkinder mitzunehmen, da es doch jetzt eine menschlich gesicherte Auffangstation gibt, wo die Kleinen in größerer Sicherheit sind als draußen in der groben, grausamen Natur.

Fünftens: Wir alle und die Wildtiere insbesondere leiden unter schrecklichem Verlust von Naturflächen, die Habitate werden immer kleiner, da immer mehr verbaut und eingezäunt wird. Große Auffangstationen würden – ohne dass sie viel bringen – erneut kostbaren Platz wegnehmen, der für mehr Tiere überlebenswichtig ist als nur die spendengenerierenden Arten wie eben Bär, Wolf und Luchs. Was ist mit den Hirschen, wenn sie nicht mehr abwandern können, mit den Wildschweinen, den Füchsen, Dachsen oder Hasen? Diese Tiere haben keine Spendenlobby und geraten leicht in Vergessenheit, haben aber genauso ein Lebensrecht wie die charismatischeren Arten. Also bewahren wir Wildtierhabitat.

Sechstens: Zu guter Letzt noch eine gute Nachricht: Die »Mama« kommt häufiger zurück, als wir denken. Das zeigt die folgende wahre Geschichte aus den Ausläufern Polanas nahe der Stadt Banská Bystrica aus dem Jahre 2022:

Man hatte zwei Bärenjungtiere in den kleinen Wäldern um das Dorf Micina gefunden, und die Menschen waren überzeugt, dass die beiden menschliche Hilfe bräuchten und aufgezogen werden müssten. Da man die Mutter nicht gesehen hatte, brachte man die Jungbären in die Obhut der örtlichen Naturschutzbehörde. Die erste Nacht verbrachten die beiden in einem Gehege im Wald, damit sie sich nicht an Menschen gewöhnten. Ich war mit den Leuten draußen vor Ort, und wir suchten den Platz weiträumig ab, um Spuren oder eventuell auch eine tote Bärenmutter zu finden. Alles Fehlanzeige, also stellten wir mehrere Fotofallen um den Fundort herum auf. In der zweiten Nacht jedoch kam eine Bärin, die verzweifelt um die Fundstelle herum suchte und immer wieder grunzende

Laute ausstieß. Das konnte eigentlich nur das Muttertier sein. Also entschied man sich am nächsten Tag, die beiden Jungtiere am späten Nachmittag nahe der Fundstelle zu platzieren, auch auf die Gefahr hin, dass der Versuch fehlschlagen würde. Aber er gelang, und das auf herzzerreißende Art und Weise: Die Mutter kam wirklich noch einmal an die Stelle, obwohl sie in der Nacht davor keinen Erfolg gehabt hatte. Kaum hatte sie zu grunzen angefangen, antworteten ihr die beiden Kleinen mit Gegenrufen, und die Familie traf freudig aufeinander. Es waren fantastische Videos, und alle, ganz besonders die Jäger, freuten sich über die Wiedervereinigung.

Fazit: Wir können nicht alle Tiere retten. Und unsere Versuche, genau das zu tun, sind oft weniger tierschutzgerecht als angenommen. Geben wir den Jungtieren eine Chance, indem wir sie draußen lassen, auch auf die Gefahr hin, dass sie getötet werden. Die Alternative ist ehrlich gesagt, die Tiere einzuschläfern, vor allen Dingen dann, wenn die Kleinen schon halb tot sind. Dann sollten keine Wiederbelebungsversuche mehr gemacht werden. Auch solche Versuche habe ich mitbekommen, mit fatalem Ausgang: Aus Platznot kamen dabei zwei Jungtiere in ein Gehege mit einem weiteren Bären. Dieser tötete leider eins der beiden, was keine Alternative darstellt.

Das Leben von Bären in der Kulturlandschaft

Schigo und Noro – Opportunisten und Fast-Food-Liebhaber

Schigo und Noro waren zwei männliche Jungbären, die ganz massiv in der Kulturlandschaft des Menschen nach Futter suchten und dabei Maisfelder und stillgelegte Obstplantagen plünderten. Die beiden waren Musterbeispiele für die Ernährungsvorteile von Bären in der Kulturlandschaft. Aber: Welchen Preis bezahlen sie dafür? Wie sieht es aus mit der Stressantwort? Ist das Habitat nahe menschlicher Siedlungen wirklich so vorteilhaft, oder erhöht sich die Gefahr, für Menschen sichtbarer zu sein und dann als vermeintlicher Problembär abgeschossen zu werden?

Schigo und Noro waren etwa vier Jahre alt, als wir sie fingen, beide also junge Männchen und sehr gut in Form. Die beiden lebten im Nationalpark Mala Fatra (= die Kleine Fatra), ein relativ bekanntes Wandergebiet in der Slowakei. Die geschützte Gebirgskette ist von allen Seiten von Kulturland umgeben, wo sich neben vielen touristischen Attraktionen auch Obstplantagen und Getreidefelder, insbesondere Mais, befinden. Und um die gesamte Region ist ein dichtes Netz aus Straßen angelegt, da diese Region als Verbindungsstück zwischen der Slowakei und dem angrenzenden Polen gilt. Wie im Kapitel »Suska und die Straßen« noch genauer gezeigt wird, stellen stark befahrene Straßen ein sehr großes Risiko für sämtliche Wildtiere dar – auch für die Bären. Allerdings locken die verbotenen Früchte in der Nähe menschlicher Siedlungen viele Tiere sehr stark an, was oft für gemischte Reaktionen sorgt – also kommen die Bären in ein großes Dilemma, und es stellt sich die Frage, was denn alles in der Kulturlandschaft vom Menschen den Wildtieren angeboten wird – ohne dass man es ihnen bewusst anbieten will.

Die Speisekarte in der Kulturlandschaft – gut oder schlecht für Bären?

Immer wieder heißt es, der Bär passe nicht in die Kulturlandschaft. Aber aus Sicht des Bären ist die Kulturlandschaft ein reich gedeckter Tisch mit vielen Leckereien und unterschiedlichen neuen Futtermöglichkeiten, die dem Bären nicht nur schmecken, sondern auch viel kalorienreicher sind als viele andere, natürliche Bärenfutterstoffe.

Die meisten Menschen denken wahrscheinlich nun eher daran, dass Bären Abfalltonnen durchwühlen oder im schlimmsten Fall Weidetiere reißen. Doch weit gefehlt: Bären sind Allesfresser und Opportunisten und somit außerordentlich kreativ in ihrem Futterspektrum und schnell bereit, neue und unbekannte Futtermöglichkeiten zu entdecken und dann auch zu nutzen. Wenn der Mensch Landwirtschaft inklusive Ackerbau, Obstanbau und Weinanbau betreibt, so kann der Omnivore Braunbär in der vom Menschen gemachten Kulturlandschaft auf sehr viele verschiedene Futterelemente zurückgreifen.

Noro und Schigo waren abhängig vom Mais, und das ab der Milchreife der Maispflanze, die ab Ende Juli, Anfang August beginnt. Für den menschlichen Verzehr ist der Mais dann noch nicht ganz reif, aber gerade Wildtiere schätzen es, wenn sich die weichen Maiskörner in einer süßlich-säuerlichen weißen Flüssigkeit befinden. Irgendwie wussten die beiden Bären ganz genau, wann der Zeitpunkt der Ernte gekommen war. Sie stiegen aus den höheren Lagen des Nationalparks hinunter, um in den zahlreichen Maisfeldern zu fressen. Dabei waren sie nicht allein, sondern in sehr guter Gesellschaft, denn neben Bären gehen auch Rehe, Rothirsche, Wildschweine, verschiedene Nagetiere und Vogelarten gerne in den Maisfeldern auf Futtersuche.

Fast Food Mais – ein immer größer werdendes Problem in der Slowakei

In den letzten Jahren hat sich der Maisanbau in der Slowakei vervielfacht – Tendenz weiterhin steigend. Offenbar gibt es Pläne in der Europäischen Union, den Maisanbau in den sogenannten Oststaaten wie Polen, Bulgarien, Rumänien und der Slowakei noch um mindestens 20 Prozent zu erhöhen. Dafür gibt es auch entsprechende Subventionen, damit es für die dortigen Landwirte attraktiv ist, auf Maisanbau umzusteigen. Mais kann für verschiedene Zwecke verwendet werden: selbstverständlich zur Nahrungserzeugung für uns Menschen, aber auch zu Fütterungszwecken für verschiedene Weidetiere oder zur Befeuerung von Biogasanlagen, was immer beliebter und ebenfalls stark gefördert wird. Dass durch den Maisanbau allerdings riesige Flächen in Monokulturen umgewandelt werden, das wird oft gerne vergessen, bzw. das wird vielen Menschen vielleicht auch gar nicht bewusst sein, wenn sie es selbst nicht gesehen haben. Die Maisfelder in der Slowakei erstrecken sich viele Kilometer an den Straßen entlang und verändern sehr stark die Habitatparameter der entsprechenden Gebiete. Aus vorher überwachsenen, meist ungenutzten Grünflächen mit einem hohen Artenreichtum wurden innerhalb weniger Jahre kilometerlange Monokulturen. Und diese Entwicklung setzt sich fort.

Halt, ganz stimmt das nicht – die Maisfelder sind nicht komplett artenarm, da sie eine riesige Gruppe an Fressfeinden anziehen, die auf den Maisfeldern ein temporäres, also zeitlich begrenztes Habitat vorfinden, auf dem kalorienreiches Futter in unglaublicher Dichte verfügbar ist. Oft ist der Boden selbst an warmen Tagen noch angenehm kalt und feucht. Darüber hinaus hält sich auch das Wasser in den kleinen Pfützen viel länger als anderswo, was ein weiteres Plus ist. Ganz konkret im Fall des Bären, hat er in den hohen Stauden auch Sichtschutz vor uns Menschen. Es klingt paradox, aber im Maisfeld wird der Bär viel weniger durch menschliche Präsenz gestört als im Wald, was ein zusätzlicher positiver Faktor ist. Wir hatten einige Bären, die tagelang in den Felder geblieben sind. Kein Wunder, dort stand ihnen ja alles zur Verfügung, was sie benötigten: kühle, angenehme Bedingungen, Wasser, viel Futter und keine Störungen durch die Zweibeiner. In der Slowakei empfiehlt es sich also wirklich nicht, tief in den Stauden ein paar Maiskolben zu klauen, da man dadurch auch eine Bärenattacke riskieren kann.

Manche unserer Bären waren gar so geschickt, dass sie es verstanden, zwischen den großen Maispflanzen auf Beutefang zu gehen. Gerade die Wildschweinrotten hatten es ihnen angetan, die mit Kind und Kegel gemeinsam durch die Vegetation rauschten. Dieses Rauschen, das im Mais entsteht, wenn Tiere hindurchlaufen, verhindert übrigens auch, dass Beutetiere die Raubtiere hören können. So werden sie oftmals aus dem Hinterhalt eiskalt erwischt. Deshalb konnten wir bei einigen Bären, wie zum Beispiel Adriano, automatisch schlussfolgern, dass sie mitunter sehr erfolgreich auf Raubzüge gingen, was ihre Aufenthaltsdauer auf den Feldern entsprechend verlängerte.

Die interessanteste Anpassung in diesem Zusammenhang konnten wir erneut in Polana beobachten, es ist ebenfalls ein Naturschutzgebiet, aber an den Südhängen geradezu umzingelt von großen Maisplantagen. Ein dreiköpfiges Wolfsrudel hatte erfolgreich verstanden, dass im Mais gute Beuteerfolge zu erzielen sind, da die Beutetiere ihre Umgebung nicht gut sehen oder hören können. Wir jedenfalls trauten unseren Augen kaum, als wir die eindeutigen Wolfsspuren im Mais fanden – inklusive verräterischem Wolfskot mit Wildschweinüberresten. Was die Wölfe uns da zeigten, waren extreme und sehr planvolle Anpassungen an neue Bedingungen in ihrem Lebensraum. Für uns heißt das: Wir können nie genug Daten aus dem Feld bekommen, da die Individualität der Tiere ganz fantastische und völlig unerwartete Ausprägungen zeigt.

Die Maisfelder haben sich also zu wahren Wildtierparadiesen entwickelt, obwohl das überhaupt nicht so geplant war. Für die Tiere sind die großen Stauden einfach nur sehr praktisch, zumal sie ja nicht wissen, dass es sich um eine vom Menschen geschaffene Struktur handelt.

Aber: Ist es in der Summe wirklich so günstig für Wildtiere, sich am Mais zu laben, oder hat das Überangebot an kalorienreichen Nahrungsmitteln negative Auswirkungen, die wir nicht wollten, aber auch nicht voraussagen konnten? Wenn Wildtiere »gut im Futter stehen«, können sie sich erfolgreicher vermehren, es gibt also mehr Jungtiere. Die gute körperliche Verfassung der Elterntiere sorgt indirekt dafür, dass mehr Jungtiere durchkommen, die sich ihrerseits auch wieder besser und vor allen Dingen früher vermehren können. Also kommt es zu einem Babyboom: einem enormen Populationswachstum. Für die Tiere ist diese Entwicklung also tatsächlich erst mal positiv. In der Kulturlandschaft wird es für den Menschen aber zum Problem. Denn gerade die Ressource »Platz« wird immer mehr zur Mangelware.

Zudem ist der Schaden, den die vierbeinigen, ungebetenen Gäste auf den Felder anrichten, immens und kann in die Millionen und Milliarden gehen. Wer bezahlt das? Und wie kann man Felder vor den tierischen Plünderern schützen? Ist es wirklich verantwortbar, die Maisfelder kilometerweit einzuzäunen, in einer Zeit, in der die Zerschneidung und Vernichtung von Lebensraum für Wildtiere immer mehr Relevanz gewinnt? Respektieren Wildtiere solche Umzäunungen, wenn im Inneren quasi das Fressparadies lockt? Gerade Wildschweine sind für ihren rabiaten Pragmatismus bekannt: Sie untergraben Zäune an allen Ecken und Enden oder rennen sie massenweise um. Das Gleiche gilt für andere Wildtiere, inklusive Bären: Sie lassen sich nicht so leicht abhalten und versuchen immer wieder mit allen Tricks, auf die andere Seite der Umzäunung zu gelangen.

Die Kehrseite: Wir haben in der Slowakei auch grauenhafte Szenen dokumentiert, die dadurch entstehen. Teilweise bleiben die Tiere in den Wildzäunen hängen und strangulieren sich langsam zu Tode; das haben wir insbesondere bei Rothirschen mitansehen müssen. Kleinere Wildtiere bleiben mitunter in den elektrifizierten Zäunen hängen und kommen durch mehrfache Stromschläge auf furchtbare Weise zu Tode. Ist das grüner Strom, der da auf den Maisfeldern produziert wird?

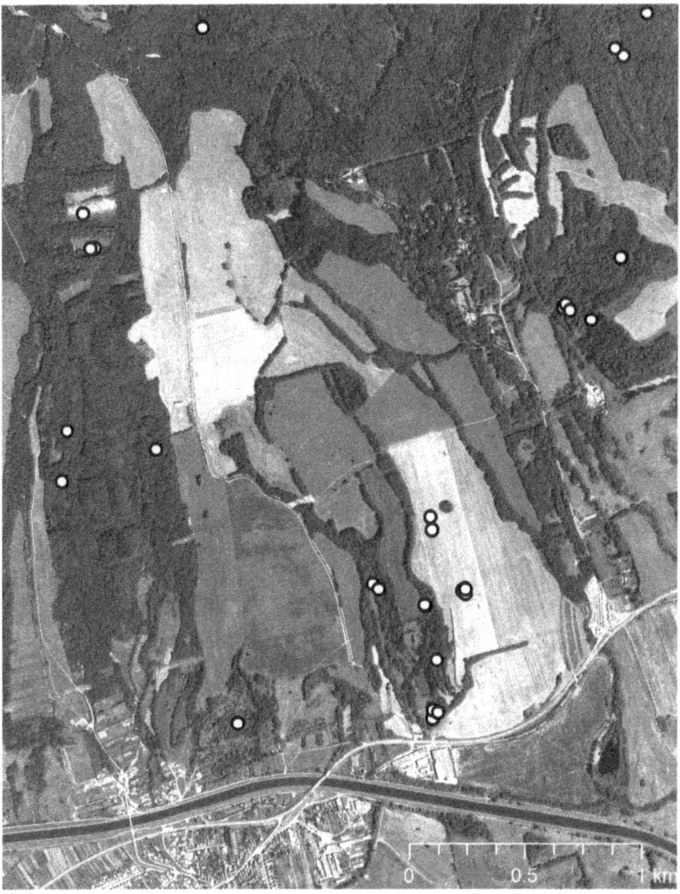

Unglaublich, aber wahr – Bären schlafen tagelang im Maisfeld, und das auch noch in der Nähe von Siedlungen. Die kleinen Kreise entsprechen sämtlichen Tagesruheplätzen einiger Bären in der Mala Fatra, inklusive Noro und Schigo. Warum sollten die Tiere auch mit vollem Bauch im Morgengrauen weit in die Wälder hinein zur Tagesruhe wandern, wenn sie abends ohnehin wiederkommen möchten? Teilweise macht man es sich auch im Gebüsch gemütlich. Nur blöd, wenn genau dort ein Mensch zum Pilzesammeln geht – das kann ungute Situationen auslösen. Noch einmal: Alle unsere Tiere waren nicht auf Dörfer oder Abfall konditioniert, sondern nutzten einfach das neue Nahrungsangebot auf den Feldern. Aber solche Ergebnisse müssen wir mit der menschlichen Bevölkerung besprechen.

Und wenn der Stromzaun nur überwunden, aber nicht zerstört wird, kann es sogar zu noch mehr Schaden auf den Feldern kommen, weil die Bären dann, aus Angst vor weiteren schmerzhaften Stromreizen, lieber im Inneren des Feldes sitzen bleiben und vor sich hinfressen, als nochmals über den unangenehmen Zaun nach außen zu gelangen.

Im Endeffekt bleibt dem Wildmanagement oft gar nichts anderes übrig, als die Abschussquoten für jagdbares Wild, vor allem Reh-, Dam- und Rotwild sowie Wildschweine, zu erhöhen, da landwirtschaftliche Flächen von riesigen Herden und Rotten förmlich überschwemmt werden. Beim Bären sieht es anders aus: Die Rufe nach Abschuss sind zwar laut, aber der Bär ist nun mal geschützt. Also steigen die Bestandszahlen erheblich an, was zu einem Absinken ihrer Reputation führen kann, da man dem unerwünschten Schädling einfach nicht mehr Herr wird.

Ein weiteres Problem: Je länger die Bären auf den Feldern fressen, desto später gehen sie in den Winterschlaf, der ja eine Fastenperiode voraussetzt. Auch das ist definitiv nicht im Sinne des Erfinders. Die Maisproblematik ist ein Thema, das in der Slowakei landesweit für sehr viel Unmut und Verwirrung sorgt, und wir bräuchten viel mehr Forschung, um die gesamten Wechselwirkungen zu verstehen. Könnten die Felder nicht auch den Verhaltensrhythmus der Tiere beeinflussen und regelrechte Massenwanderungen auslösen? Popoluschka wusste offenbar ganz genau, wann es zur Maisreife kam, und wanderte in nur einer Nacht zusammen mit ihrem Nachwuchs insgesamt 35 Kilometer, um auf den Feldern mit der kalorienreichen Nahrung einen guten Platz zu bekommen. Auch das große Männchen Sylvester machte sich auf den Weg von Nord nach Süd, um einige Wochen im Mais zu verbringen. Tagsüber schlief er in den angrenzenden Gebüschflächen, die sehr dicht und unwegsam waren. Wie viele Menschen täglich an dem schlafenden Riesenbären vorbeigegangen sind, kann zwar nicht bestimmt werden, der Gedanke ist aber sehr kurios.

Viele ähnliche Beobachtungen bestätigen die Vermutung, dass Bären von sehr weit herkommen, um auf reif gewordenen Feldern ihren Anteil abzuschöpfen – nicht auszudenken, was passieren kann, wenn plötzlich die Felder umzäunt sind. Dann müssen wir mit mehr Bären in der Nähe von Dörfern rechnen, da sie in ihrer Verzweiflung eventuell woanders auf Futtersuche gehen. Und je mehr Bären in einem Gebiet sind, desto dichter sind auch die natürlichen Futterplätze im Wald besetzt – ein Teufelskreis, aus dem man nicht so einfach aussteigen kann.

Selbst wenn man von einem Jahr auf das andere keinen Mais mehr auf den Feldern anbauen würde – die Bären, die daran gewöhnt sind, kämen ja trotzdem und würden nur noch mehr verzweifeln, wenn das Futter fehlt. Und es träfe nicht nur die Bären, sondern auch viele andere Wildtierarten, die ebenfalls mit Mais in Hülle und Fülle gerechnet haben.

Die Präsenz von Mais könnte sogar die Verbreitung und Wanderung von Bären und anderen Wildtieren beeinflussen. Da die Stauden so hoch und zudem nahrhaft sind, könnte man sich wie auf Trampolinen von einem Feld zum anderen fortbewegen und würde so als Bär auch plötzlich in westlicheren Teilen der Slowakei auftauchen, wo eigentlich zuvor schon lange keine Bären mehr leben. Die Sichtungen von Bären um die Stadt Nitra und Bratislava herum waren allesamt in der Nähe von Maisfeldern und zur Maisreife. Nur leben in diesen Gebieten viel mehr Menschen als im Hinterland, und zudem sind die Menschen dort nicht mehr an die Präsenz von Bären gewöhnt. Diese Situationen führen oft zu negativen Diskussionen und sehr vielen neuen Problemen um die Bären. Im Endeffekt müssen wir dann sogenannte Sicherheitsabschüsse tätigen, da das Risiko nicht mehr eingeschätzt werden kann.

Und so bleibt am Ende die Frage, ob Mais denn wirklich eine paradiesische Speise für Wildtiere ist oder nicht doch Teufelszeug.

Ein weiterer Problemfaktor: Wenn Bären Mais im Bauch haben, damit in ihr natürliches Habitat zurückkehren und ihn dann irgendwann einmal auch wieder ausscheiden, bringen sie so zusätzliche Nährstoffe in den Wald, was auch wieder Auswirkungen haben kann, die wir nicht immer abschätzen können. Wie vertragen eigentlich Tiere Mais? Und vertragen ihn alle Tiere gleich gut oder gleich schlecht? Manchen Bären ist der Mais definitiv zu schwer, und sie scheiden sehr viel davon unverdaut wieder aus. Ist dann Mais wirklich so ein Superfood oder nicht? Vom Ernährungsstandpunkt her wahrscheinlich nicht, da er kein Fett und kein Protein enthält. Kein Wunder also, dass Mischo nach ein paar Tagen Maisdiät immer wieder in die Wälder ging, um dort nach proteinhaltigen Insekten oder fetthaltigen Samen Ausschau zu halten. Wichtig ist in diesem Zusammenhang auch die Beobachtung, dass bei Weitem nicht alle Bären auf die Felder gehen. Das schönste Beispiel war das große Männchen Alf, dem der Mais eben nicht gut genug schmeckte, obwohl er ihn nahezu in greifbarer Nähe hatte.

Der letzte Punkt, den wir Mais oder auch anderen Futterstoffen in der Nähe menschlicher Siedlungen ankreiden müssen, ist die Tatsache, dass sie Wildtiere in die Nähe von Menschen ziehen. Deshalb nennt man solche Gebiete im Fachjargon auch »attractive sink habitat« – also ein attraktives Habitat, das sehr viele Vorteile bietet, aber im Endeffekt mit einem viel höheren Mortalitätsrisiko droht als anderswo. Was ist damit gemeint? Wenn Bären auf Obstplantagen, in Weinstöcken oder Maisfeldern in der Nähe menschlicher Siedlungen fressen, dann müssen sie Straßen überqueren, was ein Risiko birgt, überfahren zu werden. Über siebzig Prozent aller im Herbst überfahrenen Bären hatten in ihren Mägen entweder Mais oder andere menschengemachte Futterressourcen wie Pflaumen oder Abfall. Die Tiere kommen näher zu uns und können somit automatisch Opfer unserer Zivilisation werden.

Das Zweite ist die wachsende Sichtbarkeit von Bären für Menschen, die negative Auswirkungen haben kann. Zum einen haben Bären, die in der Nähe menschlicher Siedlungen fressen, ein höheres Stresslevel, das auch indirekt ihre Gesundheit angreifen kann. Zum anderen sind für den Menschen sichtbare Bären immer ein potenzielles Sicherheitsrisiko; oft müssen sie entfernt werden.

Die Früchte in Nachbars Garten …

Weitere, noch verbotenere Früchte sind die leicht zugänglichen Gärten von Menschen, in denen sich einzelne Obstbäume oder Gemüsebeete befinden. Gerade freistehende Häuser und Häuschen befinden sich am Waldrand und erschließen den umliegenden Grund für ihre Zwecke, oft ohne störende Zäune, und wirken sehr einladend auf Tiere. In der Slowakei gibt es viele solcher kleinen Gärten, da es den Menschen während des Sozialismus dort erlaubt war, für sich selbst Obst und Gemüse anzubauen und ein paar Nutztiere zu halten.

Wenn Bären die Gärten für sich entdecken, dann sind die Probleme vorprogrammiert: Die Tiere machen sich über die leicht zugänglichen Futterparadiese her und verursachen nicht nur große Schäden, sondern lösen auch Angst und Schrecken aus. In jüngster Zeit versucht man in der Slowakei, die entsprechenden Gärten einzuzäunen, was aber bedingt durch das bergige Gelände nicht immer ganz einfach ist. Zudem braucht es oft Starkstrom, da sich Bären von einfachen Elektrozäunen nicht aufhalten lassen und die Elektrozäune einfach niederreißen. Andere Beobachtungen auf Fotofallen legen den Schluss nahe, dass einige Bären die Elektroimpulse im stromführenden Zaun hören können und immer dann einbrechen, wenn gerade eine Pause ist.

Hinzu kommt, dass es eigentlich gar nicht gut ist, flächendeckend alle Gärten einzuzäunen, da wir dadurch anderen Arten wie kleineren Säugetieren und Amphibien schaden: Entweder werden sie durch die Zäune ausgesperrt, oder die Elektrozäune werden zur Todesfalle für sie. Auch hier macht das Bäreneinsatzteam momentan bereits einen Anfang und versucht lokal die Menschen zu unterstützen. Eine allgemein gültige Regelung wird es allerdings nicht geben, sondern die einzelnen Fälle müssen individuell entschieden werden.

Wildfutterstellen – das ewige Hickhack um die korrekte Lösung

Wenn wir von menschengemachten Futtermöglichkeiten sprechen, können wir das Thema Wildfutterstellen definitiv nicht auslassen. Allerdings müssen wir es gesondert betrachten. Wie im Kapitel »Nina und der Winterschlaf«

gezeigt wird, besteht in der Slowakei eine gesetzliche Verpflichtung, die Schalenwildarten des Waldes, also konkret Reh-, Rot- und Schwarzwild, in sogenannten Notzeiten zu füttern, um sie zu unterstützen und den Wildverbiss an den Bäumen zu reduzieren. Wenn dem ein Jagdrevier nicht nachkommt, stehen darauf sogar empfindliche Strafen. Viele Jahre lang waren die Winter in der Slowakei sehr hart und lang, weshalb das Wild nahezu auf das zusätzliche Futter angewiesen war, um einigermaßen zu überleben. Meist gab es Heu, Grassilage und ab und an ein paar übrig gebliebene Äpfel, die so matschig waren, dass sie für den menschlichen Verzehr ungeeignet waren.

Eine Trendwende gab es vor ein paar Jahren, erneut durch die Maisverfügbarkeit. Man hatte nämlich erkannt, dass das massenhafte Auslegen von Getreide, und hierbei insbesondere Mais, zu verbesserten und vergrößerten Geweihen bei männlichen Hirschen und Rehen führen kann. Eigentlich eine gute Sache, da viele Jagdreviere auf die Einnahmen von Jagdgästen angewiesen sind. Viele der Gäste wollen natürlich lieber einen starken Hirsch schießen und legen Wert auf eine schöne Trophäe. Die Folge: Es gab Jahre, da waren bereits Ende Oktober die Wälder golden vom ausgelegten Mais. Das blieb auch den Bären nicht verborgen, und sie wurden dankbare Abnehmer des Getreides. Doch es liegt auf der Hand, dass wir durch diese Praxis Abhängigkeiten bei den Wildtieren schaffen und ihr Raum-/Zeitverhalten sehr stark beeinflussen. Wir hatten einige Bären, wie eben auch Schigo und Noro, die geradezu eine Landkarte in ihrem Kopf hatten mit allen eingezeichneten Futterstellen, die sukzessive kontrolliert wurden, sowohl im Herbst als auch im darauffolgenden Frühjahr nach dem Aufwachen aus dem Winterschlaf. Das ist natürlich ein sehr starkes Eingreifen in das Verhalten der Tiere, was aber zumindest den Vorteil hatte, dass die Bären mehr oder weniger im Wald blieben: Dort stand ihnen ja alles zur Verfügung.

Weitere negative Auswirkungen der Wildfutterstellen sind Plünderungen von Bodennestern in der Nähe solcher Futterplätze. Der Bär ist ja eh schon da und schnüffelt natürlich noch im näheren Umkreis, ob es dort nicht auch noch etwas anderes gibt. Proteinreiche Vogeleier im Frühjahr kommen ihm dann natürlich gerade recht, was manchmal in drastischen Einbrüchen bei den Beständen der Bodenbrüter endete. Auch die klassischen Beutetiere sind einem erhöhten Raubtierdruck ausgeliefert, wenn sie an den Futterstellen fressen. Viele Beutegreifer, inklusive dem Bären, haben sehr genau erkannt, dass Beutetiere in erhöhter Konzentration an den Wildfutterplätzen anzutreffen sind. Außerdem hören sie beim Fressen nicht so gut und können daher leichter überrascht werden. Zwei unserer besenderten Rothirschkühe wurden in einem bereits fortgeschrittenen Alter von Bären am Futterplatz getötet – unglaublich, wenn man es nicht selber sieht.

Als letzte negative Auswirkung kommt es oft um den Futterplatz herum zu erhöhtem Wildverbiss an den umherstehenden Bäumen. Warum ist das so? Gerade Rothirsche haben eine strikte Hierarchie. Die schwächeren Tiere müssen an der Futterstelle warten, bis die stärkeren Tiere fertig gegessen haben. Sie stehen also um die attraktive Futterquelle herum, oft schon sehr hungrig, und müssen nun unverrichteter Dinge warten. Also knabbern sie in der Zwischenzeit die Rinde der umstehenden Bäume ab, was aber ganz gegen den ursprünglichen Plan ist.

Manche Futterplätze wurden zudem fast zu Bioabfallplätzen, da einige Menschen große Mengen an Kompost in den Wald fuhren. Allerdings gab es auch schwarze Schafe in der Jägerschaft, die systematisch die Abfälle von Metro und Co. auf die Futterplätze karrten, darunter auch verschimmeltes Brot, eingepackten Käse und Kekse. Das ist aber kein gutes Wildtierfutter, zumindest nicht für Rehe und Hirsche, die oft in einem zentimeterhohen Morast an vergammelten Lebensmitteln standen. Und das auch noch oft außerhalb der sogenannten Notzeit. Der einzige Nutznießer – neben dem Wildschwein – war natürlich der Bär, und das sorgte für sehr viel Gesprächsstoff. Dass so etwas nicht sein darf, müsste jedem klar sein, und die meisten Jäger und Jägerinnen möchten auch nicht, dass ihre Tiere in einem Lebensmittelsumpf versinken. Systematisch wurden nun Wildfutterstellen kontrolliert und derartige schwarze Schafe bestraft.

Allerdings gab es darüber hinaus einige Spekulationen, die definitiv nicht der Wahrheit entsprechen, was Ziegltrum und sein Team, die an den Wechselwirkungen Wildfutterstellen und Schwarzbären geforscht haben, eindeutig bestätigen konnten: Bären werden nicht »menschenanhänglicher«, wenn sie an Futterplätzen fressen. Die meisten Nahrungsmittel sind in Säcken verpackt und werden nur schnell von den Männern ausgeleert, die zudem oft auch noch Handschuhe tragen. Die Kontamination mit menschlichem Geruch hält sich also in Grenzen. Außerdem kennen *alle Bären* in der Slowakei Menschen und deren Geruch, da sie quasi mit ihnen zusammenleben.

Das eigentliche Problem ist die Steigerung der Reproduktion durch das hochkalorische Futter. Zudem kommt es zu einer Abhängigkeit von hochkalorischem Futter, und im schlimmsten Fall entwickeln die entsprechenden Bären einen so hohen Grundmetabolismus, dass ihnen das normale Futter im Wald nicht mehr reichen kann. Die Schwarzbärinnen der Studie hatten viel früher den ersten Wurf, dann auch mehr Jungtiere, die besser überlebten, und konnten danach viel schneller wieder trächtig werden. Das können wir für unsere Bärinnen in vielen Teilen der Slowakei bestätigen: Sie nehmen jetzt oft bereits im dritten Lebensjahr an der Paarung teil und haben dann alle zwei Jahre Jungtiere. Die Wurfgrößen bewegten sich früher zwischen einem bis drei Jungtieren, ganz selten einmal vier kleine Bären. Heute allerdings sehen wir viele Bärenmütter mit vier, fünf oder gar unglaublichen sechs Jungtieren, mit sehr guten Überlebenswahrscheinlichkeiten – Futter und Klimawandel sei Dank.

Die eigentliche Gefahr besteht darin, dass wir im allerschlimmsten Falle eine Überpopulation bekommen, die für viele Bär-Mensch-Begegnungen sorgen kann, mit einem entsprechenden Risiko eines Übergriffes.

Was tun?

Das ist eine schwierige Frage. Letztlich wird es sich um einen Prozess handeln, den wir im besten Falle wissenschaftlich begleiten sollten. Natürlich ist es sehr wichtig, wieder zu einem natürlicheren Futter an den Wildfutterstellen zurückzukehren, was bereits in großem Maße getan wird. Und natürlich sollte man sich an die Zeiten halten und nicht zwölf Monate lang sämtliche Essensreste in den Wald schmeißen. Allerdings müssen wir uns einen sehr wichtigen Fakt bewusst machen, auch wenn die Erkenntnis sehr schmerzhaft ist: Die jetzige, sehr hohe Bärenpopulation in der Slowakei und auch in anderen osteuropäischen Staaten resultiert auch aus der Verfügbarkeit menschlich gemachter (anthropogener) Futterressourcen. Im Extremfall werden sogar die Streifgebiete kleiner, da ja alles da ist, was die Bären brauchen. Würden wir nun also in einer Hauruck-Aktion sämtliche anthropogene Futterressourcen schließen, abzäunen oder nicht mehr ausbringen, dann blieben sehr viele hungrige Bären zurück, die teilweise gar nicht mehr genug Kalorien im natürlichen Futter finden. Daraus könnten sich starke soziale Stresssituationen im Wald ergeben. Außerdem könnten mehr Bären um die oder gar in den Dörfern auf Futtersuche gehen.

Das alles sollte ein Bärenmanagement verstehen. Es nützt in einer solchen Situation nichts mehr, alle Abfalltonnen, alle Gärten, alle Komposthaufen mit Starkstromleitungen zu umzäunen, die Tiere kommen trotzdem. Ähnliche, mitunter dramatische und gefährlichen Situationen passierten vor vielen Jahren im Yellowstone-Park in den USA. Zu der Zeit war es übliche Praxis, den Müll in riesigen Gruben zu entsorgen. Es müssen sich massenweise Bären in den Gruben getummelt haben, die gerne die kalorienreiche Nahrung konsumierten. Mitunter führte das zu sehr großen Individuen, die einen entsprechend erhöhten Grundumsatz hatten. Als man dann alle Gruben schloss, kam es zu katastrophalen Zuständen in den Bärenpopulationen selbst und in den umliegenden Siedlungen. Vor allem die riesigen Individuen konnten ihren Kalorienbedarf im Wald nicht mehr decken und drückten verzweifelt in die Dörfer. Zudem war der soziale Stress im Wald enorm, was teilweise zu gegenseitigen Tötungen um die wenigen, natürlichen Futterressourcen herum führte. Es blieb also nichts anderes übrig, als eine beachtliche Anzahl an Tieren zu entfernen.

Diese Probleme müssen an der Ursache gelöst werden, aber wir können nicht ausschließen, dass wir parallel auch mit Abschuss auf die Bärenpopulation einwirken müssen. Das schützt die Bären voreinander und natürlich auch die Menschen vor den Bären. Wie sagt man doch so schön? Fehler sind da, um gemacht zu werden. Wir können nur aus den Fehlern der Vergangenheit für die Zukunft lernen, aber es geht nicht, alles wieder auf Anfang zu setzen, indem wir alle menschengemachten Futterressourcen von den Bären abschotten. Gerade dieser wichtige Prozess verläuft schrittweise, inklusive vieler Rückschritte. Wenn wir aber versuchen, diesen Prozess gut zu gestalten und wissenschaftlich zu begleiten, haben wir eine reelle Chance, die Bären draußen zu erhalten und die Situation nachhaltig zu verbessern.

Nina und der Winterschlaf

Nina war die kleinste Bärin, die wir jemals gefangen haben. In einem geschätzten Alter von etwa sechs Jahren wog sie nur achtzig Kilo. Zudem hatte sie sehr kleine Pfoten, was für uns alle lustig anzuschauen war. Nina zeigte, dass es auch im Bärenreich eine große Variabilität an Größe und Gewicht gibt, weswegen es nicht immer einfach ist, nur von den körperlichen Dimensionen auf das Alter zu schließen. Sie war aber nicht nur klein, sondern auch eine ganz dezente und zurückhaltende Bärin, die Förster und Jäger eigentlich nie zu Gesicht bekamen. Im ersten Sommer ihrer Überwachung war sie aber während der Paarungszeit mit Mischo zusammen gewesen, das wussten wir anhand der Daten ganz genau. Also gingen wir davon aus, dass sie ganz sicher trächtig war, als der Winter einsetzte bzw. einsetzen sollte.

*Der Bär als Helfer Gottes – ein ukrainisches Märchen**

Gott besaß eine Quelle, in der er sein Vieh tränkte. Der Teufel wollte ihn zum Besten haben, daher gab er sich den Schein, als wollte er sich bei Gott über den Menschen beschweren, ging zu ihm hin und bat ihn, er möge doch versuchen, seine Untergebenen im Zaum zu halten. Auf dem Heimweg trank der Teufel Gottes Quelle leer. Gott sagte

* Quelle: Oskar Dähnhardt (Herausgeber) 1925: Naturgeschichtliche Volksmärchen, Seite 184 f.

kein Wörtchen. Er füllte die Quelle mit süßem Bier und tränkte sein Vieh an einer anderen Stelle.

Ein anderes Mal kam der Teufel wieder mit demselben Geschwätz, und auf dem Rückweg trank er abermals die Quelle leer. Diesmal war der Teufel aber überlistet. Ausgetrunken hatte er sie zwar, blieb aber auch wie ein Klotz am Brunnen liegen. Den betrunkenen Teufel fesselte Gott mit starken Stricken und hielt ihn drei Jahre gefangen. Im ersten Jahr bat der Teufel, ihn loszulassen – Gott tat es nicht; im zweiten Jahr bat der Teufel, ihn loszulassen – Gott tat es nicht; im dritten Jahr sprach er zu Gott: »Nun, willst du mich nicht loslassen? Meinetwegen nicht, aber sprich mir wenigstens die paar Wörtchen nach, die ich kenne!«

Gott sprach sie nicht nach; er machte eine abweisende Handbewegung und ging lieber zu seinem Vieh. Da strengte der Teufel alle Kräfte an, bis es ihm endlich gelang, die Stricke zu zerreißen und fortzuschleudern. Hundert Meilen weit flogen die Stricke, und der Teufel holte sogleich mit den Armen aus, um mit Gott zu ringen. Aber Gott packte den Teufel, schleuderte ihn 200 Meilen weit fort, dann lief er ihm nach, um ihn noch zum zweiten Mal zu packen. Wer weiß, wie es jetzt dem Teufel ergangen wäre; aber der war schlau, er schlug einen Haken, dass Gott ihn aus den Augen verlor, ging dann im Bogen zurück und veranlasste die Menschen, sich Bier zu brauen. Die Menschen verzapften auch wirklich Bier, aber sie hatten keine Bierhefe. Was war da zu tun? Da wusste der Teufel Rat. Er machte einen Eber wild und trieb den Armen hin und her, bis ihm weißer Schaum vom Munde troff.

Gott suchte den Teufel drei Jahre. Im dritten Jahr kehrte er in einer elenden Hütte bei einem Weibe ein. Das Weib erkannte ihn sofort und fragte: »Sag doch, bist du nicht Gott?« – »Der bin ich freilich.« – »Nun, was ist denn das für ein Gott, der nun schon drei Jahre alle Menschen zu Torheiten anstiftet?« – »Das ist nicht Gott, das wird wohl der Teufel sein!«, rief Gott und eilte sogleich nach Hause, um den Teufel zu überfallen; der aber entfloh über das Meer und versteckte sich in einer Höhle.

Gott sandte den Bären aus, um den Teufel zu suchen; er selbst blieb zu Hause, um die Menschen zu bekehren. Es war eine schwere Arbeit, bis er sie wieder auf den rechten Weg geführt hatte. Der Bär ging indes in einem großen Bogen um das Meer und schnüffelte den Teufel mit vieler Mühe in seiner Höhle auf. Das erzählte er Gott. Da gab ihm Gott kluge Anweisungen und schickte ihn zurück. Der Bär kroch zum Teufel in die Höhle und sagte: »Dummkopf, was brauchst du dich so lange vor Gott zu verstecken; flicht dir ein tüchtiges Seil mit einer Schlinge, wirf sie ihm um den Hals und zieh die Schlinge zu.« Der Gedanke gefiel dem Teufel. Als das Seil fertig war, sagte der Bär: »Lass mich mal versuchen, ob es stark genug ist.« Der Teufel reichte ihm das Seil, und der Bär zerriss es. Da flocht er ein stärkeres Seil. Als dieses fertig war, sagte der Bär wiederum: »Lass mich jetzt einmal versuchen, wie es mit diesem geht.« Aber der Bär zerriss es auch. Jetzt flocht er ein ungeheures starkes Seil. Während er daran arbeitete, ging der Bär zu Gott, jetzt solle er mitkommen. Gott kam und blieb außerhalb der Höhle, während der Bär hineinkroch. »Nun, wie steht es? Ist das Seil einmal fertig?« – »Ja, es ist fertig.«, antwortete der Teufel. »Nun, dann lass mich versuchen, ob es auch fest ist.« Der Bär zog und zog, aber er konnte es nicht zerreißen. »Hör mal, ich glaube, das Seil selbst wird gut sein, aber wie es mit der Schlinge steht, das musst du noch versuchen. Wirf sie dir um den Hals, dann können wir die Probe machen.«

Sobald sich der Teufel die Schlinge um den Hals geworfen hatte, warf der Bär das Seilende durch die Öffnung der Höhle hinaus. Gott zog die Schlinge zu und fesselte den Teufel zum zweiten Mal. Im ersten Jahr bat der Teufel Gott, ihn loszulassen, aber Gott ließ ihn nicht los; im zweiten Jahr bat der Teufel und fragte, wann der ihn endlich loszulassen gedenke. Gott erwiderte: »Wenn die Tanne ihre Nadeln fallen lässt.« Als er nun auch im dritten Jahr nicht freikam, da holte sich der Teufel im Stillen sieben Helfer, die mit der Zeit das Seil zerfaserten. Der Teufel zog in eine andere Gegend und ließ sich nie mehr vor Gott blicken.

Als Dank für seine Hilfe darf der Bär im Winter ruhen und muss sich nicht im kalten Schnee durchschlagen.

Warum schlafen die Bären?

Die Bären sind keine klassischen Winterschläfer, sondern eigentlich sogenannte Winterruher. Sie senken ihre Körpertemperatur auf ca. 34 °C, klassische Winterschläfer wie Schlangen bringen es jedoch auf ca. 12 °C. Der Winterschlaf des Bären gilt als Vermeidungsstrategie, um den harschen, kalten Wetterbedingungen im Winter zu entgehen. Im wachen Zustand haben Bären, genau wie wir, eine Körpertemperatur von ca. 37 °C, die sie natürlich auch im Winter halten müssten, wenn sie wach blieben. Die Natur liefert den Bären im Winter jedoch fast kein verwertbares Futter, das sie brauchen würden, um alle lebenswichtigen Funktionen ihres Körpers zu erhalten. Im Gegenteil:

Es kann sehr kalt werden, und das Bärenhabitat versinkt unter einer dicken Schneeschicht – da würde es für die Bären unmöglich, genug Kalorien zu sich zu nehmen, um diese lebensfeindliche Jahreszeit zu überstehen. Also macht es der Bär geschickt und umgeht sämtliche Ungemütlichkeiten, indem er einfach schläft und auf diese Weise erfolgreich überwintert.

Die Winterquartiere sind genauso vielfältig und individuell wie die Bären selbst; wir haben im Feld eine große Variabilität an Überwinterungsplätzen gefunden. In meinem ersten Buch habe ich der Vielfalt der Schlafplätze sehr viel Platz gewidmet, da es zu diesem Thema interessante Ergebnisse aus Russland gibt. Viele Bären suchen Höhlen in Felsengebieten auf, da sie mit diesem Winterplatz die wenigste Arbeit haben, auch wenn sie sich auch hier ein Lager zurechtmachen. In vielen Höhlen haben wir ein aus verschiedenster Vegetation aufgeschichtetes Lager gesehen, wo es die Bären warm und bequem haben, um darauf viele Wochen zu ruhen. Die Bärinnen Anna und Alica bevorzugten in der Zeit ihrer Überwachung Winterplätze im Felsengebiet.

Klassischerweise können sich Bären ihren Unterschlupf auch selber bauen, indem sie entsprechende Höhlen in das Erdreich graben. Oft benutzen sie zur Stabilisierung das Wurzelwerk von Bäumen oder suchen sich günstig gelegene Hänge, in die dann das »Schlafzimmer« hineingebaut wird. Viele der jüngeren Männchen, die wir beobachteten, waren ausgesprochen kreativ, wenn es um ihr Winterlager ging. Ein nicht besenderter Jungbär grub sich unter einer riesigen Buche einen drei Meter langen Gang, der am Ende steil abfiel, sodass sich der Bär in sein gut ausgepolstertes Nest fallen lassen konnte. Die Jäger fanden die raffinierte

Konstruktion nur, weil sie nur circa dreißig Meter von der Forststraße entfernt lag. Allerdings herrschte gerade auf dieser Strecke im Winter wenig Betrieb, sodass das junge Männchen ruhig schlummern konnte.

Einmal haben wir sogar dank der Hilfe von Kollegen einen großen ausgehöhlten Baum kartiert, in dem ein Bär den vorherigen Winter verbracht haben musste – das ist aber relativ selten, da der Durchmesser des Baumes sehr groß sein muss, damit es sich dort ein Bär bequem einrichten kann. Schließlich dauert die Winterruhe mehrere Monate.

Gelegentlich wurde auch beschrieben, dass Bären Ameisenhügel zu einem Winterplatz umfunktionieren. Entweder buddeln sie sich in das schöne warme Nest ein, oder sie legen oben eine Kuhle an, in die sie sich dann hineinkuscheln. Der frisch gefallene Schnee deckt die Bären von oben zu und dient als Isolierung. Derartige Winterquartiere sind in unserem Forschungsgebiet in der Slowakei aber eigentlich nicht zu finden. Ich vermute, dass es an der Präsenz des Menschen liegt, der ja auch im Winter im Wald unterwegs ist. Bären mögen es nicht, wenn sie beim Schlafen sichtbar sind, und auf einem Ameisenhügel liegend könnten sie sich wie auf einem Silbertablett fühlen – für alle Augen sichtbar.

Einige Bären wie auch Adriano, Sylvester und Mischo machen sich die Sache einfacher, obwohl sie immer noch »Do it yourself« unterwegs sind: Sie verwenden kleine, dichte Baumschonungen als Basiskonstrukt. Dort knicken sie die Äste und Zweige so geschickt und planvoll um, dass quasi ein Baldachin für ihr im wahrsten Sinne des Wortes Himmelbett entsteht. Dieser Baldachin ist außerordentlich stabil, und der Schnee bleibt verlässlich darauf liegen, was der Wärmeisolierung dient.

Slavo und ich

Das ist ein Bild des sanften Riesen Sylvester, der einen großen Appetit auf Wildschweinfle
hatte. »Eigentlich hätten wir ihn Obelix nennen müssen«, meinte einer der gut gelaur
anwesenden Jäger, der lustigerweise den Namen Medved' trug – also eigentlich ein Herr Bä
Scheinwerferlicht wirkt sein langes Fell gar nicht so schwarz, wie es in Wirklichkeit
An die Begegnung mit diesem Bären denke ich immer wieder, da sie mir etwas g
Besonderes gezeigt hat: nämlich dass Bären sich durch unsere Stimmen beruhi
lassen können. Seitdem haben wir das immer wieder ausprobiert, oft auch mit Er

Adriano nach dem Aufwachen aus der Narkose – Bärengesichter gelten als ausdruckslos, aber vielleicht können wir sie einfach nicht richtig lesen.

Der Bär Mischo, aufgenommen aus größerer Distanz vom Auto aus.

scho steht betreten da, nachdem ihm das kleine Weibchen mit dem grauen Fell einen entlichen Prankenhieb verpasst hat. Obwohl er mindestens doppelt so groß und schwer ist das rabiate Weibchen, nimmt er geduldig alle ihre Allüren hin, bis sie wieder in Paarungsmung ist. Dieses als »die kleine Graue« oder auch »Susa« bekannte Weibchen war so dreist, s sie uns einmal sogar die Fotofalle zerbissen hat. Offensichtlich wollte sie keine Paparazzi, in ihrer Privatsphäre schnüffeln, deswegen rannte sie plötzlich auf den Baum zu, zerrte Fotofalle herunter und biss dem Gerät beherzt eine große Ecke weg, als ob sie uns dringlingen mitteilen wollte: So, das habt ihr jetzt davon.

Das ist der Bär Alf. Es wird noch eine Stunde dauern, bis er aufwacht und in seinen Wald zurückgeht. Dieser Bär hat mich sehr berührt, da er so zurückgezogen lebte, obwohl er die Maisfelder eigentlich vor der Haustür hatte. Er zeigte auf ganz eindringliche Weise, dass es »den Bären« eben nicht gibt. Das Bärenverhalten ist sehr individuell, und letztlich wird immer das individuelle Verhalten darüber entscheiden, ob ein Zusammenleben mit den Menschen möglich ist oder nicht.

Das ist Eugen, als er wieder aus der Narkose erwacht war – ein stattlicher, leicht ergra »älterer Herr«, der viel zu erzählen hätte, wenn wir seine Sprache verstehen wür Er hatte so große Angst vor Menschen, dass er sich wirklich angepinkelt hat, als e der Falle saß. Allerdings war er dafür auch absolut unauffällig – ein »Musterbär«

ɜn ist der Bär Harlekin als Jungbär, aufgenommen im Jahr 2010. Zu diesem Zeitpunkt er im zweiten oder dritten Lebensjahr. Die interessant gefärbte Halskrause bot den Anlass die Namensgebung. Bis heute hat dieser Bär die helle Halskrause nicht verloren, weshalb hn eindeutig identifizieren können. Heute allerdings (unten) bringt er Schätzungen nach 300 kg auf die Waage, was man sich kaum vorstellen kann, wenn man auf den schmalen, ichen Kerl auf dem oberen Foto schaut.

Hoppla – was ist das? Was haben wir gestaunt, als wir dieses Bild bekamen! Popoluschka hat nicht nur zwei, sondern drei Jungtiere! Die beiden rotbraunen Jungbären kannten wir ja bereits, aber der dunkle Kleine auf der linken Seite war offensichtlich zu langsam gewesen und hatte zusehen müssen, wie seine Mutter und die Geschwister in der Falle verschwanden. Auffällig ist die geringere Körpergröße und Fellfarbe des dritten Jungtieres.

Diese unglaubliche Aufnahme stammt aus der Slowakei von Ende April 2(Es handelt sich um diesjährige Tiere, die außergewöhnlich groß und stark ausse also offensichtlich sehr gut im Futter stehen. Obwohl es sich um Berggebiet handelt, es gar keinen Schnee mehr – sehr ungewöhnlich für diese Jahreszeit. Es wäre wic den Populationstrend auch über die Beobachtung von Bärenfamilien zu ermi da sich die Welpensterblichkeit ändert und es einfach mehr Bären geben

Die kleine Maja, wie sie keift und kämpft. Es ist sehr schwierig, bei diesem Anblick professionell zu bleiben, da Bärenkinder rklich zauberhaft und zuckersüß aussehen. Trotzdem sind es Wildtiere, die einmal sehr groß und potenziell gefährlich werden. Und die Erfahrung zeigt, dass viele Geschichten mit Bärenjungtieren sehr frustrierend enden können.

ist Dežo, ein Bärenkind wie aus dem Bilderbuch: rund und gesund, niemals krank. Mit solchen ern lässt sich viel »Herzensliebe« sammeln, Sympathien, Likes, und ja, sicherlich auch einiges Geld. Das süße Bärchen auf dem Foto lässt unser Mutter- oder Vaterherz höherschlagen, las Kindchenschema perfekt befriedigt wird. Fast könnte man meinen, die lustig grunzenden äusche des sich drollig rollenden Bärenbabys zu hören. Aber: Wo steht dieser Bär in einem zwei Jahren, wo in fünf oder gar zehn Jahren, wenn er immer noch lebt, und zwar irgendwo nem Gehege, aber eben sein Niedlichkeitsplus verloren hat?

Das ist Pinocchio, eines unserer besenderten Jungmännchen aus der Polana-Region. Jeder einzelne Bär kann uns wundersame Geschichte über sein Leben erzählen. Zum Zeitpunkt meiner ersten Bärenbegegnung hätte ich mir nie träumen lassen, dass wir irgendwann einmal diese Tiere besendern würden, aber es hat geklappt, da wir immer versucht haben, für die Wissenschaft zu werben.

Diese wunderschöne Aufnahme gelang einem Mountainbikefahrer, aber eher ungewollt. Er bog auf eine alte, schon länger unbenutzte Forststraße ab und überraschte dort eine Bärenmutter mit ihren Jungen. Die Begegnung verlief ohne Zwischenfall.

Bären schlafen während des Tages gerne in dichtem Buschwerk, auch dann, wenn es sich auf halboffenen Flächen befindet. Die Vorteile eines solchen Schlafplatzes liegen auf der Hand: Futtermöglichkeiten in den früchtetragenden Stauden, Insekten und kleine Säugetiere sowie sehr wenig menschliche Störung. Die meisten Menschen gehen nicht gerne inmitten von Dornen und Gestrüpp spazieren, also bietet ein solches Gelände einen guten Schutz. Im Bild sehen wir einen jungen Bären, der am Abend aufgestanden ist, um die Nachtaktivität zu starten.

Das ist Adrianos »Schlafzimmer« im Winter 2008/2009. Ohne diesen Bären am Sender gehabt zu haben, hätte ich mir niemals vorstellen können, dass in diesem kleinen Waldstück ein Bär monatelang unbekümmert schläft. In der Nähe zu der Stelle hatten wir auch eine besenderte Rothirschdame und waren somit sehr oft in der Gegend. Ein paarmal bin ich auch auf der Suche nach Henrietta, der Hirschkuh, allein an dem Wäldchen vorbeigegangen. Das Beispiel zeigt sehr gut, dass Bären in Kulturlandschaften ein ausgeklügeltes System entwickeln, um nicht gesehen zu werden, da es unmöglich ist, uns Menschen völlig zu umgehen.

Übrigens schlafen nicht alle Bären durchgehend auf einem Fleck. Gerade bei Adriano und Mischo hatten wir aufgrund der Daten den Eindruck, dass sie alle paar Wochen einmal kurz wach waren und sich dann bis zu zwanzig Meter um ihr Plätzchen herumbewegten. Da es offensichtlich noch nicht warm genug war, legten sie sich aber erneut nieder. Im darauffolgenden Frühjahr besuchten Slavo und ich viele dieser Winterplätze draußen vor Ort, was immer sehr aufregend war, da wir nicht wussten, ob nicht noch andere Bären dort waren. Man weiß nämlich, dass es präferierte Winterareale gibt, die von mehreren Bären gleichzeitig aufgesucht werden. Die Baukunst der Bären beeindruckte uns immer zutiefst, zeigte sie doch, wie vorausschauend die Bären im Herbst vorgegangen waren, um sich ihren Platz einzurichten.

Der Mensch kann mit seinen Aktivitäten den Bären mitunter das Errichten des Winterlagers erleichtern. Kurioserweise schlafen einige Bären sehr gerne in Heuhaufen oder Heuschobern, da es innen mollig warm ist und der Bär sanft bis zum Frühjahr schlummern kann. Das Gleiche gilt für eingestürzte Gebäude, die ebenfalls viele Versteck- und Schlafmöglichkeiten bieten. Ich würde in einem Bärenwald niemals einfach so in ein leer stehendes, eingestürztes Gebäude kriechen, da ich immer damit rechne, eventuell Meister Petz in seinem Schlafgemach zu stören.

Eine sehr berührende Situation wird in diesem Zusammenhang aus Sibirien berichtet. Offenbar gibt es dort arme Menschen, die direkt in der Erde in einer Art Bunker wohnen. Dort ist es warm und trocken, wenn die Öffnung oben gut abgedeckt ist. Nach einer gewissen Zeit jedoch werden die Erdwände brüchig, und die Menschen müssen weiterziehen, aber die Gruben bleiben. Der Bär wäre kein

Bär, wenn er nicht den Vorteil einer solchen Konstruktion für sich erkennen und sie dann auch benutzen würde. Er klettert also in die ehemalige Wohnstube der Menschen und kann sich dort in die Wände seinen eigenen Unterschlupf hineinbuddeln. So hat das seltsame Wohngebäude noch einige Jahre lang dankbare Nachmieter.

Der Bär als Modelltier – Auswirkungen der wärmeren Winter auf den Schlafrhythmus

Die kleine Bärin Nina, von der zu Anfang die Rede war, steht nicht nur deshalb im Mittelpunkt eines eigenen Kapitels, weil sie so zauberhaft anzuschauen war, sondern weil sie stellvertretend für viele andere Bären dazu auffordert, die Erforschung von Bären gerade heutzutage, im Zeichen der wärmer werdenden Winter, draußen im Feld intensiv voranzutreiben. Der Bär ist für mich ein Modelltier des Klimawandels, und er könnte uns so viel lehren! Außerdem muss ein gut funktionierendes Wildtiermanagement berücksichtigen, dass ungeheuer viele, mitunter auch negative Interaktionen zwischen Bär und Mensch entstehen, wenn die Bären ihre Winterruhe unterbrechen oder gänzlich unterlassen. Dieses Problem muss auch entsprechend nach außen kommuniziert werden.

Viele Menschen, die im Bärengebiet leben, verlassen sich darauf, dass die Bären zur Winterzeit schlafen und sozusagen »weg« sind. Also gehört der Wald quasi den Menschen, und sie können sich zu Fuß oder auf Skiern unbefangen bewegen. Bärenspuren im Schnee findet man allenfalls zu Beginn oder gegen Ende des Winters, wenn die letzten Tiere noch nicht und die ersten Tiere nicht mehr schlafen.

Doch diese ungeschriebene Regel gilt so nicht mehr. Zum ersten Mal bemerkten wir dies massiv im Winter 2013/14. Wir hatten zu diesem Zeitpunkt in Polana mehrere Bären am Sender, darunter auch Alf, Mischo, Adriano, Popoluschka, Pinocchio (ein wunderbares, ca. vierjähriges Bärenmännchen) – und eben die kleine Nina. Die Slowakei ist eigentlich dafür bekannt, dass die Sommer heiß und die Winter sehr kalt sind, mit meterhohem Schnee und Tiefstwerten weit unter minus zehn Grad. Aber im Jahr 2013 wollte es einfach nicht richtig kalt werden, selbst hoch oben im Gebirge nicht. Die ganze Winterzeit lang konnte man die wirklich kalten Tage an zwei Händen abzählen. Mit der Folge, dass es keinen wochenlangen Dauerfrost gab und nur sehr wenig Schnee, der, wenn er überhaupt einmal fiel, kaum liegen blieb. Wir bemerkten schon ab November, dass sich die eigentlich zu dieser Zeit ruhebedürftigen Bären eben nicht wie die Jahre zuvor an dem Platz aufhielten, wo sie sich ihre Winterquartiere herrichteten, sondern weitläufig unterwegs waren. Das galt selbst für Popoluschka, die ja sogar ihre fast einjährigen Jungtiere mit im Schlepptau hatte. Und diese Situation hielt an, die Bären wollten offenbar nicht schlafen und nutzten ihr Habitat großflächig aus.

Dazu muss man wissen, dass sich Bären auf die lange Ruhezeit entsprechend vorbereiten müssen und circa zehn Tage davor auch die Nahrungsaufnahme einstellen sollten. In der Schlafphase würden sie ansonsten durch ihre eigenen Stoffwechselprodukte, die sich im Körper ansammeln würden, regelrecht vergiftet. Solange die Bären aber stetig Futter finden können, verschiebt sich der Zeitpunkt des Hinlegens entsprechend nach hinten.

Jedoch ist die Futterverfügbarkeit nicht der einzige Faktor für das Ausmaß an Aktivität der Bären im ausgehenden Herbst. Die Tiere scheinen wirklich den nahenden Winter zu spüren. In »normaleren«, also kälteren Jahren zeigten sie dieses Verhalten ganz deutlich: Plötzlich waren die Bären weg, förmlich abgetaucht und mittlerweile schlafend und irgendwo versteckt bis zum kommenden Frühjahr unsichtbar.

Im Winter 2013/14 kam es zu einem sehr auffälligen Phänomen: Praktisch alle Bären, die wir intensiv beobachteten, blieben wach. Eine der wenigen Ausnahmen jedoch war die kleine Nina, die trächtig war und sich auf die Geburt ihrer Jungen vorbereiten musste. Während Popoluschka mit ihren Kindern fröhlich im spärlichen Schnee herumturnte, befand sich Nina tief versteckt in einer Höhle im Erdreich und gebar dort insgesamt drei Jungtiere, die mit ihr zusammen im nächsten Frühjahr aus der Höhle herauskrochen.

Ansonsten jedoch herrschte munteres Treiben bei unseren besenderten Bären.

»Puh, Mischka, das habe ich in meinen ganzen Jahren noch nicht erlebt. Kein Bär schläft, und auch die Jägerschaft trifft an allen Ecken und Enden auf Bären. Das gab es noch nie«, sagte Slavo gegen Ende Dezember zu mir. Wir hatten durchaus Sorge, dass es zu Zwischenfällen im Wald kommen könnte. Seitdem hat mich dieses Thema immer weiter beschäftigt, und ich versuche, es intensiver zu ergründen, da sich der Trend für wärmere, kürzere Winter eindeutig abzeichnet.

Gretchenfrage Futterplätze – sind sie schuld an der Schlaflosigkeit der Bären?

Die Futterplätze oder Wildfutterstellen werden immer wieder heftig kritisiert und geben sehr viel Anlass zu Diskussionen. Soll man sie intakt lassen oder soll man sie komplett streichen? Momentan ist es noch in der Gesetzgebung der Slowakei verankert, dass Rehe, Hirsche und Wildschweine zu Notzeiten im Winter zugefüttert werden müssen, da sie sonst den Wald zu sehr verbeißen könnten. Mit den Futterplätzen beschäftigten wir uns schon einmal im Kapitel »Schigo und Noro«, aber sie müssen natürlich auch in diesem Kapitel erwähnt werden.

Trotzdem stellt sich die Frage, ob wir Bären durch das Anbieten dieser Futterstellen auch dazu ermutigen, den Winter über wach zu bleiben und einfach an der von uns präparierten Tafel Platz zu nehmen. Nach langen Analysen sind wir aber zu dem Schluss gekommen, dass ein flächendeckendes Ausbleiben des Winterschlafs bei Bären durch andere Faktoren begünstigt wird als nur durch die Verfügbarkeit dieser Futterplätze. In Wintern, in denen der Großteil der Bären wach blieb, gab es immer sehr wenig Schnee und sehr warme Temperaturen. Außerdem handelte es sich immer um die Mastjahre der Buchen und/oder Eichen, also um Jahre, in denen die Bäume überdurchschnittlich viele Samen produzieren. Teilweise entsteht dann ein halber Meter hoher Teppich an Samen, die die wachen Bären sehr effektiv mit Kalorien, aber auch mit Fett und Protein versorgen können. Normalerweise gibt es diese Mastjahre alle sieben oder acht Jahre in der Slowakei, das hat das forstwirtschaftliche Institut in Zvolen sehr akribisch verzeichnet. Bedingt durch die höheren Temperaturen jedoch sehen wir einen Trend dahingehend, dass es alle vier bis fünf Jahre zu Mastjahren kommt. Die Abstände sinken sogar noch weiter. So müssen wir fast erwarten, dass sich der Lebensrhythmus der Bären, in dem der Winterschlaf eingeplant ist, dramatisch verändern könnte, mit massiven Auswirkungen auf das Verhältnis zwischen Bär und Mensch. Dass die ohnehin wachen Bären dann auch die verfügbaren Futterstellen benutzen und dort fressen, liegt auf der Hand. Aber noch einmal: Die Wildfutterstellen sind nicht der Grund für »winterfeste Bären«.

Das ist Popoluschka, aufgenommen an einem Futterplatz im Januar. Die Jungtiere tummeln sich vergnügt im Trog und suchen nach Überresten von Getreide oder Äpfeln. Ist die Bärenfamilie wach, besucht sie natürlich auch Futterplätze, allerdings ist die Verfügbarkeit von Futterplätzen nicht der Grund für das Ausbleiben des Winterschlafs. Die Schlaflosigkeit der Bären im Winter geht auf eine Kombination von warmen Temperaturen, wenig Schnee und einem Überangebot an Eicheln und Bucheckern zurück.

Das zweite Phänomen, das wir immer häufiger verzeichnen, ist das plötzliche Einsetzen von Tauwetter, das dann oft mehrere Tage oder gar Wochen andauert. Natürlich stehen Bären nicht einfach so auf, nur weil die Temperatur kurzzeitig ins Plus geht. Aber wenn es regnet und das kalte Wasser in ihre Unterschlüpfe hineinrinnt, liegen die Bären im Wasser und kühlen auf diese Weise viel schneller aus als bei trockener Kälte. Als Folge davon werden sie wach und stehen auf. In der Vergangenheit waren solche Verhältnisse ein Zeichen dafür, dass das Frühjahr nicht weit war. Kommt es nun aber vermehrt mitten im Winter zu wärmeren Temperaturen und setzt danach wieder eine sehr kalte Periode ein, womöglich noch mit Schnee, so ist das eine sehr ungute Situation, die unsere Bären irgendwie meistern müssen. Zudem sorgt im schlimmsten Falle das plötzliche Warmwerden für ein Austreiben der Vegetation, inklusive der für Bären wichtigen Früchte. Der erneute Frost kann aber auch die Blüten zerstören, weshalb es auch zum Ausbleiben der Ernte kommt. In manchen Jahren mit erfrorenen Blüten hatten wir in der Folge mehr Bären um die Dörfer herum, da sie dann vermehrt dort auf Futtersuche gehen und viel intensiver die Felder plündern.

Dieses Thema ist so wichtig, dass es eigentlich ein riesiges Forschungsprojekt erfordern würde. Was passiert mit Bären, wenn sie eben nicht schlafen? Und vor allen Dingen: Sollten wir in den warmen Jahren mit vielen wachen Bären nicht auch die lokale Bevölkerung warnen, etwas vorsichtiger im Wald zu sein und wirklich nicht die Loipen zu verlassen? Leider werden sich Konflikte um die Bären auftun, mit denen wir dann auch umgehen müssen.

Mögliche Konsequenzen der wärmeren Winter

Eine sehr interessante Studie von Kite und ihrem Team zeigte weitere Konsequenzen für Bären, wenn sie den Winterschlaf auslassen: die Kraft der Regeneration und Bedeutung des »Schönheitsschlafs«. Wenn Bären nicht oder nur sehr verkürzt im Winter ruhen, beschleunigt sich der Alterungsprozess der Zellen. Die sogenannten Telomere in den Chromosomen der Zellen sind bei Bären, die keinen oder nur sehr wenig Winterschlaf halten, viel kürzer als bei Tieren, die ganz klassisch den Winter verschlafen. Der Winterschlaf ist also sehr wichtig für die Zellerneuerung und Regeneration des Bärenkörpers. Die Zukunft und weitere Forschung werden uns zeigen, welche Auswirkungen damit verbunden sind, wenn Bären immer weniger schlafen. Natürlich können wir nicht salopp sagen, dass die Bären in Zukunft nicht mehr so alt werden wie jetzt. Aber sicherlich werden sich Konsequenzen zeigen, die wir versuchen sollten besser zu verstehen.

Auf der anderen Seite galt der raue Winter immer als Selektionsfaktor im Tierreich, insbesondere für die jüngeren und schwächeren Tiere. Es war normal, dass gerade im ersten Winter viele Jungtiere starben, da sie mit den lebensfeindlichen Bedingungen nicht klarkamen. Was wir bei Wildschweinen schon lange wissen, sehen wir mittlerweile auch beim Bären: Es kommen viel mehr Jungtiere durch, und die Jungtiere wachsen zudem viel schneller. Das beeinflusst wiederum die Populationsgröße und könnte auch zu sozialem Stress führen, falls es zu viele Bären auf einem Fleck gibt. Es passiert unendlich viel draußen im Feld, und ich kann nur immer wieder betonen, dass wir viel mehr aktuelle Daten bräuchten, um die Tiere gut zu managen.

Kurzer Exkurs nach Russland und zu den Shatunen – wie gefährlich sind die nicht schlafenden Bären?

Auch diesem Thema habe ich sehr viel Raum im ersten Buch gewidmet, möchte es aber an dieser Stelle nochmals erklären: In vielen Teilen Russlands ist es so kalt, dass Bären bis zu sieben Monate Winterschlaf halten. In einigen Jahren kam es zu Frostschüben im Frühjahr, sodass das wichtigste Herbstfutter der Tiere, nämlich die Sibirische Pinie, keine Samen produzierte. Und offenbar kommt dieses Phänomen häufiger vor, eventuell bedingt durch die Veränderungen in der Atmosphäre. Dieses Ausfallen der fetthaltigen Samen hat dramatische Auswirkungen auf sämtliche Wildtiere und insbesondere auf die Bären. Viele Bären sind dann geradezu dürr und können nicht schlafen. Also geistern sie auf Schnee und Eis herum und verbreiten Angst und Schrecken, da sie in ihrer Verzweiflung auch in Dörfer kommen und sehr gefährlich werden können. »Shatun« werden diese Bären genannt, das heißt übersetzt »Herumirrender«.

Shatune sind dafür bekannt, dass sie Weidetiere töten und im schlimmsten Fall auch Menschen. Draußen im Wald verzeichnet man auch Fälle, bei denen die ausgemergelten Bären mitunter ihre Artgenossen in deren Höhlen ausgraben und auffressen. Grauenhafte Szenen spielen sich da ab. Wenn wir aber zudem hören, dass die entsprechenden Tiere blutige Pfoten haben von dem klirrenden Schnee und oft keine Krallen mehr aufweisen, da sie in heller Verzweiflung versuchen, den gefrorenen Boden auf der Suche nach etwas Essbarem aufzubuddeln, dann können wir vielleicht erahnen, wie es diesen Tieren geht: Monatelange Temperaturen unter minus zwanzig Grad sind kein Zuckerschlecken. Meistens muss man die verzweifelten

Tiere abschießen, da es keine Abhilfe gibt. Wenn aber in unseren Breiten einige Bären auch im Winter wach sind, haben sie andere Bedingungen als ihre armen sibirischen Artgenossen. Im schlimmsten Fall plündern sie die Wildfutterstellen, aber Shatunen wie in Sibirien kennen wir bei uns nicht.

Was heißt das alles für unser Wildtiermanagement? Ich glaube nicht, dass winterwache Bären in der Slowakei plötzlich aus Futterarmut Menschen töten, aber allein ihre Präsenz kann Zwischenfälle und Begegnungen auslösen, die tragisch ausgehen *können*. Gerade deshalb brauchen wir gute Forschung, da wir durch unser fundiertes Wissen Maßnahmen einleiten können, um Erleichterung zu schaffen.

Suska und die Straßen – erschwerte Wanderschaft

Die Bärin Suska kann uns verdeutlichen, wie schwierig die Fortbewegung in einer durch Straßen fragmentieren Landschaft für Bären ist. Das Thema der Wildwanderwege wird schon seit Längerem breit diskutiert. Wir haben daher in unserem Forschungsgebiet in der Slowakei auch analysiert, wodurch sich die Stellen auszeichnen, an denen Bären üblicherweise Straßen überqueren. Dabei konnten wir zeigen, welche Stellen besonders geeignet sind und welche Vegetationsstrukturen erhalten werden sollten, um Wildtieren das Kreuzen von Straßen und somit das Vernetzen der Individuen zu ermöglichen. Denn nur wenn Bärenpopulationen sich untereinander austauschen, sprich, sich miteinander verpaaren, kann ein Genfluss passieren. Sind Populationen isoliert und nicht mehr im Austausch mit anderen Populationen, dann kann das negative Auswirkungen haben, z. B. inzuchtbedingte Krankheiten. Genaue Analysen der Straßenkreuzungen sind unglaublich wichtig, da sie den Straßenbauern helfen, eine Landschaft trotz neuer, ausgebauter linearer Infrastruktur für Wildtiere durchlässig zu halten. Teure Querungshilfen wie Grünbrücken und Viadukte bringen nichts, wenn sie an der falschen Stelle gebaut werden. Dann existiert zwar eine augenscheinliche Wildtierkonstruktion, in Wirklichkeit aber werden die Tiere sie nicht benutzen, und das bedeutet neben dem finanziellen Schaden auch einen großen Verlust für die Tierwelt, da ihre Gebiete für immer getrennt sind.

Die Bärin Suska, die mit ihren drei Jungtieren unterwegs war, zeigt uns, wie umsichtig und vorsichtig Bären trotz allem vorgehen müssen, um eine Straße erfolgreich überqueren zu können. Sie warten mitunter sehr lange in Gebüschen oder am Waldrand, bis sie endlich den richtigen Zeitpunkt für eine Überquerung für gekommen halten. Suska war zusätzlich in Begleitung ihrer Jungtiere, für die sie sich sicher verantwortlich fühlte. Bei Suska konnten wir intensiv beobachten, dass sie bedächtig unterwegs war und über mehrere Stunden in einem dichten Buschwerk neben der Schnellstraße wartete, bis sie endlich eine Straßenüberquerung wagte.

Wir haben mit modernen Analysemethoden die Kreuzungsrouten unserer Bären ermittelt und auch das detaillierte Verhalten der Bären an den Straßen erforscht. Wie sich aber ein Bär in unserer modernen, mit Straßen und Schienen durchzogenen Landschaft fühlen muss, das kann uns keine Statistik näherbringen. Oft überlege ich, wie wohl so eine Straße mit ihren Hunderten und Tausenden Fahrzeugen auf Wildtiere wirken muss. Einige Wildtierkreuzungsrouten habe ich buchstäblich »ergangen«, sprich, ich war sehr viele Tage und Wochen entlang einzelner Straßenzüge unterwegs, um sämtliche Aktivitätszeichen inklusive Spuren, Kot oder Totfunden zu kartieren. Immer wieder musste ich dabei schnell in die Böschung springen, da irgendein Vehikel viel zu schnell und nah an mir vorbeiraste. Schnell fahrende Lastwagen haben eine derartige Wucht, dass sie mich teilweise fast umgehauen haben. Aber da ich ja ein Mensch bin, weiß ich wenigstens, um was es sich bei den rollenden Fahrzeugen handelt.

3. bis 5. September 2013 – Suskas Odyssee über die Landstraße I-18

Sie sitzt in einem Gebüsch und wartet. Und das schon seit Stunden. Unaufhörlich donnern die Fahrzeuge an ihr vorbei; hauptsächlich sind es große Lkw aus den Nachbarländern, die sehr viel Lärm machen und schrecklich viel Staub aufwirbeln. Und sie sitzt und sitzt und wartet und wartet. Neben ihr drei Jungtiere von diesem Jahr, die zwar nicht genau wissen, worauf die Mutter wartet, aber instinktiv verstehen, dass es keine gute Idee ist, auf den langen Betonstreifen mit den vielen, sich schnell bewegenden Fahrzeugen zu treten. Vor lauter Staub und Lärm kann die Bärenfamilie kaum schlafen, aber das hat sie auch gar nicht vor – die Bärin möchte gerne auf die andere Straßenseite wechseln, denn sie kennt diese Querungsroute eigentlich ganz genau.

Die Jungtiere spüren die Nervosität der Mutter und harren der Dinge, die da wohl kommen mögen. Unzählige Male hat die Bärin hier an dieser schmalen Stelle zwischen einem Wäldchen und einer kleinen Brücke ihren Weg auf die andere Seite eingeschlagen, aber die Überquerungen werden immer beschwerlicher, da es immer mehr Fahrzeuge gibt. Also steht sie vor einem großen Dilemma: Auf der gegenüberliegenden Seite befindet sich ein Maisfeld, auf dem sie und ihr Nachwuchs gute Futtermöglichkeiten hätten. Allerdings ist das Risiko unglaublich hoch, auf dem Weg zu dem Maisfeld von einem Wagen erwischt zu werden. Sie selbst ist relativ gut geschützt, da sie gut und schnell laufen kann, aber für ihre kleinen Jungtiere, die noch nicht so schnell und flink sind, könnte der Betonstreifen zur Todesfalle werden.

Langsam wird es dunkel; die Fahrzeuge wirken durch die gleißenden Lichter noch bedrohlicher. Wie riesige Augen starren die Scheinwerfer aus der Dunkelheit heraus und reihen sich in eine nicht enden wollende Lichterkette aus dumpf grollenden Wagen. Die Bärin starrt auf die Straße, als könnte sie den Verkehrsstrom mit ihren Blicken aufhalten. Doch es dauert noch lange, bis die Abstände zwischen den Scheinwerferkegeln länger und länger werden. Die Bärin beginnt sich zu bewegen. Vorsichtig verlässt sie das dichte Gestrüpp und tritt auf die mit niedrigen Sträuchern überwachsene Fläche hinaus. Sie grunzt kurz, was für die Jungtiere ein Zeichen ist, ihr zu folgen. Alle vier Bären recken ihre Nasen in die Luft, um sich besser zu orientieren. Immer wieder verharrt die Bärenmutter und geht auf die Hinterläufe – so versucht sie, die Umgebung besser zu erkennen. Wieder bleibt die Familie an einem Punkt stehen, da erneut ein lautes Fahrzeug aus der Dunkelheit auftaucht. Schritt für Schritt bewegen sich die vier Bären in Richtung Straße, bis auf eine ganz kleine Entfernung von der Betonspur weg. Dort sitzen sie in einem winzigen Strauch und warten erneut. Längere Zeit ist es ruhig – nichts und niemand kommt, alles ist schwarz und still. Jetzt springt die Bärin ruckartig auf die Straße. Sie blickt zurück und macht einen auffordernden Laut, der die Jungtiere dazu bewegen soll, es ihr gleichzutun. Suska kennt das Gefühl von Beton unter ihren Pfoten, sie weiß von den guten Futtermöglichkeiten auf der anderen Seite und will deswegen so schnell wie möglich über die Straße laufen. Doch ihre Jungen, die das alles noch nicht kennen, zögern und zaudern. Sie sind durch den Lärm und die vielen Lichter sehr verstört.

Endlich betritt das erste Jungtier die Straße. Die Bärin ist bereits auf dem Mittelstreifen angekommen und versucht immer wieder mit verschiedenen Geräuschen, ihren Nachwuchs zu ermuntern, ihr endlich zu folgen, da sie die Erfahrung gemacht hat, dass die Ruhe nicht von langer Dauer ist. Immerhin, zwei der Kleinen schließen langsam zu ihr auf, doch was macht der Dritte, der Kleinste im Bunde? Der sitzt zwischen den Zweigen und guckt nur ungläubig heraus. Suska geht weiter, da endlich die beiden anderen bei ihr angekommen sind. Fast schon werden ihre Laute fordernd – warum zögert das letzte Jungtier immer noch? Langsam wird sie nervös, da sie bedrohliche Geräusche in der Ferne hört. Endlich ist die Bärenfamilie auf der anderen Straßenseite angekommen. Die beiden Jungbären verstecken sich sofort instinktiv in den hohen Maisstauden. Aber der letzte hat es immer noch nicht einmal geschafft, seine Pfoten überhaupt auf die Straße zu setzen. Die Bärin auf der gegenüberliegenden Straßenseite ruft ihr Junges, damit es endlich zu ihr und dem Rest der Familie kommt. Und endlich scheint sie Erfolg zu haben. Der Kleinste nimmt all seinen Mut zusammen und beginnt damit, vorsichtig in Richtung seiner Mutter zu tapsen.

Dann geht alles furchtbar schnell: Die beiden Scheinwerfer, die aus der Dunkelheit auftauchen, kommen rasch näher. Der kleine Bär ist gerade in der Mitte der Straße angekommen, als er mit voller Wucht von dem Laster erwischt wird. Weder der Bär noch der Lastwagenfahrer haben eine Chance – für beide kam der Moment unvermittelt und unvorhergesehen. Der Bärenkörper wird ca. 150 Meter mitgeschleift, bis das Fahrzeug zum Stehen kommt. Die spätere Analyse wird zeigen, dass es sich um ein männliches Jungtier von diesem Winter handelte, ein Tier mit einem Gewicht von 35 kg.

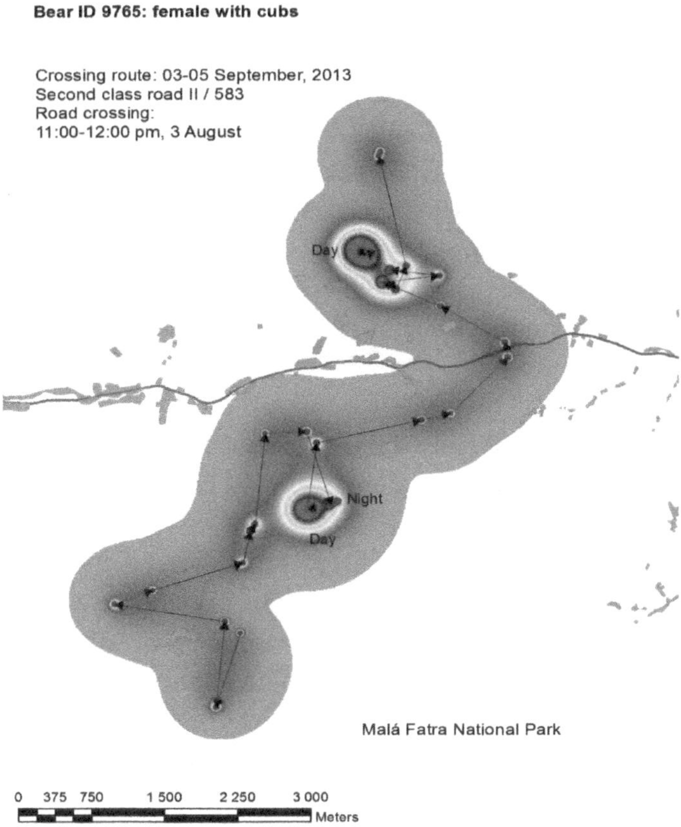

Die Grafik zeigt die Kreuzungsroute der Bärin Suska und ihrer drei Jungtiere zwischen dem 3. und 5. September. Die eigentliche Überquerung passierte am 3. September zwischen 11 und 12 Uhr nachts. In unserer Analyse haben wir die 24 Stunden davor und danach betrachtet und gesehen, dass sich die Bärin mit ihrer Familie immer wieder an speziellen Hotspots aufgehalten hat, bevor sie dann weitergegangen ist. Viele Stunden verbrachte sie in unmittelbarer Nähe zur Straße. Die anderen Bären zeigten ein ähnliches Verhalten. Offenbar rennen Bären nicht einfach ziellos über die Straße, sondern versuchen dabei sehr planvoll vorzugehen. Sie beobachten den Verkehr und bemühen sich, den günstigsten Moment für eine Überquerung abzupassen. Außerdem haben wir beobachtet, dass sich die Bären oft von dem großen Stress ausruhen müssen. Deshalb rasten sie nach erfolgreicher Überquerung erneut einige Zeit, bis sie wieder normal weitergehen.

Wieder ein kleiner Bär, der es nicht geschafft hat. Wie unzählige Wildtiere vor ihm, von Igeln angefangen bis hin zu den relativ großen Bären. Tausende von Wildtieren kommen täglich auf unseren linearen Infrastrukturen zu Tode. Und viele Wildunfälle verursachen neben dem finanziellen Schaden auch bei den menschlichen Beteiligten schwere Verletzungen und sogar Todesfälle. Nicht zuletzt deshalb müsste das Thema Wildtierkorridore viel mehr Aufmerksamkeit bekommen, als jetzt der Fall ist.

Bären zwischen Menschen – das Dilemma der Bären in der Kulturlandschaft

Wie wir in anderen Kapiteln gesehen haben, kann das Leben in der Kulturlandschaft für Bären durchaus Vorteile bringen. Bären, die zwischen Menschen leben, haben Zugang zu hochkalorischem Futter und können sich im Extremfall sogar bei uns Menschen vor dominanteren oder gar potenziell gefährlichen Artgenossen verstecken. Es gelingt vielen Bären, sich an uns Menschen und unsere Strukturen zu gewöhnen. Häuser, Fabriken und andere Gebäude stellen keine Gefahr dar. Auch eine Straße an sich ist noch keine große Gefahr, im Gegenteil. Viele Bären bewegen sich sehr gerne auf Forststraßen, da es bequemer ist. Und am Straßenrand wachsen oft Gräser und Kräuter, die man als Bär gut nutzen kann. Stark befahrene Straßen hingegen stellen für wandernde Bären oft eine große Gefahr dar.

Wir haben viele Jahre lang das Thema »Bären und Straßen« bzw. Wildtier-Wanderwege intensiv erforscht, mit teilweise sehr traurigen Ergebnissen. Die Mortalität auf den Straßen ist entsetzlich hoch, weshalb Bären, die sich mit uns denselben Lebensraum teilen, bei ihren Wanderungen einem großen Risiko ausgesetzt sind. Gelegentlich fällt es mir schwer zu verstehen, dass manche Menschen um das Leben jedes einzelnen, mitunter auffälligen Bären kämpfen und dabei völlig außer Acht lassen, dass es viel gefährlichere Faktoren gibt, die für den Braunbär bedrohlich sind. Paradoxerweise wird die Mobilität der Menschen immer mehr, egal, ob auf Straßen, Schienen oder in der Luft. Da sind wir leider nur sehr selten bereit, auf Komfort zu verzichten, obwohl gerade der stetig wachsende Verkehr für sehr viele Wildtiere lebensgefährlich ist. Dass es bei Kollisionen mit Wildtieren oft auch zu schrecklichen Todesfällen auf der menschlichen Seite kommt, macht das ganze Thema nur noch aktueller.

Ein Einblick in die Statistik der Verkehrsunfälle mit Bären

In den letzten Jahren ist die Mortalität von Wildtieren, darunter auch Bären, in der Slowakei erheblich gestiegen, nicht zuletzt auf den Straßen. Im Jahre 2024 wurden insgesamt 52 Bären bei Verkehrsunfällen tödlich verletzt. Das ist die offizielle Zahl. Manchmal kommt es aber auch vor, dass Bären nur angefahren werden und schnell in den Wald laufen. Dann wissen wir nicht, was mit dem Tier passiert ist. Ich habe bei der Kartierung einiger Straßen bis zu einem Abstand von 200 Metern neben den Verkehrswegen immer noch tote Wildtiere gefunden, die ganz offensichtlich angefahren worden waren. Manchmal sind das noch die letzten Lebensgeister, die die Tiere einige Meter weit wegspringen lassen. Oder die angefahrenen Tiere verkriechen sich irgendwo und verenden dort. Das ist insbesondere der Fall bei schweren inneren Verletzungen.

Fast siebzig Prozent aller überfahrenen Bären waren bei ihrem Tod maximal drei Jahre alt. Es handelte sich um Tiere, die noch sehr unerfahren mit dem Straßenverkehr waren und wahrscheinlich oft nicht wussten, wie und wann sie eine Straße am besten überqueren sollen. Diese Naivität im Umgang mit dem Straßenverkehr wird noch deutlicher, wenn man bedenkt, dass von diesen jungen Bären über die Hälfte unter zwölf Monate alt war. Also ein Alter, in dem sie noch immer mit der Mutter zusammen sind. Tragische Fälle, wie sie unserer Suska passiert sind, scheinen häufiger zu passieren als angenommen. Bei einem Unfall wurden sogar zwei Bärengeschwister gleichzeitig getötet, ein anderes Mal kamen eine Bärenmutter und ein Jungtier um. Ob sie noch weitere Jungtiere hatte (und wenn ja, was aus ihnen wurde), ist nicht bekannt.

Zwei tote Jungtiere – Geschwister – wurden im Spätherbst bei einer Kollision mit einem Lastwagen getötet. Man sieht, wie gut die beiden Jungtiere für den kommenden Winter genährt waren. Der Fahrer wurde Gott sei Dank nur leicht verletzt.

Das Risiko bei der Suche nach einem neuen Streifgebiet

Der zweite Grund für die frühe Mortalität ist die Tatsache, dass einige Bären bis zu einem Alter von circa vier Jahren abwandern, um sich irgendwo ein neues Streifgebiet zu suchen. Interessanterweise wandern Männchen häufiger ab als Weibchen, wofür es eigentlich keine schlüssige Erklärung gibt. Aber offenbar sind die jungen Männchen wagemutiger, was für viele Säugetierarten gilt. Dabei reduziert sich ihre Stressantwort, was allerdings bei Straßen oft einen tödliches Hindernis sein kann. Übrigens, Abwanderungen sind nicht dichteabhängig. Es ist also nicht so, dass Bären nur dann abwandern, wenn es schon sehr viele Bären in einem Habitat gibt. Offenbar ist es eine individuelle Entscheidung, die ein einzelnes Tier trifft, ob es weggehen möchte oder sich in der Nähe der Mutter ein freies Plätzchen sucht. Sicher begünstigen hohe Populationszahlen an einem Ort die Abwanderungsfrequenz, sie sind aber nicht der Auslöser.

Große Saisonalität bei der Straßenmortalität

Wenn wir die Mortalität über das Jahr hinweg betrachten, so fällt auf, dass es zwei Spitzen gibt: eine im Frühjahr und eine im Herbst. Das lässt sich sehr gut mit der Bärenbiologie erklären. Die erste Spitze an gehäuften Todesfällen liegt im Frühjahr, also in der Paarungszeit. In dieser Zeit ist der Hormonspiegel bei beiden Geschlechtern hoch, was die Bären wagemutiger macht. Doch was für den Erhalt der Art eigentlich sehr wichtig ist, wird in einer Kulturlandschaft zum Risikofaktor, da die Gefahr besteht, bei der Partnersuche in einen Verkehrsunfall verwickelt zu werden.

Die zweite und größere Spitze fällt in den Herbst, genauer gesagt in die Zeit der späten Hyperphagia (siehe Adriano), wo die Bären nonstop essen können und müssen, um sich auf die Winterzeit und den Winterschlaf vorzubereiten. Unsere Bären zeigten uns ganz deutlich, dass sie sich sehr mobil zu guten, nahrhaften Futterstellen bewegten, sei es zu Eichen- oder Buchenwäldern mit den fetthaltigen Samen oder aber auf landwirtschaftlichen Flächen zu Maisfeldern und anderen menschengemachten Futterressourcen. Das bestätigt auch die Tatsache, dass fast achtzig Prozent aller Bären, die im Herbst überfahren wurden, in ihrem Bauch menschengemachtes Futter hatten. Meistens handelte es sich um Mais, manchmal auch um Pflaumen oder auch um Abfall. Das ist genau das Dilemma: Bären haben in der vom Menschen geprägten Kulturlandschaft riesige Futtervorteile, sind aber sehr gefährdet durch die Straßen und Schienen in ihrem Habitat.

Das Bärenforscherteam um Scott Eric Nielsen prägte den Begriff »attractive sink habitat«, also ein attraktives, aber gleichzeitig sehr gefährliches Habitat. So wird sehr schön das Dilemma der Bären in Kulturlandschaften umschrieben: Auf der einen Seite haben die Tiere in einem solchen Habitat große Vorteile, was die Erreichbarkeit von Futter und eventuell auch Schutz angeht. Die Nachteile jedoch überwiegen zumeist, sodass diese positiven Faktoren vernachlässigt werden können. Zum einen besteht eine viel größere Mortalität auf den Straßen und Schienen. Und zum anderen können die Tiere mit uns in Interaktion treten, weshalb sie als Sicherheitsrisiko definiert und gegebenenfalls entfernt werden müssen. Das bedeutet: Letztlich ist das Leben in

Kulturlandschaften nicht so ideal, wie es anfangs scheint. Trotzdem benutzen sehr viele Tiere in zunehmendem Maße unsere landwirtschaftlich genutzten Flächen, was zu ungeahnten Wechselwirkungen führen kann.

Neben der Straßenmortalität haben wir auch die erfolgreichen Kreuzungsrouten unserer Bären ermittelt und beides miteinander verglichen. Die sicherste Zeit für eine Überquerung ist zwischen 23 Uhr und 1 Uhr nachts, da zu diesem Zeitpunkt kaum Menschen unterwegs sind. Das zeigte uns auch Suska. Tagsüber unternehmen Bären eigentlich keine Versuche, Straßen zu überqueren, was mit der Tatsache zusammenhängt, dass die meisten Bären, die mit uns zusammenleben, ihre Aktivität eher in die Dämmerung und Nacht verlegen, um uns Zweibeiner nicht treffen zu müssen.

Sehr gefährlich jedoch ist die Zeit vor Einbruch der Dunkelheit oder die Morgendämmerung. Das ist genau die Zeit, wenn Bären ihre Nachtaktivität aufnehmen bzw. wieder beenden. Unglücklicherweise sind auch wir Menschen genau zu diesen Zeiten besonders mobil. Früh morgens müssen wir in die Arbeit und kommen am späten Nachmittag oder frühen Abend wieder nach Hause. Somit hatten wir besonders viele Kollisionen zwischen 5 und 7 Uhr morgens und dann wieder zwischen 18 und 20 Uhr. Besonders das Tageslicht spielt hierbei eine entscheidende Rolle: Eine Stunde vor und eine Stunde nach Sonnenauf- bzw. -untergang besteht das größte Risiko für einen Wildunfall – das gilt übrigens nicht nur für Bären und die Slowakei, sondern genauso für die in Deutschland heimischen Wildtiere. Man kann nur dazu raten, in dieser Zeit besonders vorsichtig zu fahren, im Interesse der Wildtiere und vor allen Dingen im Interesse der eigenen Sicherheit.

Wir modernen Menschen richten unseren Lebensrhythmus nach der Uhrzeit und schon lange nicht mehr nach den Lichtverhältnissen. Eine entscheidende Rolle in Bezug auf Wildunfälle nimmt die Zeitumstellung zweimal im Jahr ein, denn interessanterweise nehmen Wildtierunfälle kurz nach der Zeitumstellung ebenfalls zu. Warum ist das so? Bestimmt liegt es nicht daran, dass Menschen hinter dem Steuer auf einmal zu müde sind, um Auto zu fahren. Es ist eher so zu erklären: Die Wildtiere beobachten uns und unsere Aktivitäten sehr genau und erkennen, zu welcher Zeit bzw. bei welchen Lichtverhältnissen sich die Menschen besonders viel oder auch besonders wenig auf der Straße befinden. Wenn sich die menschliche Aktivität nun von einem Tag auf den anderen um eine ganze Stunde nach vorn oder zurück verschiebt, sind unsere wilden Mitbewohner darauf nicht vorbereitet. Plötzlich fährt der Bus eine ganze Stunde früher, obwohl es noch dunkel ist. Oder die Menschen sind auf einmal viel länger in den dunklen Abendstunden unterwegs. Es dauert eine gewisse Zeit, bis die Tiere sich auf unsere veränderte Aktivität verlässlich eingestellt haben. Und in der Zwischenzeit kommt es leider zu deutlich mehr Wildtierkollisionen auf Straßen und Schienen. Ein weiteres Argument, die Zeitumstellung abzuschaffen – schließlich kommen bei Wildtierunfällen immer auch Menschen zu Schaden.

Eigentlich ist es nicht verwunderlich, aber in den Zeiten der Covid-19-Pandemie gab es signifikant weniger Wildtierunfälle inklusive Unfälle mit Bären. Je weniger Verkehr auf der Straße, desto geringer ist das Risiko für wandernde Tiere, mit einem Fahrzeug zusammenzustoßen. Allerdings können sich Tiere natürlich auch an die ungewohnte Ruhe gewöhnen, viel schneller mitunter als gedacht. Plötzlich tauchten Tiere an Orten auf, an denen sie seit Jahrzehnten nicht mehr zu sehen waren.

Das zeigt umso deutlicher, wie sehr gerade die menschliche Mobilität die Wildtiere einschränkt. Insofern ist es schade, dass wir meistens nur davon sprechen, die Mobilität umweltfreundlicher zu machen; den Wildtieren ist es eigentlich egal, ob wir mit einem Diesel, Benziner oder Elektroauto unterwegs sind. Am umweltfreundlichsten ist es leider, wenn man gar nicht unterwegs ist. Das klingt radikaler, als es gemeint ist: Sicherlich sollen jetzt nicht alle Menschen zu Hause bleiben, um wandernde Wildtiere nicht zu stören. Doch bereits der Umstieg auf öffentliche Verkehrsmittel macht oft schon einen bedeutenden Unterschied. Und ich bin überzeugt, dass jeder kleine Beitrag hilft. So wie viele der Bärenunfälle vermeidbar gewesen wären, wenn nicht gerade zu dieser Zeit dieses eine Fahrzeug unterwegs gewesen wäre.

Einige Bärenunfälle passierten auch auf dem eigentlich recht spärlich ausgebauten Schienennetz der Slowakei. Viele der Unfälle mit Zügen finden auf Strecken statt, die nur sehr wenig befahren sind. Paradoxerweise rechnen Bären einfach nicht mit einem Zug, wenn es am Tag vielleicht nur zwei oder drei Verbindungen gibt. Und so werden sie dann regelrecht von dem Zug überrascht, der auf einmal hupend auf sie zufährt. Bis sie verstanden haben, um was es sich handelt, und der Lokführer bremsen kann, ist es auch schon zu spät, und sie werden vom Zug überrollt.

Einige der tödlichen Unfälle fanden direkt hinter Tunneln statt. Die Erklärung dafür ist ähnlich wie bei nur wenig befahrenen Strecken. Wandernde Bären können nicht wissen, dass sich ein Zug im Tunnel befindet. Alles wirkt ruhig, bis plötzlich ein Zug aus dem Tunnel hervorschießt. Wahrscheinlich erstarren manche Bären vor Schreck genauso, wie einige Menschen das tun, und diese Schrecksekunde wird ihnen dann zum Verhängnis.

Als Letztes konnten wir feststellen, dass manche Bären entlang der Zugschienen auch bewusst nach Futter gesucht haben, was dann leider tödlich für sie ausging. Züge, die Getreide transportieren, können dabei auch kleine Mengen verlieren. Diese Überreste locken Bären an, die dann unachtsam sind, weil mit dem Fressen beschäftigt, und von einem anderen Zug überrollt werden.

Es gibt aber auch Bären, die ganz genau wissen, dass am Schienennetz immer wieder Wildtiere überfahren werden, und die gezielt nach einer leicht zu beschaffenden Fleischmahlzeit suchen. Einmal hat mir ein Lokführer berichtet, dass er gesehen hat, wie ein Bär einen relativ großen Hirsch, der offenbar überfahren worden war, im Maul trug und von den Schienen wegtransportierte. Gott sei Dank ging in diesem Fall alles gut. Manchmal aber können solche Bären selbst Opfer werden, weshalb es wichtig ist, überfahrene Tiere immer abzutransportieren.

Was ist der sogenannte Barriereeffekt einer Straße?

Die meisten Menschen gehen wohl davon aus, dass die größte Barriere für wandernde Wildtiere eine gut ausgebaute Autobahn ist. Das ist insbesondere dann richtig, wenn die Fahrstreifen von der Umgebung abgezäunt sind, was ja eben Wildtiere davon abhalten soll, auf die Straße zu kommen und einen Wildunfall auszulösen. Gerade auf Autobahnen, wo schnell gefahren wird, kann ein solcher Unfall fatale Auswirkungen für die involvierten Menschen haben.

In unserer Studie allerdings konnten wir feststellen, dass der sogenannte »Barriere-Effekt« einer Straße, also die Schwelle an täglich rollenden Fahrzeugen, die Bären davon abhält, überhaupt den Versuch zu starten, auf die andere Seite zu wechseln, bereits bei sechs- bis siebentausend Wagen pro 24 Stunden einsetzt. Das ist eigentlich gar nicht so viel; stark befahrene Straßen können schnell einmal über 20 000 Vehikel pro 24 Stunden transportieren. Bei einigen Weibchen, die wir beobachtet haben, war die Schwelle noch niedriger und lag bei 4500 Vehikeln pro 24 Stunden. Diese Tiere versuchen eigentlich nur auf ganz ruhigen Straßen eine Überquerung, wo es Intervalle von mehreren Minuten ohne Fahrzeug gibt.

Die Slowakei ist leider aufgrund ihrer geografischen Lage dazu verdammt, ein Transitland für den internationalen Handel zu sein. Viele Produkte werden aus Polen in den Westen transportiert, und es gibt Dörfer in den Grenzbereichen, die so sehr unter dem andauernden Verkehr leiden, dass Häuserwände mittlerweile Risse aufweisen. Stehen Häuser leer, können diese nicht mehr verkauft werden – wer will denn schon an einem Ort wohnen, wo Tag und Nacht Kolonnen von Lastwagen durch winzige Dörfer rollen? Unsere Studie ergab, dass vor allen Dingen die sogenannten Bundesstraßen, also einigermaßen gut ausgebaute Landstraßen, massiv in die Wanderungen der Wildtiere einschneiden. Dieses Ergebnis hat auch uns überrascht. Unglücklicherweise werden Querungshilfen wie Grünbrücken oder Viadukte (lange Talbrücken) nur für Autobahnen geplant und eben nicht für ausgebaute Landstraßen. Das Gebiet der Kleinen Fatra ist nahezu umzingelt von der

Bundesstraße I-18, die auch einem von Suskas Jungtieren zum Verhängnis wurde. Vermutlich wird sich die Situation für die Wildtiere erst dann entspannen, wenn in dieser Region eine Autobahn gebaut wird. Bis es so weit ist, werden die Straßen aber noch unzählige Menschen und Tieren das Leben kosten. Es macht also für uns einzelnen Menschen wirklich Sinn, regionale Produkte zu kaufen, die nicht mit endlosen Lkw-Kolonnen durch halb Europa transportiert werden. Aus den verschiedensten Gründen sind diese Produkte nicht nur nachhaltiger und umweltfreundlicher, sondern auch tier- und menschenfreundlicher.

Bären sind Vermeider – was heißt das in der Praxis?

Ein Forscherteam um Jacobson definierte 2016 die Reaktionen von Wildtieren auf drohende Gefahren durch den Straßenverkehr und konnte im Endeffekt vier verschiedene Tiergruppen ausmachen. Es gibt die sogenannten Speeders, also Tierarten, die erst recht und zudem sehr schnell bei steigendem Straßenverkehr versuchen, auf die andere Seite zu gelangen. Eigentlich handelt es sich um einen Fluchtmechanismus, was dadurch erklärbar ist, dass es sich oft um typische Beutetiere handelt. Leider müssen diese Tiere ihre Herangehensweise häufig mit dem Leben bezahlen. Zu dieser Gruppe zählen viele Schalenwildtiere wie Rehe, Hirsche und Wildschweine, die leider in der Mortalitätsstatistik immer Spitzenplätze einnehmen.

Die sogenannten Pausers, also die Innehalter, erstarren quasi wie in einem Schock, was ebenfalls oft tragisch enden kann. Das beste Beispiel hierfür sind die Igel, die wir ja leider auch zu Tausenden am Straßenrand liegen sehen. Sie nehmen im Straßenverkehr dieselbe Schutzhaltung ein wie bei einem Raubtierangriff und rollen sich zusammen, damit ihre Stacheln nach außen zeigen. So vergeht vielen Fressfeinden der Appetit, wer will sich schon eine blutige Nase holen? Leider schützen aber selbst die schärfsten Stacheln nicht gegen tonnenschwere Fahrzeuge, weshalb gerade Igel zu den häufigsten Opfern zählen.

Dann gibt es noch Arten, die nichts an ihrem Verhalten ändern, wenn sie auf Straßen treffen, was auch nicht immer die beste Strategie ist. Das sehen wir bei den vielen Amphibien, die stoisch ihren Weg einfach weiterverfolgen, egal was und wer plötzlich daherkommt. Auch diese Gruppe hat oft mit hohen Verlusten zu kämpfen.

Bären jedoch gehören zur vierten Gruppe. Sie sind klassische Vermeider; das klingt aber leider besser, als es wirklich ist. Sie scheinen so viel Angst vor dem Straßenverkehr zu haben, dass sie überhaupt keine Anstalten mehr machen, eine Überquerung zu versuchen. Somit ist die Mortalität zwar relativ gering, es sinkt aber auch die Chance, dass es ein Bärenindividuum bei hohem Verkehrsaufkommen erfolgreich auf die andere Seite schafft. Mit einem gewissen Recht kann man sagen, dass Vermeider die gravierendsten Konsequenzen erleiden, wenn sie mit dem Straßenverkehr zurechtkommen sollen. Durch ihre Passivität verhindern sie einen genetischen Austausch, mit der Folge, dass sich die Subpopulationen isolieren.

Ganz drastisch waren in dieser Hinsicht unsere Beobachtungen, dass die Bären trotz starken Straßenlärms die Maisfelder in direkter Nähe der Straße nutzten, aber niemals Anstalten machten, dieselbe zu überqueren. Im

Extremfall waren sie nur wenige Meter von Artgenossen auf der anderen Straßenseite entfernt, fast zum Greifen nahe, aber ohne auch nur den Hauch einer Chance, jemals diesen Artgenossen zu treffen. Das sieht man auch sehr deutlich an der hier gezeigten Abbildung.

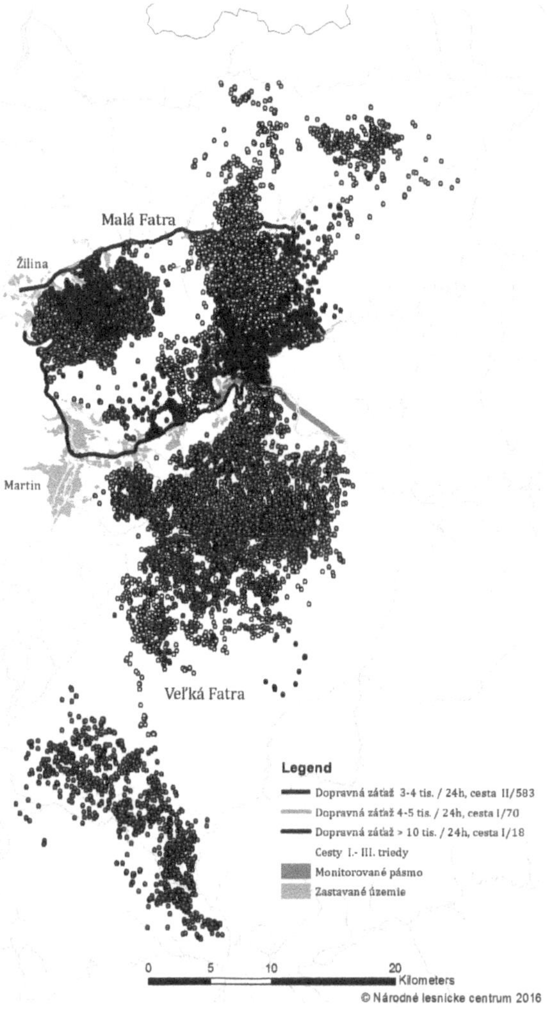

Diese Aufnahme stimmt mich immer sehr traurig. Wir sehen die Positionsdaten verschiedener Bären in unterschiedlichen Farben, die wir in der benachbarten Kleinen (Mala) Fatra und der Großen (Velka) Fatra besendert hatten. Man sieht deutlich, wie nah sich die Bären zueinander aufgehalten haben. Doch die stark befahrene Schnellstraße hat jegliches Treffen der Bären verhindert – ein bedrückendes Ergebnis. Der obere Straßenverlauf hat ein Verkehrsaufkommen von bis zu 4000 Fahrzeugen pro 24h, was die Bären noch überwinden können. Die Abschnitte links und unten führen täglich mehr als 10 000 Fahrzeuge und zu Spitzenzeiten im Sommer unglaubliche 40 000 Vehikel pro 24h. Damit stellen diese Abschnitte eine riesige Barriere für die Bären dar, die sie eigentlich nicht mehr überwinden können.

Manchmal ärgere ich mich, wenn ich Karten sehe, die für ganz Europa aufgestellt werden und auf denen dicke Pfeile die sogenannten Wildwanderwege darstellen sollen. Was soll eine solche Darstellung? Vergrößert man die entsprechenden Pfeile, befindet sich darunter eine große Fläche, auf der wir eben *nicht* wissen, wo die Tiere wirklich wandern. Solche Darstellungen sind wenig hilfreich. Entweder müssen wir ganz klassisch die Tiere zu Fuß entlang der Straßen kartieren, oder wir behelfen uns erneut mit der Telemetrie, die uns sehr viel Aufschluss über die Mobilität unserer vierbeinigen Mitbewohner geben kann.

Wie Suska genau gezeigt hat, müssen sich Bären auch in einer offeneren Landschaft verstecken. Sie sind also viel öfter auch außerhalb des Waldes unterwegs, als gemeinhin angenommen wird. Suska hat für sich und ihren Nachwuchs dichtes Buschwerk und überwachsene Wiesenflächen als Sichtschutz vor uns Menschen gewählt. Auch kleine Waldflächen oder sogenannte Waldkorridore, oft auch entlang von Flüssen, helfen den Tieren, sich ungesehen zu bewegen. Leider gibt es bei Menschen eine Unart, gerade diese hölzernen Strukturen zu entfernen, da sie nicht zuzuordnen sind: Es ist kein Wald, aber auch keine

Wiese. Das Überwachsene wird als schlampig empfunden, oder Buschwerk wird im Zuge von Subventionen für Offenlandschaften entfernt. Dabei sollten wir solche Strukturen den Wildtieren zumindest teilweise erhalten. Dort können sie sich ungesehen aufhalten und sogar erfolgreich fortbewegen.

Simon und Stefan – zwei wagemutige Jungbären, die Hoffnung machen

Trotz aller negativen Auswirkungen, die Straßen für Bären bedeuten, gibt es dennoch Lichtblicke wie die beiden Männchen Simon und Stefan. Beide Bären konnten mehrmals und erfolgreich auf die andere Seite von überaus stark befahrenen Straßen wechseln (mit mehr als 20 000 Fahrzeugen pro 24 Stunden). Vor allen Dingen zur Paarungszeit waren die beiden jungen Männchen hoch motiviert, auf die andere Straßenseite zu wandern, um sich nach Paarungspartnerinnen umzuschauen. Trotzdem ließen sie dabei sehr viel Vorsicht walten. Erkenntnisse über solche Routen sind sehr wichtig, wenn Querungshilfen eingebaut werden sollen. Einige Tiere draußen im Feld kennen bereits diese Trasse und werden sie auch in Zukunft benutzen und ihren Jungtieren zeigen. Leider werden für die Ermittlung von Kreuzungsrouten oft nur die Plätze herangezogen, wo es die höchste Mortalität gibt. Gerade diejenigen Routen jedoch, die erfolgreich sind, werden eben keine toten Individuen aufweisen. Für so eine Identifizierung brauchen wir andere Methoden, wie eben die Telemetrie.

Dass Grünbrücken wirklich funktionieren können, zeigt

das Beispiel Mengusovse in der Slowakei, wo mithilfe einer 250 Meter breiten Querungsstruktur versucht wird, die Hohe und die Niedere Tatra miteinander zu verbinden. In den ersten Jahren war die Struktur kaum bewachsen, und nur wenige Tiere überquerten die Brücke, um auf die andere Seite zu gelangen. Mittlerweile jedoch befinden sich dort oben dichtes Buschwerk und Bäume, was sogar Bären ermuntert, dort oben während des Tages zu schlafen. Ein schönes Beispiel für die Wichtigkeit von Daten, auf deren Grundlage die Grünbrücke gebaut wurde.

Anna und Eugen, die beiden Greise unserer Studie, und die Frage: Wo schlafen Bären in einer von Menschen mitbewohnten Landschaft?

Viele Menschen sind begeistert von Tierbabys oder Jungtieren. Zugegeben, auch ich kann mich der starken Anziehungskraft des »Kindchenschemas« nicht erwehren. Noch viel mehr bin ich aber fasziniert von älteren und sehr alten Tieren. Das fängt bei uralten Streunerkatzen an und hört bei alten Hirschen oder gar Bären noch längst nicht auf. Was hat so ein Tier alles erlebt und gesehen? Wie hat es sich wohl all die Jahre draußen im Feld durchgekämpft? Wie oft wurden wohl alte Hirschdamen, wie unsere achtzehn Jahre alte Henrietta, von Wölfen oder Bären gejagt (wobei sie jedes Mal den Angreifern erfolgreich ein Schnippchen geschlagen hat)? Und darüber hinaus zog sie auch noch Nachwuchs auf – trotz Raubtierdruck.

Bären sind zudem Einzelgänger – ganz allein müssen sie Tag für Tag ihr Leben draußen meistern. Sie haben eine Art Landkarte ihres Streifgebietes in ihrem Kopf, in welcher haargenau die Lage der je nach Jahreszeit verfügbaren Futterressourcen, sichere Tagesruheplätze, angenehme Winterquartiere, aber auch menschliche Strukturen inklusive Siedlungen eingezeichnet sind. Alte Wildtiere haben einen unglaublichen Erfahrungsschatz und ein großes Wissen. Das finde ich faszinierend. Umso schöner war es für mich, dass sich auch unter den besenderten Bären zwei Individuen fanden, die bereits einige Jahre auf ihrem Buckel hatten.

Das Männchen Eugen und das Weibchen Anna haben uns sehr viel gezeigt – wir durften viel von ihnen lernen.

Eugen war mit Abstand der älteste Bär, der jemals in der Slowakei gefangen wurde. Als er in der Falle saß, widerlegte er alle erschreckenden Aussagen, die jemals über Bären geschrieben worden sind. Slavo, der von oben durch die Luke auf den Bären schaute, hatte sofort Mitleid mit dem armen Kerl, der vollkommen verängstigt in einer Ecke lag. Das Tier wandte den Blick von dem aufdringlichen, neugierigen Menschen ab und drehte sich dann, ähnlich einem Hund, auf den Rücken, um die ungeschützte Bauchregion freizulegen. Als ob er sagen wollte: »Tu mir bitte nichts.«

So etwas hatten wir noch nie erlebt. Natürlich kannten wir Bären, die eher ängstlich in einer Ecke kauerten, aber diese Art von Unterwürfigkeit war wirklich etwas Neues. Spätestens als der arme Bär anfing, sich vor lauter Angst anzupinkeln, bekam Slavo regelrecht Angst vor der großen Verantwortung. Wenn Bären sehr nervös sind, dann schütten sie eine große Menge an Adrenalin aus, und das kann natürlich mit den Narkotika interagieren und unerwünschte Wechselwirkungen verursachen.

Eugen war ein sehr alter Bär, das sah man gleich auf den ersten Blick. Sein Fell war schon etwas schäbig und leicht ergraut; trotzdem wirkte er mindestens genauso faszinierend wie ein junges Tier. Sein ganzes Leben hatte er in Polana verbracht. Er muss also Zeiten gekannt haben, in denen es noch viel weniger Menschen, aber auch deutlich weniger Bären in dieser Region gab. Wie ist das wohl aus der Sichtweise eines Tieres, wenn sich das Habitat so rapide verändert?

Zum Glück vertrug Eugen die Narkose recht gut. Er schlief tief und fest, und er war viel leichter, als es auf den ersten Blick schien. Als die anwesenden Männer ihn aus der Falle trugen, wunderten sie sich, dass er so wenig wog. Vielleicht konnte er nicht mehr so viel fressen wie früher, und er war bestimmt auch schon langsamer unterwegs, sodass er weniger Muskelmasse hatte. Allerdings wirkte das Narkosemittel bei Eugen intensiver, sodass es relativ lange dauerte, bis Eugen wieder das Bewusstsein erlangte. Als er langsam und sehr bedächtig wieder aufstand, blickte er sich ungläubig um und schaute verdattert auf die Szene mit der Eisenfalle, den Autos und den wartenden Menschen. So etwas hatte der alte Bär bestimmt noch nicht erlebt, zumal er bisher insgesamt unauffällig gelebt und deshalb wenig Kontakt mit Menschen gehabt hatte. Bei alldem zeigte er keinerlei Anzeichen von Aggression, sondern eher Unterwürfigkeit und Angst. Als er sich endlich aufraffte und vorsichtig, eine Pfote vor die andere setzend, in den Wald zurückwanderte, waren alle anwesenden Menschen sehr beruhigt und glücklich. Gott sei Dank, dass während der Narkose nichts passiert war. Auch Wildtiere können Krankheiten haben, und bei so einem älteren Bären kann durchaus eine Herzschwäche auftreten. Aber alles hatte gut funktioniert, und Eugen war schon ein gutes Stück in den Wald hineingewackelt. Was würde uns dieser Bär, der jetzt unser Sendehalsband trug, wohl alles zeigen? Ein so erfahrenes Tier, das es stets geschafft hatte, uns Menschen zu vermeiden? Wir waren gespannt, was dabei herauskommen würde.

Die Lebenserwartung eines Bären

Eugen war mindestens 23 Jahre alt, ein wirklich beeindruckendes Alter für einen Bären. Die meisten Bären erreichen draußen im Feld ein Alter von 15 bis 25 Jahren. Eugen war also ein echter Veteran. Er trug sein Sendehalsband fast zwei Jahre lang spazieren und lebte danach immer noch. Wer weiß, vielleicht streift er noch jetzt mit bedächtigen Schritten durch den Wald. Dann wäre er aber ein wirklicher Methusalem. Der älteste Bär, der jemals in der Slowakei draußen im Feld gefunden wurde, hatte ein Alter von unglaublichen 33 Jahren. Der arme Bär muss am Ende sehr gebrechlich gewesen sein, eventuell auch halb blind, denn er starb durch einen Absturz an einem Hang. Man kann das Alter von Bären bestimmen, indem man ihnen den Backenzahn M3 zieht, diesen durchschneidet und die dortigen »Jahresringe« (aufgelagerter Zement) zählt. Das System ähnelt den Jahresringen eines Baumstamms. Allerdings haben wir nie einem lebenden Tier tatsächlich einen Zahn gezogen. Das wäre uns sehr grob vorgekommen, schließlich brauchen die Tiere ihre Zähne, um draußen zu überleben. Und man kann ja auch nicht ausschließen, dass sich die Wunde infiziert. So haben wir das Alter in der Regel anhand des Zustandes der Zähne geschätzt.

Der allerälteste Bär, über den ich einmal gelesen habe, erreichte ein unglaubliches Alter von 49 Jahren. Allerdings lebte dieser Bär in Gefangenschaft in einem russischen Zoo. Ob das Leben dieses Bären gerade am Schluss noch lebenswert war, bleibt dahingestellt. Der Körper war bestimmt schon sehr erschöpft. Im Zoo Bojníce in der Slowakei habe ich einmal einen Bären gesehen, der fast 26 Jahre alt war. Er wirkte sehr müde und behäbig, während Eugen zwar bedächtiger unterwegs war, aber noch sehr agil wirkte. Es ist ein großer Unterschied, ob ein Tier im Feld lebt und jeden Tag neue Dinge regeln muss oder ob es auf begrenztem Raum vor sich hinlebt. Wenn Tiere im Freiland so alt werden, dann haben sie oft perfekte Strategien entwickelt. Die höhere Lebenserwartung in Gefangenschaft hängt hingegen sicher auch mit der tierärztlichen Versorgung zusammen – aber das ist ein ziemlich kontroverses Thema, dem ich hier nicht ausführlicher nachgehen möchte.

Die ältere Bärin Anna aus der Kleinen Fatra

Die kleine Anna schläft tief und fest in der Narkose, aber Atmung und Herzfrequenz sind ganz normal. Eigentlich haben wir gar nicht erwartet, dass diese zierliche Bärin bereits so ein stolzes Alter aufweist, schließlich wirkte sie ausgesprochen fidel und munter. Erst anhand des Gebisses war klar, dass sie bereits ein stolzes Alter haben musste: Wir schätzten sie auf mindestens 15 Jahre.

Anna war eine ganz besondere Bärin. Als wir sie in der Falle hatten, wussten wir nicht sofort, dass es sich um ein älteres Tier handelte. Manche Bären weisen auch in jungen Jahren eine gräuliche Fellfarbe auf, die manchmal im Sonnenlicht nahezu golden schimmert. Aber die Bärin hatte eine sehr ruhige Art, was die Narkotisierung erleichterte. Als sie schlief, konnten wir sie genau betrachten, und entsprechend dem Zustand ihrer Zähne schätzten wir ihr Alter auf mindestens 15 Jahre. Anna schlief länger in der Narkose, und wir warteten geduldig im Regen ab, bis sie in der Lage war, wieder aufzustehen. Das Narkotikum wird »vom Kopf her« abgebaut, erst können die Tiere diesen wieder heben, dann sich aufrichten, dann wackeln sie hin und her, und ganz am Schluss verlässt es die Extremitäten, und das Tier steht auf – mitunter ganz schnell.

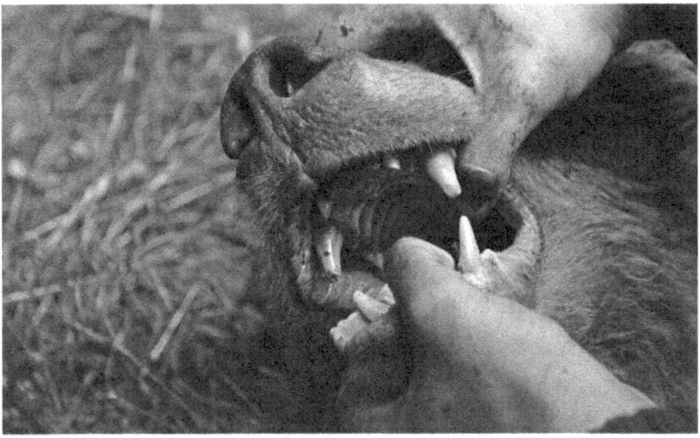

Anna hatte schon sehr braune und hier und da auch gebrochene Zähne. Anhand des Gebisszustands schätzten wir das Alter der Bärin auf ca. 15 Jahre.

Anna war ganz anderes als die anderen Bärinnen, die wir zeitgleich mit ihr überwachen durften. Sie zog sich von allen anderen Bären zurück und verbrachte sehr viel Zeit in den Felsen. Sie hielt Abstand von Dörfern und Menschen und erzog sicherlich auch ihren Nachwuchs so. Auch sie hatte also offenbar in ihrem Leben eine Strategie entwickelt, mit der sie erfolgreich überlebte.

Wo schlafen Bären während des Tages in Kulturlandschaften?

Wie schon besprochen, gehören zu einem guten Wildtierhabitat zwei Ressourcen: Futter und Rückzugsorte (fachsprachlich spricht man von »food and shelter«). Gerade die Wichtigkeit von Rückzugsorten wird meiner Meinung nach sehr unterschätzt – ein großer Fehler, denn die Bären brauchen solche Plätze ganz dringend. Ein Gebiet kann mit den besten Futterressourcen vollgestopft sein, aber wenn sich die Tiere nicht auch erfolgreich vor den Menschen verstecken können, dann ist es eigentlich nicht wirklich geeignet. Das ist leider oft der Fall in den lokal gnadenlos überlaufenen Alpen.

Jeden einzelnen Tag im Jahr, außer zur Winterszeit, wenn sie ohnehin ruhen, brauchen die Bären gute Rückzugsorte, an denen sie ungestört schlafen können und darüber hinaus für den Menschen nicht sichtbar sind. Ein spanischer Kollege von mir, Andres Ordíz, besuchte insgesamt über hundert Bärenschlafplätze und berichtete mir, dass sie immer sehr dicht bewachsen waren und der Bär eigentlich auch nicht wirklich herausschauen konnte. Tatsächlich dient vor allem der horizontale Bewuchs als Sichtschutz gegen den Menschen, während der vertikale Bewuchs vor Sonneneinstrahlung, Überhitzung oder auch Regen schützt.

Im Rahmen unserer Studie zu den Tagesruheplätzen der Bären in der Slowakei haben wir durch ein statistisches System insgesamt fast viertausend Tagesruheplätze ermittelt und dann die entsprechenden Habitatbedingungen analysiert. Auch dabei zeigte sich, genau wie bei Andres Ordíz, dass die Bären immer nach dichtem Bewuchs suchten, da sie sich dort am geschütztesten fühlten. Das galt ausnahmslos für alle Bären. Jedoch waren die Tiere bei der Wahl der Tagesruheplätze sehr individuell. Außerdem versteckten sich sehr viele Bären tagsüber eben nicht in einem gleichmäßig gewachsenen, alten Wald, sondern suchten sich lieber dichte Schonungen und junge, nah beieinanderstehende junge Bäume aus, die ein undurchsichtiges Netzwerk an Ästen und Zweigen bildeten. Es ist wichtig, dass Menschen so etwas wissen, denn an Plätzen mit dichtem Gestrüpp müssen z. B. Pilzsucher damit rechnen, auf einen rastenden Bären zu stoßen.

Ein Tagesruheplatz von Sylvester, unserem Riesenbären, befand sich in einem jungen Fichtenbestand, wo die Bäume so dicht standen, dass ich mich gerade so durchquetschen konnte. Für Slavo hat der Platz schon nicht mehr gereicht. Aber wie ist dann wohl dieser riesige Bär Sylvester zu seinem Schlafplatz gekommen? Unglaublich. Im schlammigen Boden fanden sich sogar noch frische Abdrücke des Bärenfells.

Sehr überraschend war für uns auch die Tatsache, dass vielen Bären dichtes Buschwerk ab einer Höhe von achtzig bis hundert Zentimetern bereits ausreichte, um sich dort während des Tages hinzulegen. Manchmal sind solche Gebüsche auch auf überwachsenen, offenen Flächen zu finden, was die meisten Menschen wohl eher weniger erwarten. Allerdings ist in dichtem Gebüsch nur sehr wenig mit menschlichem Besuch zu rechnen, da sich ein solch unwegsames Gelände voller Zecken und Dornen nur sehr schlecht für einen Spaziergang eignet.

Teilweise sind sehr dichte Stauden auch in der Nähe von verlassenen Gebäuden zu finden. Zudem bieten die Stauden auch leckere Früchte, verschiedene Beeren, Insekten und kleinere Säugetiere, eine beliebte Mahlzeit für unsere Bären direkt nach dem Aufstehen. Kurios war sicherlich auch das Ergebnis, dass einige Bären direkt in den Maisfeldern schliefen, da die Vegetation neben dem Futter auch fantastische Deckung lieferte. An diesen Ergebnissen kann man sehen, dass wir unsere umgebende Landschaft immer aus der Sicht eines Bären betrachten müssen und nicht aus unserer eigenen Perspektive. Der Bär will bei Tag für unsere Augen unsichtbar sein – dabei ist es ihm egal, ob die Deckung aus jungen Bäumen, dichtem Buschwerk oder gar aus Maisstauden besteht.

Solche Ergebnisse sind sehr wichtig für das Zusammenleben zwischen Menschen und Bären, da man ungewollte Treffen reduzieren kann, wenn man die lokale Bevölkerung darüber aufklärt, wo sich Bären tagsüber aufhalten könnten.

Gerade in der zweiten Jahreshälfte, in der die Bären sehr viel fressen müssen, um sich auf den Winter vorzubereiten, waren über 55 Prozent sämtlicher Tagesruheplätze außerhalb der geschützten Landschaftsgebiete (Nationalparks und Ähnliches). Die Bären legen sich einfach dort nieder, wo es gutes Futter in Kombination mit Deckung gibt. Nur die Tiere selbst können uns zeigen, was sie wirklich brauchen bzw. wo sie wirklich sind. Seitdem ich so viele verschieden Ergebnisse aus der Bärentelemetrie gesammelt habe, betrachte ich Landschaften ganz anders und weiß einfach, dass ein Bär im hohen Tannen- oder Fichtenwald nicht glücklich werden kann – egal, ob es ein geschützter Wald ist oder nicht. Die Bären finden dort kaum Nahrung und können sich nicht vor uns verstecken. Somit sind gelegentliche lokale Abholzungen, die niederen und später auch dichten Bewuchs möglich machen, im Bärenwald viel wichtiger, als man es als Laie annehmen würde. In solchem Buschwerk finden Bären Schutz und Nahrung – das ist ideal.

Viele Bären ziehen sich am Tag auch in die Felsengebiete zurück. Für uns Menschen heißt das, wir sollten im Bärengebiet immer Vorsicht walten lassen und nicht in Höhlen hineinkriechen. Insbesondere Bärinnen suchen im Frühjahr diese Gebiete auf, wenn sie neugeborenen Nachwuchs haben, da die anderen Bären zur Partnersuche meist anderweitig unterwegs sind. Im Russischen kennt man solche speziellen Gebiete ganz genau und nennt sie übersetzt »Säuglingsstationen«. Unsere Bärin Anna hielt sich sehr gerne in diesen Felsengebieten auf, auch in Jahren, in denen sie keinen Nachwuchs hatte. Offenbar war sie immer sehr vorsichtig unterwegs und zog sich gerne und vor allen Dingen sehr weit von uns Menschen zurück. Sie benutzte auch keine Maisfelder als Futterquelle, sondern hielt großen Abstand von menschlichen Siedlungen. Offenbar hatte sie in ihrem Leben (und möglicherweise auch schon von ihrer eigenen Mutter) sehr gut gelernt, dass man den Zweibeinern lieber aus dem Weg geht.

Einige jüngere unserer besenderten Bären jedoch schliefen manchmal relativ nahe an menschlichen Siedlungen, wenn auch keiner von unseren Bären jemals ein Dorf betreten hat. Der Rekord war der junge Bär Pinocchio, der an einem Tag in einer Entfernung von nur dreißig Metern Luftlinie von einem leeren Gehöft ruhte. Bei der Feldarbeit konnten wir allerdings feststellen, dass die verfallenen Gebäude von meterhohen Stauden umringt waren und somit aus Sicht der Bären nicht unbedingt als menschliche Struktur wahrgenommen wurden. Von diesem Gehöft waren es noch einmal hundert Meter bis zum nächsten bewohnten Haus. Niemals hatten die Anwohner Pinocchio zu Gesicht bekommen, obwohl er so nah war.

Sehr kurios war auch Popoluschka, die sich ab und an

unter die Erde, also in Erdhöhlen, zurückzog. Ich werde nie die Situation vergessen, als wir bei der Kontrolle der entsprechenden Stellen mitten auf der nicht eingezäunten Tagesweide eines Schafbetriebs landeten. Offenbar gab es ein ganzes System an Tunneln unter der Oberfläche. Auf die Nachfrage bei den Schäfern, ob sie denn Bären gesehen hatten, verneinten alle drei einstimmig – nein, Bären gibt es hier nicht. Das war wirklich verrückt, denn wir wussten ja ganz genau, dass Popoluschka dort gewesen war. Offenbar hatte sie sich extrem vorsichtig verhalten und war nur nach Einbruch der Dunkelheit aus ihrem Erdloch herausgekommen, sodass sie niemanden störte. Zudem hatte sie sich nie an Schafen vergriffen.

Das ist einer von Annas Lieblingsschlafplätzen untertags. Sehr gerne zog sie sich in felsenreiches Gebiet zurück, um Ruhe vor anderen Bären und uns Menschen zu haben. So eine Höhle ist auch ein feines Versteck für Jungtiere. Wer sich in einem Bärengebiet aufhält, sollte also niemals auch nur überlegen, sich in so eine Felsenhöhle hineinzudrücken. Das könnte sehr ungut enden, da wir den rastenden Bären nicht nur überraschen, sondern er sich aus seiner Sicht auch noch in einer Falle befindet.

Wenn Bären sterben

Es ist sehr auffällig, dass man nur ganz selten tote Bären findet, die eines natürlichen Todes gestorben sind. Doch auch Bären leben nicht ewig, und so habe ich mich oft gefragt, ob sie sich vielleicht einfach irgendwo verstecken, wenn sie spüren, dass sie sterben werden. Eigentlich hat mir meine Zeit mit den Höhlenforschern in der Slowakei die Antwort geliefert. Ich bin ein paarmal mit den Männern mitgegangen und durfte mit ihnen zusammen Höhlen kartieren. Die Forscher berichteten mir, dass sie gelegentlich auf Ansammlungen von Knochen stoßen, unter anderem auch gehäufte Knochen von *Ursus arctos* (neben dem Höhlenbären *Ursus spalaeus*). Nach einigen Diskussionen und Recherchen war klar, dass Bären, vielleicht sogar ähnlich wie Elefanten, spezielle Plätze aufsuchen, um dort in Ruhe zu sterben. Einige dieser Plätze habe ich immer noch mit sehr viel Ehrfurcht in meiner Erinnerung.

Die Slowakei hat sehr viele Höhlen, und somit findet wohl jeder Bär ein ruhiges Plätzchen, wenn er spürt, dass es zu Ende geht. Offenbar ist das der Grund, warum man so selten tote Bären findet.

Wenn Mensch und Bär aufeinandertreffen

Bär-Mensch-Begegnungen

»Weißt du, Michi, wir hatten alles und konnten uns alles erlauben – uns ging es doch wirklich gut. Wir konnten unsere Tiere unbewacht auf der Weide stehen lassen, wir konnten ohne Vorkehrungen wandern gehen, auch nachts oder frühmorgens, und überall konnten wir zelten. Gut, es war nicht immer alles erlaubt, aber es ging uns doch super. Und jetzt kommt ›dein Bär‹ hier nach Tirol und macht uns alles kaputt.« (Originalzitat aus dem Kaunertal/Tirol)

Eine Bärinnen-Geschichte von anno dazumal

25. Mai 2008, 19:45

Slavo und ich fahren durch den Wald, da wir zwei Rothirschkühe telemetrieren und dann neuen Mais zur Bärenfalle bringen wollen. Als wir um eine Kurve mitten im Wald biegen, sehe ich plötzlich am Straßenrand etwas Rundes, Braunes sitzen. Dieses Etwas kristallisiert sich sehr schnell als Bär heraus, der mit einem schnellen Sprung im angrenzenden Wald auf der linken Seite verschwindet. Rechts von der Forststraße befindet sich in unmittelbarer Nähe ein Bach; gut möglich, dass das Tier dort getrunken hat.

Der Wald auf der linken Seite besteht aus alten und hohen Bäumen, sodass man den Bären immer noch sehen kann. Außerdem geht es leicht bergauf. Der Bär bleibt nach zehn bis zwölf Metern stehen und beobachtet das Auto. Im ersten Moment haben wir das Tier als jüngeren

Bären eingeschätzt, doch bei näherem Hinsehen mit dem Fernglas wird bald klar, dass es sich um ein circa 130 bis 140 kg schweres Individuum handelt, höchstwahrscheinlich um ein Weibchen. Seine Farbe ist durchgehend braun, ohne Schattierungen. Ein Braun wie von Kakao.

Langsam versteckt sich die Bärin hinter einem dicken Buchenstamm und lugt gelegentlich hervor, sodass man ihre Nasenspitze sehen kann. Ganz gebannt starren wir auf das Tier und harren der Dinge, die da wohl kommen mögen. Sie bleibt vielleicht eine Minute hinter dem Baum sitzen und kommt dann wieder hervor. Sie hechelt heftig und starrt in unsere Richtung. Jetzt sind wir uns nicht sicher, ob sie eventuell verletzt sein könnte. Das ganze Verhalten ist ungewöhnlich. Aber wir warten weiter.

Die Bärin atmet schnell und schaut uns direkt an. Da die Distanz zu ihr sehr kurz ist, bleiben wir im Wagen. Auf einmal blickt sie am Baum zu ihrer linken (also unserer rechten) Seite empor, dann wieder zu uns und gleich wieder nach oben. Irgendwie scheint sie nervös zu sein, was aufgrund unserer nahen Präsenz auch nicht verwunderlich ist. Beim Hochblicken schiebt sie ihr Kinn in kurzen, ruckartigen Schüben in dieselbe Richtung. Plötzlich lässt sie ein ganz kurzes, aber sehr ungewöhnliches Geräusch hören – und schon blickt sie wieder zwischen uns und dem Baum hin und her.

Ich lausche angestrengt und schaue mich um. Es ist Paarungszeit, vielleicht galt dieser Laut einem nahen Männchen. Der Laut war recht hoch, wie eine Mischung aus einem kurzen Hicksen und Quietschen. Er war leise, aber ich konnte ihn trotzdem hören.

Kurz darauf raschelt es, und ich kann Geräusche vernehmen, als ob Krallen auf Holz kratzen würden. Kurz und schnell, und schon ist der Ton wieder verschwunden.

Ich suche mit meinen Blicken die ganze Umgebung ab, auch hinter dem Auto, da ich vermute, dass sich eventuell etwas von anderer Richtung nähert.

Wieder dieser Blick nach oben, kurz kann ich das Kratzen wieder hören.

Irgendetwas muss auf diesem Baum sein. Das Kratzen kam wahrscheinlich von dort. Kein anderer Bär und auch sonst kein anderes Tier sind in der Zwischenzeit aufgetaucht.

Wir beobachten die Bärin weiter. Ihr Verhalten ist wirklich sehr ungewöhnlich, und wir wollen wissen, was passiert.

Jetzt setzt sie sich hin, den Kopf nach unten geneigt. Sie hechelt noch immer, macht aber keine Anstalten, den ungemütlichen Platz zu verlassen.

Sie starrt uns weiterhin direkt an, sodass wir sie genau betrachten können. Sie ist nicht verletzt, nur gestresst. Trotzdem bleibt sie an dem Platz sitzen, wo sie sich niedergelassen hat. Das Hecheln ist jetzt so laut, dass man es bis ins Auto hinein hören kann. Schade nur, dass wir auf dem Baum nichts sehen, den sie nicht aus den Augen lässt: Eine dicke Blätterkrone verdeckt die Sicht, und um mehr zu sehen, müssten wir das Auto verlassen.

Die Bärin hat den Blick nun gesenkt und japst ein wenig. Sie beginnt sich hinzulegen und bettet ihren Kopf auf eine der ausgestreckten Pfoten. Die Augen sind entweder ganz nach unten gerichtet oder sogar geschlossen. Sie bleibt einige Minuten liegen und kommt dann wieder in eine halb sitzende, halb liegende Position. Die Vorderpfoten sind weit nach vorne gestreckt und das Gewicht darauf verlagert. Wieder blickt sie auf den Baum, dann schnaubt sie, jedoch nicht aggressiv, eher so, als ob etwas in der Nase kitzeln würde. Ihre Mimik ist zwar gestresst, aber keinesfalls aggressiv. Sie macht auch keine Anstalten, auf unser Auto zuzugehen.

Während wir warten, diskutieren wir über das ungewöhnliche Verhalten der Bärin und kommen nur auf eine einzige Erklärung: Ihr Verharren an diesem Ort trotz der Gefahr, die von uns Menschen ausgehen könnte, das stetige Nach-oben-Blicken, die seltsamen Geräusche und das Kratzen auf Holz lassen uns vermuten, dass ein Junges auf dem Baum sitzt. Vielleicht haben uns Mutter und Kind mit dem Wagen kommen gehört, und die Bärin schickte ihr Junges voraus, sodass wir es nicht sehen konnten. Als wir ankamen, sahen wir nur noch sie in den Wald springen, aber sie blieb in der Nähe des Baums, auf welchem ihr Junges (vielleicht sind es ja auch mehrere Junge) bereits saß. Als wir stehen blieben und nicht weiterfuhren, sondern sie anschauten, gab sie vielleicht das akustische Signal in Form eines Quietschens, um die Jungen zu veranlassen, auf dem Baum zu bleiben, oder sogar noch höher zu klettern. Die Kratzgeräusche auf Holz könnten vielleicht von den Krallen der Jungtiere oder des Jungtieres stammen, das sich am Stamm noch höher gezogen hat.

Das abschließende Verhalten von Sitzenbleiben und Hinlegen könnte man auch als »Übersprunghandlung« bezeichnen: eine Verhaltensweise, die seltsam erscheint und keinen offensichtlichen Sinn macht, wenn eine Situation irgendwie aussichtslos scheint und das entsprechende Tier nicht weiß, was es in diesem Moment machen soll. Tiere bleiben dann einfach sitzen oder liegen, andere beginnen auch mit Essen oder putzen sich.

Nach etwa zehn Minuten fahren wir weiter, doch ich beobachte die Bärin noch aus dem Rückfenster. Sie ist sofort aufgestanden und hat den Baum wieder fixiert. Leider verliere ich sie wenig später aus dem Blick, da wir um eine weitere Kurve biegen. Kurz darauf finden wir auch unsere beiden Rothirschdamen, wobei die eine mal wieder beim Essen ist und die andere offenbar in der Abendsonne rastet.

Die Begegnung, von der ich hier erzähle, liegt mittlerweile fünfzehn Jahre zurück. Die Lokalität war circa zwei Kilometer Luftlinie vom Dorf entfernt. Wir sind mit unserem uralten Geländewagen auf dem Wander- und Radweg gefahren, um unsere Hirschdamen zu finden, die wir etwas weiter oben vermuteten. Die Lichtverhältnisse waren gut, die Dämmerung setzte erst 45 Minuten später ein.

Damals war es noch nicht üblich, die Wälder so intensiv wie heute für Freizeitzwecke zu benutzen; meistens widmete man sich abends anderen Dingen als Fahrradfahren oder Joggen. Zudem braucht ein durchschnittlich trainierter Mensch schon fast ein E-Bike, um auf dieser Strecke einigermaßen bequem nach oben zu kommen, da sie stetig bergauf führt. Ganz anders heute, fünfzehn Jahres später. Wenn ich mir dieselbe Szene ins Jetzt hole, sehe ich ein großes Risiko, dass ein Fahrradfahrer oder Läufer zufällig auf genau diese Bärin trifft und sie vielleicht noch mehr erschreckt, als wir es getan haben.

Am Verhalten der Bärin konnte man sehr gut erkennen, dass sie unter einem inneren Dilemma litt: Was soll ich tun, bleiben oder gehen?

Letztlich hat sie sich fürs Bleiben entschieden, obwohl in ihrer unmittelbaren Nähe zwei komische menschliche Gestalten in einem alten, stinkenden Geländewagen mit laufendem Motor saßen und sie aus dem offenen Fenster heraus anstarrten. Was die Bärin gemacht hat, könnten wir als eine Art Ablenkungsmanöver bezeichnen. Die komischen Bewegungen, die seltsamen Gesten und Gebärden – alles das sollte unsere Aufmerksamkeit auf sie lenken, damit wir gar nicht erst auf den Gedanken kämen, nach oben zu schauen, wo wir eventuell ihr Junges oder gar ihre Jungen erblickt hätten. Die Bärin war nicht aggressiv; sie war verunsichert und wahrscheinlich sehr nervös, aber keine »Bärenfurie«, die sofort versucht hätte, uns aus dem Auto zu zerren, trotz des weit geöffneten Fensters.

Doch was wäre heute? Was, wenn ein leiser Waldläufer oder gar ein schneller E-Bike-Fahrer an der gleichen Stelle vorbeikäme? Niemand kann das voraussagen, und ich möchte auch keine Spekulationen anstellen. Aber natürlich wäre die Wahrscheinlichkeit heute wesentlich größer, dass es zu einem Zusammenstoß zwischen Mensch und Tier kommen könnte.

Wir Menschen nutzen die Natur immer intensiver, was teilweise auch den neuen Freizeittechniken geschuldet ist. Ohne E-Bike könnten viele Menschen gar nicht in den Bergen Rad fahren, und ohne eine leistungsfähige Stirnlampe sind nächtliche Laufausflüge mühsam und riskant. Auf der anderen Seite ist Bewegung für den heutigen Menschen, der seinen beruflichen Alltag oft im Sitzen verbringt, doch so wichtig! Sitzen ist das neue Rauchen, so heißt es ja schon. Also ist es doch empfehlenswert, vor oder nach der Arbeit noch Bewegung und Sport einzuplanen, und im Wald ist doch so viel Sauerstoff in der frischen Luft, also Nahrung für unsere Zellen. So stehen viele Menschen vor fast demselben Dilemma wie die Bärin vor fünfzehn Jahren: Bleiben oder gehen? Gesunde und schöne Bewegung in der Natur suchen – oder die Natur vor allem in der Dämmerung und Dunkelheit in Ruhe lassen?

Die ewige »Schuldfrage«

Nun kann man sich natürlich fragen, was das geänderte Freizeitverhalten der Menschen mit den Bären und ihrem Schutz (oder den Problemen, die Bären bereiten können) zu tun hat. Leider sehr viel. Wir Menschen machen uns oft die Welt, wie sie uns gefällt, und das dürfen wir auch. Allerdings sind wir nicht allein auf diesem Planeten. Außer uns leben noch unzählige Tier- und Pflanzenarten mit und neben uns, teilweise sogar viel näher, als es uns lieb ist. Wir nutzen (und benutzen) viele Tier- und Pflanzenarten – und auch das darf der Mensch, das machen auch andere Tiere so. Selbst Pflanzen stehen in Konkurrenz zueinander, was meist mit dem Tod des einen oder anderen einhergeht.

Bären sind faszinierende Lebewesen; die meisten Menschen finden sie zumindest schön anzusehen. Aber Bären in einem Wald in der nahen Nachbarschaft zu haben, bedeutet auch Einschränkungen. Dieser Tatsache sind sich viele Leute gar nicht bewusst, vor allem dann nicht, wenn sie eigentlich weit weg von einem Bärenhabitat leben.

Das Zitat zu Beginn dieses Kapitels hat also durchaus seine Berechtigung, da man sich in einem »bärenfreien« Habitat völlig unbefangen bewegen kann und auf fast nichts Rücksicht nehmen muss. So etwas ändert sich natürlich, wenn die Bären bei uns wieder heimisch werden.

Vielen Menschen ist nicht bewusst, dass sie selbst für eine große Zahl von Tierarten ein riesiger Störfaktor sind, gelegentlich mit dramatischen Auswirkungen. Das betrifft durchweg alle Menschen, die sich in Wäldern bewegen, nicht nur die lokal Ansässigen. Aber die lokal Ansässigen erleben es hautnah: Kommen Bären in bestimmten Gebieten wieder neu an, dann müssen die Menschen, die in diesem Gebiet leben, dauerhaft ihren Lebensstil an den Bären anpassen. Und dabei stellt sich die Frage, ob das immer so einfach machbar ist.

Für die weit entfernten Städter ist der Bär »eine Bereicherung der Biodiversität« (auch wenn das fachlich nicht immer ganz richtig formuliert ist). Für Menschen im neu besiedelten Bärengebiet sind oft Ängste und Unsicherheiten vorherrschend. Menschen, die im Naturschutz arbeiten, müssen mit derartigen Situationen sehr sensibel umgehen.

Die oben beschriebene Bärin war zu einer Zeit unterwegs, in der ihr Revier über weite Zeiträume hinweg relativ menschenfrei war. Das war ein Vorteil für sie, denn Tiere, die zusammen mit Menschen das gleiche Habitat bewohnen, können uns ja nicht räumlich, sondern nur zeitlich umgehen – das nennt man im Fachjargon: Raum-Zeit-Vermeidung (*time-space-avoidance*). Die Bärin hatte also lange Zeiträume, in denen sie sich frei im Habitat bewegen konnte.

Nun sind Bären eigentlich nicht unbedingt nachtaktive Tiere, sie weichen aber oft auf die Nacht aus, um uns Menschen aus dem Weg zu gehen. Sobald der Wald auch in den Abendstunden zu Freizeit- und Erholungszwecken stärker genutzt wird, erhöht sich also zwangsläufig die Wahrscheinlichkeit für Mensch-Bär-Begegnungen.

Gott sei Dank verlaufen die meisten Begegnungen zwischen Menschen und Bären glimpflich: Es kommt zu keinem physischen Kontakt, und beide Kontrahenten (Mensch und Bär) kommen mit einem riesengroßen Schrecken davon. Leider gibt es aber auch Aufeinandertreffen der beiden Arten, die in furchtbaren Attacken des involvierten Bären auf den oder gar die Menschen enden. Das ist schrecklich und kaum mit Worten zu beschreiben. Und wer leugnet, dass solche Attacken vorkommen, lügt sich etwas in die Tasche.

Deshalb soll es in diesem Abschnitt des Bärenbuches um das allerheikelste Thema in der Bär-Mensch-Koexistenz gehen – das Aufeinandertreffen von Bär und Mensch und die Bärenattacken, also physische Angriffe eines Bären auf einen Menschen.

Würde es in einer Situation, die der oben beschriebenen ähnelt, zu einer Attacke kommen, da sich unsere Bärin zu stark vor einem leisen Waldläufer erschrecken und daraufhin angreifen würde, dann wären die Reaktionen vorhersehbar. Die Leute würden sich in zwei Lager teilen: *Der Bär ist schuld* versus *Der Mensch hat sich falsch verhalten.* Mich persönlich irritieren am meisten Aussagen wie: »Es gibt keine Problembären, nur Problemmenschen.« Denn falscher kann man es kaum formulieren.

Wer also ist schuld, wenn eine Begegnung von Bären und Menschen komplett aus dem Ruder läuft? Zunächst einmal: Eigentlich gibt es sehr oft, von wenigen Ausnahmen abgesehen, gar keine Schuld im klassischen, menschlichen Sinne. Ein befreundeter Jäger hat es einmal sehr schön formuliert: Der Großteil der Bärenübergriffe kommt leider zustande, weil der angegriffene Mensch unglücklicherweise zur falschen Zeit am falschen Ort war. Damit soll das Problem nicht kleingeredet werden, im Gegenteil. In dieser Aussage steckt ein gerütteltes Maß an ehrlicher Hilflosigkeit, denn es gibt einfach ein gewisses Grundrisiko, wenn wir Bären im Habitat haben. Dieses Risiko ist allerdings vergleichsweise klein. Die Gefahren durch andere Arten, beispielsweise durch Wildschweine oder, fast unsichtbar, durch Zecken, sind sehr viel größer. Und der größte Beißer bei Begegnungen im Wald ist unser angeblich bester Freund – der Hund.

Bären jedoch können Menschen allein durch ihre körperliche Überlegenheit und ihre Größe in Angst und Schrecken versetzen. Sie sind nun einmal Wildtiere, Beutegreifer noch dazu, und die meisten von uns wissen nur sehr wenig über sie. Außerdem konnte Hans Kruuk in seinem Buch *Hunter and Hunted* sehr überzeugend zeigen, dass unser ureigenes »Anti-Raubtier-Verhalten« in unseren Gehirnen hoch konserviert ist und noch immer fast genauso gut funktioniert wie zu der Zeit, in der auch wir ab und zu Beute waren. Ein sehr wichtiger Überlebensfaktor ist seit jeher die Angst, da sie uns vorsichtig werden lässt und vor riskantem Verhalten schützt. Weiter beschreibt Kruuk, dass im Falle von Raubtierangriffen auf Menschen, egal in welchem Teil der Erde, bei fast allen Menschen, die davon hören oder lesen, diese Urangst ausgelöst wird. Damit spielt man ja auch in der Filmbranche, man denke nur an den *Weißen Hai*. Allerdings ist heute die Gefahr durch Raubtiere definitiv nicht mehr so hoch wie vor Hunderten von Jahren, das sollten wir nicht vergessen.

Viele Übergriffe auf Menschen gehen von »Nicht-Problembären« aus, also eben *nicht* von Tieren, die schon lange im Dorf spazieren gehen. Das wäre zugegebenermaßen einfacher, denn diese Bären sind meistens bekannt und zumindest ab und zu sichtbar. Leider handelt es sich aber, wie oben bereits gesagt, oft um Zufallsbegegnungen zwischen Mensch und Bär. Noch einmal: Es stimmt, dass ein Zusammenleben von *Homo sapiens* und *Ursus arctos* im gleichen Habitat immer mit einem, wenn auch geringen Risiko behaftet ist. Es stimmt auch: Ein viel höheres Risiko besteht im Straßenverkehr oder in der Freizeit (Skifahren außerhalb der Piste, E-Biken auf supersteilen Abfahrten, Selfies an gefährlichen Orten usw.). Das aber suchen wir uns selbst aus oder sind uns zumindest dessen bewusst. Und wir verdrängen, bisweilen sehr erfolgreich, die Gefahr. Manchmal redet man sich Gefahren auch einfach schön: Wenn wir mit dem Flugzeug abstürzen, dann geht es wenigstens schnell.

Wirklich? Also, ich brauche keine halbe Stunde Todesangst im Flieger, deshalb fliege ich auch nur sehr selten, obwohl die Wahrscheinlichkeit für einen Absturz wirklich gering ist in der Relation zwischen der Frequenz der Flüge und der Menge der Passagiere, die tagtäglich dieses Transportmittel nutzen und den Flug auch fast immer überleben. Und wenn es wirklich nicht anders geht, mache ich vor einem anstehenden Flug mein Testament, zur Sicherheit in drei verschiedenen Sprachen (deutsch – slowakisch – englisch). Außerdem rufe ich alle Menschen an, die mir wichtig sind, um mich von ihnen zu verabschieden. Falls ich den Flug überlebt habe, was bis jetzt immer der Fall war, dann rufe ich wieder alle mir wichtigen Menschen an, um ihnen mitzuteilen, dass ich noch da bin.

Was übertrieben und etwas skurril klingt, ist übrigens gar nicht ohne Zusammenhang mit der Angst vor den Bären. Ich kann die Angst der Menschen vor dem Bären absolut nachvollziehen, da sie mir auf einer anderen Ebene sehr bekannt ist. Deshalb weiß ich auch, dass Beruhigungsversuche von Außenstehenden eher dazu führen, dass ich mich in meiner großen Angst unverstanden fühle. Was ich in diesem Kapitel zeigen möchte, sind also Hilfestellungen und keine allgemeingültigen Vorschriften. Aber vielleicht können sie ja etwas zur Entkrampfung der Situation beitragen.

Wenn man bedenkt, wie viele Bären in der Slowakei leben, mutet die Zahl der Attacken mit Verletzungsfolge eher gering an. Doch eins hat sich geändert: Früher hatten hauptsächlich solche Menschen Begegnungen mit Bären (meist ohne dramatischen Ausgang), die im Wald arbeiteten oder jagten. Seit kurzer Zeit jedoch sehen wir leider eine Zunahme an Begegnungen (ebenfalls meist ohne dramatischen Ausgang) mit Menschen, die mit Wald, Jagd oder Wild absolut nichts zu tun haben. Hier liegt wahrscheinlich der Hund begraben: Es betrifft auf einmal den Otto Normalverbraucher oder die berühmte Brigitte Mustermann, und damit wird die geringe, aber durchaus existierende Gefahr realer und greifbarer.

Wir müssen uns damit auseinandersetzen, dass es gelegentlich schwerwiegende Übergriffe gibt, die nicht erklärt werden können. Es ist mir aber außerordentlich wichtig, in diesem Kapitel zu zeigen, dass es für jeden, der im Wald unterwegs ist, Möglichkeiten gibt, Bärenbegegnungen aktiv zu vermeiden. Eine genaue Analyse schlimmer Attacken zeigt nämlich, dass es bestimmte Muster gibt, die uns helfen können, das Risiko zu minimieren.

Ich habe viele Kollegen in den Vereinigten Staaten und in Kanada, die mit Bären arbeiten oder sich gar hauptsächlich mit Bärenübergriffen beschäftigen. Einer von ihnen, Franz von Manen, sagte mir, dass alle Attacken im Yellowstone National Park genauestens analysiert werden, um den exakten Grund herauszufinden. Diese Details werden dann auch an die Bevölkerung weitergegeben, um Spekulationen zu vermeiden und den Menschen die Möglichkeit zu geben, die gefundenen »Fehler« nicht zu wiederholen. Die Arbeit dieser Kollegen zeigt auch, wie wichtig ein klar geregeltes und auf guten, wissenschaftlichen Daten basierendes, pragmatisches Management ist. Ein solches Bären- oder allgemein Wildtiermanagement kann viele Probleme abfangen helfen – viel mehr, als man oft vermutet. Aber der Aufbau eines solchen Managements braucht Zeit, und die Wissenschaft benötigt auch finanzielle Mittel.

Als Letztes muss ich leider die Rolle einiger, wenn auch nicht aller Medien kritisieren, die sehr viel Stimmungsmache betreiben und die Polarisierung dadurch weiter fördern. Mit Blut, am besten Menschenblut, auf der einen Seite und niedlichen, putzigen Bärenbabys auf der anderen Seite erreicht man die höchsten Auflagen, die angeregtesten Diskussionen und im Endeffekt die meisten Klicks oder gar Likes. Es gibt aber nicht *den* Bären oder *den* Wolf, genauso wenig wie es *den* Menschen gibt. Wir haben es immer mit Individuen zu tun. Darin liegt aber auch die Chance, dass eine Koexistenz von Mensch und Bär möglich ist. Aber kehren wir erst einmal zurück in die slowakischen Wälder, ganz konkret in den Landkreis Banská Bystrica und meine eigene Begegnung mit einem Bären auf acht Meter Distanz.

Meine eigene Begegnung mit einem Bären

Auch Bärenforscher sind nicht frei von Dummheit oder Fehlern draußen im Feld. Das gilt leider auch für mich. Ich bin leidenschaftliche Bergsteigerin und seit vielen Jahren immer wieder ganz alleine draußen in den slowakischen Bärenbergen unterwegs. Und das unabhängig von meiner professionellen Arbeit mit den zwar charismatischen, aber durchaus auch gefährlichen Tieren. An dem frühen Herbsttag, von dem ich hier erzählen will, hatte ich mich in der Arbeit über Kollegen geärgert, und daraus entstand das Gefühl, ich müsste die überschüssige Energie am besten im Wald ablaufen. Nahe der kleinen Stadt Banská Bystrica gibt es einen größeren Hügel, den Urpin, ein traumhaftes Naherholungsgebiet mit unzähligen Wanderpfaden und sogar einem Kalvarienberg. Es war gegen 16 Uhr, ein Herbsttag mit Wind und Nebel, also eigentlich ein Wetter, bei dem ich den Wald normalerweise aus Rücksicht auf mich selbst und die Wildtiere eher meide, wenn ich nicht darin arbeiten muss (und das ist oft genug der Fall).

Doch Wetter hin oder her, ich musste meine negativen Emotionen loswerden und lief einfach los. Es war menschenleer, als ich vom Kalvarienberg nach oben abbog, um den steilen Weg zur Sternwarte zu nehmen. Ich lief still vor mich hin und dachte überhaupt nicht an irgendwelche vierbeinigen Waldbewohner, die vielleicht auch unterwegs sein könnten. Als ich schon sehr weit oben war, begann es auch noch leicht zu regnen, sodass ich beschloss, nicht mehr bis ganz zur Sternwarte hochzugehen, sondern lieber nach links abzubiegen, um über den Waldlehrpfad nach etwa anderthalb Stunden wieder unten sein zu können.

Man muss dazu sagen, dass auf dem Urpin eigentlich keine residenten Bären leben. Aber es gibt immer wieder Sichtungen einzelner Bären, und über die zahlreichen Wege kommt man unmittelbar ins Bärenhabitat nach Polana. Das funktioniert natürlich genauso gut umgekehrt, also über die Forstwege von Polana zum Urpin. Auf früheren Spaziergängen hatte ich immer wieder darüber nachgedacht, und Futter gab es jetzt in der Jahreszeit auch genug: Die Brombeersträucher waren voller Beeren, und die Bucheckern waren ebenfalls reif. Ich wollte gerade um eine Biegung laufen, als ich oberhalb von mir ein seltsames Geräusch hörte. Sofort wusste ich, das sind keine Hufe von Rothirsch oder Reh, das ist irgendetwas Massiveres, also mindestens ein Wildschwein. Oder gar ein Bär?

Jeder Mensch, der schon einmal eine Bärenbegegnung auf kurze Distanz hatte, kennt diese scharfe Konzentration, von der man blitzschnell eingenommen wird. Eben noch hatte ich an den unbedeutenden Konflikt im Institut gedacht, da hatte mich auf einmal Gott (und vor allem: eines seiner Geschöpfe) ganz fest in seiner Hand. Ich war sofort hellwach und lugte nach oben auf den Abhang über mir. Inmitten der Brombeersträucher konnte ich sofort die Silhouette eines mittelgroßen Bären erkennen. Ich war viel zu aufgeregt, als dass ich mir die genaue Farbe gemerkt hätte. Ich konnte gar nicht mehr viel denken, versuchte einfach nur, ruhig weiterzugehen, und wollte dann um die Biegung herum von ihm wegwandern. Ich schaute auch nicht mehr nach oben, um mich selbst nicht noch nervöser zu machen, als ich ohnehin schon war. Das war eine ganz klassische Situation. Ich war zu leise unterwegs gewesen, und in dem Wind und Nebel konnte mich der Brombeeren schlemmende Bär nicht früher wahrnehmen, sondern bemerkte mich erst, als ich direkt unter ihm vorbeiwanderte. Also hatte ich einen der blödesten Fehler selbst gemacht, den ich doch immer so schön den anderen Leuten erkläre: Vorsicht bei schlechter Witterung draußen im Wald, da sind die Bären auch schon mal tagsüber aktiv, und man sollte sich zumindest irgendwie bemerkbar machen.

Während ich versuchte, möglichst zügig aus der unguten Situation hinauszukommen, hörte ich deutlich, dass mir der Bär oben auf dem Hang folgte. Also drehte ich mich auf dem Pfad um und wollte den gleichen Weg zurückgehen, um von dem Bären wegzukommen. Aber er oder sie ging mir offenbar erneut hinterher. Heute vermute ich, dass der Bär einfach nervös und verunsichert war und herausfinden wollte, was ich da in seiner Nähe machte. Aber ich hatte ein sehr mulmiges Gefühl und natürlich Angst, dass etwas passieren könnte.

Dann tat ich intuitiv das in diesem Moment einzig Richtige: Ich fing an, ganz ruhig mit dem Bären zu sprechen. Ich schaute immer noch nicht hoch, redete aber beruhigend vor mich hin: Beruhigend zum einen für mich selbst, zum anderen auch für den Bären – die Forschung zeigt immer wieder, dass so etwas funktionieren kann. Denn machen wir uns eins ganz klar: Bei Begegnungen von Mensch und Bär hat nicht nur der Zwei-, sondern auch der Vierbeiner große Angst.

Eigentlich ist es wohl fast egal, was man in so einem Moment sagt. Ich jedenfalls entschuldigte mich bei dem Bären für mein ungebetenes Eindringen in seinen Wald. Ich sagte ihm weiter, es täte mir sehr leid, ihn aufgeschreckt zu haben, und dass ich mich dafür entschuldigen wolle. Im Übrigen wollte ich ihm natürlich nichts tun und würde jetzt wieder nach Hause gehen. Wie gesagt, es ist eigentlich egal, was ich da redete, denn Bären haben (höchstwahrscheinlich) nicht die Fähigkeit, die menschliche Sprache zu verstehen. Aber die ruhigen Worte in Kombination mit meinen langsamen Bewegungen weg vom Ort des Geschehens hatten den gewünschten Effekt: Der Bär blieb stehen und folgte mir nicht mehr nach. Ich ging weiter und redete noch etwa fünf Minuten ruhig und bedächtig vor mich hin, dann erst blickte ich mich langsam um. Der Nebel war jetzt nicht mehr ganz so dicht wie an der Stelle, wo ich auf den Bären gestoßen war. Ich war froh, dass alles so gut ausgegangen war, aber irgendetwas Magisches blieb trotzdem in meiner Seele zurück – eine unerwartete Begegnung mit einem Bären ist neben all dem Schrecken immer etwas Besonderes.

Begegnung mit einem Bären – wie soll ich mich verhalten?

Viele Leute fragen uns: Was soll ich machen, wenn ich auf einen Bären treffe? Zugegeben, mitunter sind die Ratschläge angeblicher Experten nicht zielführend oder gar falsch. Andererseits muss auch gesagt werden: Der moderne Mensch möchte immer eine hundertprozentige Garantie in all seinen Lebenslagen. Es gibt aber keine hundertprozentige Garantie, dass man keinen Bären trifft, wenn man sich nur »richtig« verhält. Bear happens. Punkt. Bären sind keine passionierten Killer, aber sie sind auch nicht alle so verschreckt, dass nie, nie, nie etwas passieren wird. Allerdings gibt es Erfahrungswerte von Menschen, die viel in Bärengebieten unterwegs sind, und daraus lassen sich ein paar Ratschläge ableiten, die sich meistens bewährt haben. Wie hat mein befreundeter Jäger Mischo

Hutka aus Medzibrod mal gesagt? Man kann schon sehr viel machen, ansonsten wären wir Slowaken doch alle irgendwo von Bären angefressen. Und ich bin Jäger und Förster und mein ganzes Leben im Wald. Und? Schau mich an, Mischka, ist noch alles da!

Tipp 1: Versuchen, den Bären nicht zu treffen

Wenn ich alleine draußen unterwegs bin, beobachte ich immer sehr genau meine Umgebung, ob es dort zu der bestimmten Jahreszeit gute Futterressourcen geben könnte. Wo das der Fall ist, rechne ich automatisch eher mit der Präsenz der großen Braunen als in einem relativ futterarmen Gebiet. Bin ich zum Beispiel im Sommer in Wäldern mit dichten Blaubeersträuchern unterwegs, dann besteht eine höhere Wahrscheinlichkeit, dass sich hier auch irgendwo Bären befinden könnten. Das Gleiche gilt für Buchen- oder Eichenwälder im Herbst, wenn die fetthaltigen Samen reif sind und geradezu einen dichten Teppich an kalorienreicher Nahrung auf dem Waldboden formen. Im Frühjahr passe ich besonders an Flussläufen mit dichter, saftiger Vegetation aus proteinreichen Gräsern und Kräutern auf, da der Bär eben gerade diese Nahrung im Frühling braucht. Hier heißt es dann, besondere Vorsicht walten zu lassen und die Umgebung zu beobachten.

Tipp 2: Sich bemerkbar machen

Begegnungen von Mensch und Bär bedeuten für beide Arten Stress und Angst. Manchmal hilft es uns zu wissen, dass eben auch der Bär nicht einfach auf Angriff aus ist, sondern sich vor uns Zweibeinern furchtbar erschreckt. Bei dem mittlerweile oft zitierten »Sich-bemerkbar-Machen« handelt es sich aber nicht um Schreien oder Lärmen. Schon gar nicht sollte man einen Bären anschreien, der uns noch gar nicht bemerkt hat. In diesem Fall ist es besser, die günstige Gelegenheit zu nutzen und sich zu entfernen. Schreien wir nämlich einen Bären, der über unsere Präsenz noch nicht Bescheid weiß, einfach lauthals an, so kann das im schlimmsten Fall nach hinten losgehen – insofern nämlich, als der Bär aus einem furchtbaren Schreck heraus erst recht angreift.

So eine Situation hat ein slowakischer Waldarbeiter frühmorgens erlebt, als er bei seiner leisen Tätigkeit plötzlich circa 150 Meter unter sich eine Bärin und ihre drei kleinen Jungtiere wahrnahm. Ich soll mich ja bemerkbar machen, dachte er. So sagen es doch immer die Experten. Also schrie er aus voller Kehle: »Hallo, Bärin, ich bin hier!« Nach seiner eigenen Aussage war die Reaktion »hollywoodreif«. Die Bärin stand sofort auf den Hinterbeinen (das ist eine Orientierungsposition und *kein* Angriff), schaute sich um, woher die Störung kam, erkannte den Mann und überwand die 150 Meter Aufwärtsklettern in Sekundenschnelle. Oben angekommen, packte sie den armen, verwirrten Waldarbeiter am Unterschenkel und schleuderte ihn weit von sich. Später berichtete der Mann, er habe sich gefühlt wie eine Ratte, die von einem Foxterrier geschüttelt wird. Der Mann blieb nach der Attacke ruhig liegen, was die Bärin beruhigte, die sich dann wieder von ihm entfernte, um nach ihren Jungen zu schauen und gemeinsam mit ihnen wegzulaufen. Hätte der Mann sich einfach nur ruhig und still von der Bärenfamilie entfernt, dann wäre wahrscheinlich gar nichts passiert.

Also, wir sollen dem Bären ein akustisches Zeichen geben, damit er bemerkt, dass wir uns im Wald befinden, bevor wir ihn treffen. Am besten ist ruhiges Sprechen, leises Singen oder mildes Pfeifen – keine zu scharfen Töne oder Ghettoblaster. Gott sei Dank habe ich kein Problem mit Selbstgesprächen, also brabble ich munter drauflos und diskutiere mit mir verschiedene Themen. So können die Bären, wenn sie denn in der Nähe sind, schon aus einiger Entfernung hören, dass sich jemand in ihrem Wald bewegt, und fühlen sich durch meine Präsenz nicht überrumpelt. Einmal hat mich dabei sogar ein anderes, wanderndes Pärchen, das plötzlich direkt auf mich aus einem kleinen Waldstück traf, bei meinem Gebrabbel ertappt. Der Mann fragte verschmitzt, ob ich denn Selbstgespräche führen würde, ich entgegnete ihm aber rasch, dass ich meinen Text für eine Rolle rezitieren müsste. Heute Abend sei Premiere, und ich wäre noch nicht ganz sicher im Text. Ich weiß allerdings nicht, ob sie mir das geglaubt haben.

Das oft empfohlene Glöckchen macht übrigens wirklich Sinn, da es vor allen Dingen den Bären die Präsenz eines nicht tierischen Mitbewohners ankündigen soll. Einmal wurde ich gefragt, ob denn die Glöckchen nicht auch neugierige Bären anlocken würden. Ehrlich gesagt, in all den Jahren in der Slowakei und bei der Zusammenarbeit mit vielen anderen (Bären-)Ländern habe ich noch nie einen solchen Fall gehört. Ich möchte einen solchen Neugier-Effekt nicht pauschal ausschließen, halte allerdings die positive Wirkung des Glöckchen-Tragens für definitiv höher als das Risiko, gerade dadurch Bären anzulocken.

Tipp 3: Bitte, bitte auf den Wegen bleiben

Viele Übergriffe von Bären auf Menschen passieren außerhalb der offiziellen Wanderwege. Erst im Juli 2024 wurde auf allen möglichen Kanälen von einem Bärenangriff im Landschaftsschutzgebiet Polana berichtet, der es sogar bis in die deutschen Medien schaffte. Eines der Opfer wurde am Schienbein verletzt. Ohne Zweifel war das eine schreckliche Begegnung, doch wir müssen fairerweise dazusagen, dass die beiden Männer mindestens

1,5 Kilometer Luftlinie vom offiziellen Wanderweg entfernt unterwegs waren, und das in einem Waldbereich, der als Wildruhezone ausgewiesen ist. In einem Gebiet also, das Menschen aus Rücksicht auf andere Tiere bitte nicht betreten sollten. Nach eigener Aussage wollten sie Bären fotografieren und waren aus diesem Grund auch noch sehr still im Wald. Leider trafen sie dann in den späten Nachmittagsstunden auf ein Individuum, das eben nicht wegrannte, wie es die meisten Bären in solch einer Situation tun würden, sondern versuchte, sich zu verteidigen. Doch selbst wenn ein Bär nur »kurz zuschnappt«, hat das in der Regel gravierende Folgen. Leider erforderte die Fotosafari einen Krankenhausaufenthalt und eine Operation.

Ich frage mich wirklich, warum Menschen Wildruhezonen betreten, obwohl überall Schilder stehen, die um Respekt und Rücksichtnahme für die tierischen Mitbewohner bitten. Warum ist es für den modernen Menschen, dem doch alle Möglichkeiten offenstehen, so schwierig, bestimmte Bereiche im Wald einfach nicht zu betreten?

In bärenfreien Gebieten erschrecken Menschen, die Wildruhezonen betreten, andere Wildtiere, die panisch versuchen zu flüchten und in ihrer Tagesruhe gestört werden. Manchmal kommen Elterntiere auch nicht, um ihre Jungen zu versorgen, wenn in unmittelbarer Nähe ihres Baus oder Nests plötzlich Menschen auftauchen und im schlimmsten Falle dort verweilen. Nach dem Motto: Hier ist es endlich ruhig, da macht die Brotzeit erst richtig Spaß.

Die meisten Wildtiere flüchten also überstürzt; es ist nur sehr selten mit einer wirklichen Gegenwehr zu rechnen. Beim Bären ist es anders, der greift manchmal an, wenn er sich sehr bedroht fühlt. Und das hat dann natürlich schwerwiegende Konsequenzen für den menschlichen Eindringling. Es bleibt also die Frage, ob wir wirklich alle Gebiete im Wald rücksichtslos benutzen müssen, nur weil wir es eben können, oder ob wir uns an die Bitte von Naturschutz und Jägerschaft halten, einfach ein bisschen bedächtiger im Wald unterwegs zu sein, was dem Erholungswert eigentlich keinen Abbruch tut.

Viele Wildtiere beobachten uns und unsere Aktivitäten viel genauer, als wir uns das vorstellen können, da die meisten von ihnen uns auf keinen Fall treffen wollen. So haben eben auch die Bären gelernt, dass Menschen im Wald vorwiegend die Wanderpfade und Forststraßen benutzen und eher selten außerhalb der Wandertrassen anzutreffen sind. Wir hatten Bären, die betraten nur nachts, wenn keine Menschen in ihrem Habitat unterwegs waren, die ausgeschilderten Wanderwege, da man dort bequemer vorankommt als im hohen Gebüsch. Wir können also die Wahrscheinlichkeit eines Zusammenstoßes mit einem Bären entscheidend senken, wenn wir einfach auf den Wanderwegen bleiben.

Vielleicht sollten wir uns aber manchmal wieder etwas bewusster werden, dass wir nicht ganz alleine sind auf der Welt, und uns wieder etwas rücksichtsvoller anderen Waldwesen gegenüber verhalten, die uns eindeutig unterlegen sind. Im Bärengebiet schützen wir uns dadurch auch selbst.

Tipp 4: Pilzesammeln mit Bedacht und Glöckchen

Viele Menschen sind leidenschaftliche Pilzsammler und freuen sich auf das leise und langsame Suchen der Schwammerl. Leider haben wir in der Slowakei herausgefunden, dass einige Übergriffe von Bären speziell auf Pilzsuchende stattgefunden haben. Warum ist das so? Darf man jetzt im Bärengebiet nicht mehr Pilze sammeln?

Die Sache mit den Pilzsammlern ist relativ einfach erklärbar. Pilze wachsen besonders gut an kühlen, feuchten und dunkleren

Stellen, und besonders diese Stellen werden von Bären gerne als Tagesruheplatz benutzt, gerade zu Zeiten mit hohen Temperaturen. So kommt es dann unglücklicherweise zu einem Konflikt, wenn eigentlich harmlose Pilzsucher mit einem schlafenden Bären zusammenstoßen und der aufgeschreckte Bär sich womöglich gegen den menschlichen Störenfried verteidigt. Hinzu kommt: Viele Pilzsammler sind leise, weil hoch konzentriert, im Wald unterwegs, weshalb rastende Bären sie oft nicht rechtzeitig bemerken. Und als Letztes kann es natürlich zu Treffen kommen, falls der mit Allwetterkleidung gut ausgestattete Pilzsammler sich auch bei Nebel und Regen (siehe meine eigene Geschichte) von der Jagd auf die Pilze nicht abhalten lässt, getreu dem Motto: »Ich bin ja nicht aus Zucker.«

Auch in diesem Fall ist es definitiv eine gute Strategie, wenn sich die Menschen etwas bemerkbar machen. Doch erneut stellt sich die Frage, ob wir Menschen wirklich jeden Winkel der Wälder durchkämmen müssen, um unsere Pilzsammelleidenschaft zu stillen, oder ob es nicht doch besser wäre, uns mehr in der Nähe der Wanderwege aufzuhalten. Das Zitat zu Beginn dieses Kapitels trifft einen Nerv: »Michi, wir konnten uns alles erlauben, und ›dein Bär‹ macht das jetzt alles kaputt.« Was soll ich dazu sagen? Nun ja, der Bär fordert plötzlich etwas ein, das andere Wildtiere nicht einfordern können – ein bisschen mehr Rücksichtnahme in einer immer mehr egozentrisch geprägten (Menschen-)Welt.

Letztlich wird die Frage, ob es uns möglich ist, uns (wieder) etwas mehr einzuschränken, darüber entscheiden, ob der Bär irgendwo länger heimisch werden kann oder eben nicht. Und davon sind bei Weitem nicht nur diejenigen betroffen, die im Bärengebiet leben. Gerade in touristisch stark genutzten Regionen, wie vielen Teilen der Alpen, werden die Wälder von Menschen förmlich überflutet, die oft in ihren Städten ein sehr

»naturfernes« Leben führen. Schwierig wird es, wenn man versucht, Menschen mithilfe von Geboten und Verboten zur Rücksichtnahme zu zwingen.

Ich mag mir in diesem Falle kein Urteil erlauben und Menschen immer nur kritisieren. Es wird sich einfach in der Zukunft zeigen, ob sich die Menschen im deutschsprachigen Raum mit den Bären arrangieren oder ob man die Bemühungen in bereits etablierten Bärenländern intensivieren sollte, um die Bären dort zu halten, da man dort mit diesem nicht immer sympathischen »Ungetüm« aufwächst und zu leben gelernt hat.

Tipp 5: Felsen bitte meiden

Unserer Erfahrung nach ziehen sich viele Bären zur Tagesruhezeit in dunkle, kühle, für den Menschen nicht oder nur sehr schwer zugängliche Gebiete zurück. Einige unserer besenderten Tiere, darunter auch Popoluschka, zogen sich während der heißen Sommermonate in Felsengebiete und hier insbesondere in Höhlen zurück. Ich bin selbst ein paarmal mit Höhlenforschern aus der Slowakei unterwegs gewesen, die mir bestätigt haben, dass sie immer wieder auf Hinweise stoßen, dass sich Bären oder auch ganze Bärenfamilien in den Höhlen aufgehalten haben.

Höhlen befinden sich häufig in Bereichen in den Felsen, egal ob in den Karpaten, den Alpen oder sonstigen Gebirgen, die für die Öffentlichkeit nicht zugänglich sind. Und dort sollten wir eben auch nicht hingehen.

Wir hatten in der Slowakei für eine kurze Zeit einen sehr gefährlichen Trend, dass Menschen extra in Höhlen gestiegen sind, in denen frisch geborene Bärenwelpen lagen, und diese herausholten, um sie dann zu fotografieren. Befeuert wurde der Trend, weil es dafür Hunderte von Likes auf den sozialen Netzwerken gab. Was für ein Wahnsinn! Zunächst einmal haben die Bärenjungen in den ersten Wochen keine Thermoregulation. Deshalb sind sie so sehr auf die mütterliche Wärme angewiesen. Wie schon am Beispiel der Bärenmutter Popoluschka beschrieben, kriechen die neugeborenen Jungbären automatisch zur wärmsten Stelle am mütterlichen Körper: in die warmen Achseln der Bärenmutter. Ist die Mutter nicht da, weil sie sich zum Beispiel auf Nahrungssuche befindet, dann kuscheln sich die kleinen Bärenjungtiere genauso wie Hundewelpen zusammen, um sich gegenseitig zu wärmen. Werden also diese kleinen Wesen einfach aus ihrer geschützten Höhle herausgerissen, dann können sie sich stark erkälten und letztlich sogar erfrieren. Oder ihr noch kaum ausgebildetes Immunsystem verliert den Kampf gegen irgendeine Infektion, die ihnen die Menschen anhängen. Ich möchte mir zudem gar nicht vorstellen, was passiert wäre, wenn das Muttertier unvorhergesehen zurückgekehrt wäre: Wahrscheinlich hätte eine solche Situation in einer schweren Attacke geendet. Und selbst wenn die Eindringlinge flüchten könnten: In einem solchen Felsenhabitat kann sich der Mensch auch bei einem Sturz schwer verletzen oder gar zu Tode kommen. Dieser Trend war so nachhaltig, dass er und die möglichen Folgen mehrfach in den slowakischen Medien gezeigt wurden, um die Menschen aufzuklären und vor einer großen Dummheit zu warnen.

Tipp 6: Hunde an die Leine

Hunde sind tolle Haustiere und erfreuen sich mit gutem Grund immer größerer Beliebtheit. Es gibt für viele Hundebesitzer auch nichts Schöneres, als mit ihrem Vierbeiner durch den Wald zu gehen. Im Bärengebiet sollte man aber auch dabei ein paar Dinge beachten.

Die Sache mit dem Hund kann ungut enden, teilweise auch mit sehr dramatischen Attacken, wenn sich der Hund auf eigene Faust von Frauchen oder Herrchen entfernt und auf Raubzüge geht – manchmal im wahrsten Sinne des Wortes. Kurioserweise wird gerade diese Unart oft genug augenzwinkernd toleriert nach dem Motto: Nun ja, manchmal braucht man halt seine Freiheit, das kennen wir doch alle.

Wildernde Hunde können im Wald sehr viel Leid verursachen, auch wenn wir das nicht sehen. Es sind Fälle bekannt, bei denen Rehe mit heruntergerissenen Flanken mehrere Tage überlebten, bis sie entweder von einem Jäger erlöst wurden oder von selbst verendeten. In einem Raubtiergebiet werden sie dann schneller Opfer von Beutegreifern – also alles eigentlich doch ganz natürlich, oder? Nein! Hunde plündern Bodennester und scheuchen Wild auf, das im schlimmsten Fall bei der überstürzten Flucht zu Tode kommt. Hierbei gab es einige furchtbare Fälle in der Slowakei, bei denen Wildtiere in tiefe Schluchten gefallen sind, da sie überstürzt wegrannten und nicht mehr genau ihre Umgebung beobachteten.

In Wäldern ohne Bärenpräsenz nehmen viele Hundebesitzer die blutigen Machenschaften ihres angeblich friedlichen Vierbeiners kaum wahr, nicht einmal dann, wenn ihr Hund nach der verdienten Freiheitsrunde erschöpft und mit ein bisschen Fell oder Federn am Maul zurückkommt. Im Bärengebiet allerdings sieht die Sache anders aus: Scheuchen wildernde Hunde einen schlafenden Bären auf, so wird dieser sehr nachdrücklich gegen das Fehlverhalten protestieren. Gut möglich, dass der Bär versucht, den Hund zu fangen, oder dass er ihm einen Prankenhieb mitgibt. Jetzt erinnert sich der Hund dann doch ganz plötzlich an seinen Besitzer und kehrt im Galopp zu Herrchen oder Frauchen zurück. Allerdings mit einem riesigen Bären im Schlepptau, und das kann sehr ungut enden. Denn wenn der durch den

Hund aufgeschreckte Bär zusätzlich noch auf einen Menschen trifft, wird die Panik nur größer – bei Bär und Mensch. Der Bär, der um sein Leben fürchtet, sieht nun häufig den Angriff als beste Verteidigung.

Um solche schrecklichen Situationen, die mit schweren Verletzungen oder gar mit dem Tod des Hundebesitzers enden können, wirksam zu vermeiden, gibt es nur ein Mittel: Leinen Sie Ihren Hund im Wald an, zumal wenn Sie damit rechnen müssen, dass er gern einmal stiften geht. Damit vermeiden Sie nicht nur die Begegnung mit einem »gefährlichen Raubtier«, sondern nehmen auch ganz allgemein mehr Rücksicht auf die Bewohner des Waldes. Wie schon erwähnt: Der Bär fordert jene Rücksichtnahme ein, die andere Wildtiere ebenso brauchen, aber nicht so wirksam durchsetzen können. Der Bär zeigt uns unser Fehlverhalten und konfrontiert uns mit einer Konsequenz, die auch uns sehr schwer treffen kann.

Natürlich gibt es auch ganz furchtbare und gefährliche Bären, die wir in einem pragmatischen Management sofort entfernen müssen. Das gab es übrigens schon immer, nur hat man diese Tiere dann auch sehr schnell und gemeinschaftlich entfernt, ohne Diskussionen und Petitionen für die falsch verstandene Kreatur. Aber ist ein tief im Wald friedlich schlafender Bär, der von einem unerzogenen Hund aufgeschreckt wird und dann in seiner Panik auch den Besitzer angreift, wirklich ein »böser Bär«? Nur weil er der Erste ist, der sich dem schnappenden Kläffer entgegenstellt? Darüber sollten wir einmal gründlich nachdenken.

Tipp 7: Die Sache mit der Notdurft im Wald

Wenn es nicht so schmerzhaft und furchterregend wäre, könnte man über diese kuriose Bärenbegegnung fast lachen. Sie ereignete sich in der Nähe eines abgelegenen Bergdorfes in der

Slowakei. Im Sommer ist es schon gegen 5 Uhr morgens hell. Um diese frühe Zeit wollte ein Mountainbike-Fahrer vor dem angekündigten Besuch seiner Schwiegermutter gerne eine frühe Fahrradrunde drehen und fuhr dazu auf einer stillgelegten ehemaligen Forststraße tief in den Wald hinein. Er war recht leise unterwegs, und plötzlich packten ihn furchtbare Bauchschmerzen. Also hielt er beim Fahren nach einem geeigneten Gebüsch Ausschau, in das er sich kurz zurückziehen könnte. Er erspähte einen weit ausladenden Busch, hielt mit dem Fahrrad an und stellte es ab. Leise war er dabei, schließlich wollte er nicht von anderen frühen Wanderern oder Radfahrern entdeckt werden. Er versteckte das Rad unter den Zweigen auf der gegenüberliegenden Seite und schaute sich mehrmals nach allen Seiten um. Dann zog er sich rasch in den Busch zurück.

Doch als er gerade fertig war, schoss plötzlich ein Bär aus dem Dickicht, überrannte ihn förmlich und verletzte ihn dabei an den Armen und den nackten Beinen. Der Mann blieb vor Schreck wie gelähmt auf dem Rücken liegen. Der Bär hatte ihm mit seinen Krallen am Oberschenkel eine ziemliche Verletzung zugefügt.

Drehen wir die Perspektive einmal um. Was hat der Bär wahrgenommen? Eine höchst seltsame Begebenheit: Ein Fahrradfahrer kommt, der Bär bemerkt ihn und bleibt mucksmäuschenstill in seinem Versteck, um abzuwarten, bis der Mann vorbeigefahren ist. Doch der Fahrradfahrer hält an, stellt sein Fahrrad ab, schaut sich mehrmals um und geht dann schnurstracks auf das Gebüsch zu. Für den Bären wirkt das so, als wäre der Mann drauf und dran, ihn anzugreifen, so zielstrebig, wie er sich ihm nähert. Und in seiner Angst rennt er schließlich ohne Rücksicht auf Verluste los.

Manchmal werde ich auch gefragt, ob Frauen im Wald Angst haben müssen, wenn sie ihre Periode haben. Diese Frage klingt komisch, ist aber durchaus ernst gemeint. Leider werden immer wieder Warnungen von sensationsheischenden Medien verbreitet, die besagen, der Geruch von Menstruationsblut könne Bären anlocken. Das ist Unsinn. Tatsächlich haben jahrelange Analysen von Bärenübergriffen im Yellowstone National Park, die der Biologe Stephan Herrero durchführte, eindeutig gezeigt, dass es keinen Zusammenhang gab. In all den Jahren gab es zwei ernsthafte Attacken auf menstruierende Frauen, und in beiden Fällen waren es ganz andere Faktoren (in einem Fall lagen Lebensmittel und Müll am Lagerplatz herum, das kann in der Tat gefährlich werden), die zu dem Angriff führten.

Also: Keine Frau muss im Wald Angst haben, dass sie »in ihrem Zustand« gefährliche oder gar menschenfressende Bären anlocken würde. Aber in jedem Fall bitte ich sämtliche Waldbesucher, ihren Hygienemüll mitzunehmen, denn was man alles im Wald findet, von nicht verrottenden Feuchttüchern bis hin zu Babywindeln mit Plastikhülle, ist eine Katastrophe. Jeder, der in den Bergen oder Wäldern unterwegs ist, kann einen Plastiksack im Rucksack mit sich tragen und dort solche Überreste verstauen.

Tipp 8: Fotografen und Hobbyfilmer: Bitte Grenzen respektieren

Schon seit längerer Zeit beobachten Experten einen besorgniserregenden Trend: Offenbar betrachten manche selbst ernannte Naturfotografen den Bärenwald als eine Art Abenteuerspielplatz und provozieren dort durch sehr riskantes und oft arrogantes Verhalten Situationen, die leider in mitunter schwersten Attacken enden. Das Risiko wird dabei bewusst in Kauf genommen oder gar als Adrenalinkick begrüßt. Deshalb hier eine klare Warnung: Wer Bären aus nächster Nähe fotografiert, setzt sowohl sich selbst als auch die Bären einem großen Risiko aus. Die sogenannte angeborene Menschenscheu des Bären gibt es nämlich nicht: Diese Scheu ist ein erlerntes Verhalten, das sich aus Erfahrungen immer wieder neu speist (siehe Kapitel »Peppino, Lilli und Inga – was wir von auffälligen Bären lernen können und müssen«). Wenn Bären also immer wieder positive oder neutrale Erfahrungen mit Menschen in ihrem Revier machen, dann können sie im Laufe der Zeit das Gefühl bekommen, dass man vor Menschen keine Furcht zu haben braucht. Mit der Folge, dass sie dem Menschen irgendwann nicht mehr ausweichen.

Bären zu fotografieren, ist immer etwas Besonderes. Viele Menschen warten in Unterständen, Schutzhütten oder Hochständen, bis ihnen ein Bär vor die Linse kommt. Einige jedoch pirschen in Tarnkleidung durch den Wald oder warten in Tarnzelten auf abgelegenen Lichtungen, damit sie einen Bären »am Boden aus nächster Nähe fotografieren können«. Man muss das ganz klar sagen: Diese Leute sind große Störenfriede, die sich bewusst oder unbewusst ungeheuer leichtsinnig verhalten und immer wieder schwere Bärenattacken auslösen.

Tarnkleidung und Tarnzelte sollen verhindern, dass die Bären den Zweibeiner sehen, damit sie sich nicht gestört fühlen, wenn man sie hautnah aufnimmt. Das Problem ist nur: Bemerkt der Bär den Menschen doch, dann ist fast immer bereits die Fluchtdistanz unterschritten, und sie fühlen sich automatisch bedroht. Und in einem solchen Fall verlassen sich Bären nicht mehr auf die Flucht, sondern suchen ihr Heil im Angriff. Und das kann bei dieser geringen Distanz böse ausgehen.

Ich kann mich an einen sehr schlimmen Übergriff im Sommer 2022 erinnern, als zwei Hobbyfilmer bei ihrer Tätigkeit gegen 19 Uhr abends sehr schwer von einer führenden Bärin attackiert wurden. Einer der beiden Männer wurde insgesamt drei Mal gebissen und schwer verletzt. Das Gebiet kenne ich seit Beginn meiner Forschungsarbeit sehr gut und schätze es als klassisches »Bärenrückzugsgebiet«. Es ist sehr weit entfernt von den Dörfern und wird von führenden Bärinnen gerne als »Kinderstation« benutzt, da sie dort ihre Ruhe vor Menschen haben. Da es nur wenig Futterressourcen gibt, verirren sich andere Bären nur recht selten in diese Höhenlage. Im Übrigen handelt es sich um ein streng geschütztes Naturreservat, das eigentlich von den Menschen gemieden werden sollte. Und wenn man es doch betritt, gilt ganz klar die Regel, auf den Wegen zu bleiben.

Die beiden Männer hatten bestimmt nicht im Sinn, das Bärenweibchen zu stören. Allerdings kennen auch Bären solche Rückzugsorte sehr genau; sie wissen, wo sie mit Menschen rechnen müssen und wo das eher nicht der Fall ist. Die Bärin in diesem Fall hat wahrscheinlich überhaupt nicht mit menschlichem Besuch gerechnet und betrat mit ihrem Nachwuchs, der erst ein paar Monate alt war, ganz unbefangen die Lichtung. Der erste Mann wurde von ihr nur leicht verletzt, als sie ihn plötzlich in seiner Tarnkleidung ganz in der Nähe ihrer Jungen erblickte. Der zweite Mann jedoch wurde mit aller Heftigkeit angegriffen, als hätte sich die Bärin plötzlich von Menschen eingekesselt gefühlt. Letztlich hat sie in Todesangst reagiert. Eine Nachsuche nach ihr, um sie zu erlegen, blieb erfolglos, wurde aber von großen gesellschaftlichen Diskussionen um die Bären begleitet.

In einem anderen Fall hatte sich ein Fotograf auf einem Baum geradezu häuslich eingerichtet, da er wusste, dass sich in der Felsenhöhle vor ihm eine Bärin mit frisch geborenen Jungtieren befand. Die Bärenmutter lugte immer wieder aus der Öffnung, um zu schauen, ob denn der Mensch noch immer da war. Sie hatte wahrscheinlich großen Hunger und Durst, da sie ja auch ihre Jungen zu versorgen hatte. Nach insgesamt zwei Tagen erfolglosem Warten, ob denn der Fotograf endlich das Weite gesucht hatte (was leider nicht der Fall war, er hatte ja alles dabei, um ein paar Tage zu verweilen), schoss die Bärin auf einmal aus der Höhle heraus, kletterte auf den Baum und zog den Mann am Schienbein nach unten, wo sie ihm dann ins Bein biss. Die mediale Aufmerksamkeit war garantiert, die Bärin war blitzschnell für schuldig erklärt. Da hieß es dann: »So gefährlich ist der Wald, dass man dort nicht einmal mehr ungefährdet Tiere fotografieren kann!«

Als letztes Beispiel möchte ich die Situation um ein Bergdorf herum schildern. In der Nähe des Dorfes gab es einige Maisfelder in Waldesnähe, wo es sozusagen zum Sport geworden war, den Bären mit Nachtsichtgeräten hinterherzulaufen. Es war bekannt, dass nach Einbruch der Dämmerung immer wieder Bären aus dem Wald auf die Felder traten. Gelegentlich trafen sich dort bis zu vierzig Menschen mit ihren Autos, alle ausgestattet mit modernster Technik. Gott sei Dank kam es zu keinem Angriff, aber solche Situationen können sehr ungut enden, weshalb sich sogar das Umweltministerium der Slowakei Gedanken machte, ob man das Fotografieren durch Nichtbefugte nicht verbieten und unter Strafe stellen sollte.

Tragischerweise erhalten Bilder aus nächster Nähe gerade in den sozialen Medien oft große Aufmerksamkeit und werden tausendfach gelikt. Kaum jemand fragt sich, wie denn diese Bilder zustande gekommen sind – im Gegenteil: Je dramatischer die Umstände geschildert werden, desto höher fällt das Lob für den Fotografen aus, der sich einem solchen Risiko ausgesetzt hat. Doch der menschliche Voyeurismus ist stark, ebenso wie die Lust auf den Reiz des Verbotenen und Riskanten. Wir hatten in der Slowakei schon Videoaufnahmen von Leuten, die sich an Bären an Abfalltonnen angenähert und diese gestreichelt haben. Ich kann mir solche Videos kaum ansehen, mir läuft es da wirklich kalt den Rücken hinunter. Es ist glücklicherweise nichts passiert, aber was wäre daraus geworden, falls es zu einem Zwischenfall gekommen wäre?

Also: Natürlich darf man im Wald fotografieren, aber bitte mit Maß und Ziel, oder besser gesagt: mit Sinn und Verstand. Leider zieht der Bär viele Menschen an, die sich selbst gerne in Gefahr begeben, was für beide schlimm ausgehen kann. Denn was passiert, wenn's passiert: Einige Bären, die Menschen angegriffen haben, werden im Zuge einer Managementmaßnahme entnommen, sprich weggeschossen. Dagegen spricht auch nichts Grundsätzliches, da es die Aufgabe eines guten Managements ist, die Menschen zu beruhigen und ihnen im Ernstfall beizustehen. Außerdem wissen wir wirklich nicht, ob sich eventuell in der Psyche des Bären etwas ändert, wenn er einen Menschen angegriffen hat; schließlich ist das auch für den Bären ein sehr einschneidendes Erlebnis. Allerdings ist dann eben wirklich die Frage, ob dieser Zwischenfall hat passieren müssen. Ich empfinde es als unerträglich, wenn Menschen aus reiner Sensationsgier und aus Geltungswahn sich selbst und sämtliche Wildtiere gefährden.

Tipp 9: Essen nicht liegen lassen

Eigentlich sollte man das nicht immer wieder schreiben müssen: Natürlich dürfen wir im Wald weder Abfall noch Essensreste liegen lassen! Der moderne, aufgeklärte Mensch müsste doch nach Jahrzehnten der Kampagnen von »Kein Müll im Wald«

begriffen haben, dass die Natur keine Entsorgungsstelle ist! Auch Hüttenbesitzer im Wald tun ihren tierischen Mitbewohnern nichts Gutes, wenn sie ihnen Essensreste großzügig übrig lassen. Ich habe einmal jemanden kennengelernt, der mir ganz stolz seinen »Gabenbaum« vorgestellt hat. Viele unserer Speisen enthalten einfach zu viel Salz, Zucker, Gewürze und Konservierungsstoffe, die Wildtieren nicht guttun, auch wenn diese natürlich die angebotenen Speisen konsumieren. Das Gleiche passiert Jahr für Jahr mit Enten und anderen Wasservögeln auf Flüssen und Seen. Angeblich tierliebe Menschen füttern diese Tiere fast zu Tode und lassen sich weder von Ordnungshütern noch von Warntafeln davon abhalten.

Für den Menschen ist das alles vergleichsweise harmlos, sieht man von Algenblüte und bakterieller Belastung der Gewässer durch zu viel Vogelkot und Brotreste einmal ab. In einem Bärenwald jedoch kann man einen potenziell gefährlichen Nachbarn anlocken, der sich womöglich an die angebotene Nahrung gewöhnt und dann immer wieder kommt. So ein Tier muss früher oder später als problematisch eingestuft und dann entfernt, sprich abgeschossen werden. Also: Bitte keine »Gabenbäume« mehr, das ist definitiv keine tierfreundliche Idee.

Auch in leeren Dosen, Flaschen oder Essenspapieren finden sich Überreste, die von einer Bärennase erschnüffelt werden können. Versuchen die Tiere jedoch, die Reste zu konsumieren, können sie sich schwer verletzen und im schlimmsten Falle sterben. Der schrecklichste Fall, den ich in diesem Zusammenhang erlebt habe, war ein Bär, der mit einem riesig aufgeblähten Bauch im Wald gefunden wurde. Er hatte Plastik gefressen, da daran noch Reste von eingepacktem Fleisch hingen. Können Sie sich vorstellen, wie furchtbar man an einem Darmverschluss stirbt? Also nochmals: Alles aus dem Wald mitnehmen, ohne Ausnahme.

Tipp 10: Lieber nicht hinlegen

Leider sorgt die Aussage, man solle sich beim Anblick eines Bären hinlegen, für reichlich Verwirrung und sogar vermeidbare Zwischenfälle zwischen in Panik geratenem Menschen und aufgeschrecktem Bären. Das so oft zitierte Hinlegen (Arme im Nacken falten und das Gesicht in den Boden drücken) stammt aus den amerikanischen Nationalparks und wird im Falle einer physischen Bärenattacke empfohlen. Also dann, wenn der Bär bereits im Begriff ist, den Menschen anzugreifen. In dieser Lage schützt der angegriffene Mensch die empfindlichen Partien seines Körpers: den Bauch mit den Eingeweiden, das Gesicht und den Nacken.

Dieser Hinweis ist aber nicht so gemeint, dass man sich als Wanderer im Wald beim Anblick eines Bären sofort hinlegen und diese Haltung einnehmen sollte – ganz im Gegenteil! Hat Sie der Bär nicht gesehen, dann sollten Sie so leise wie möglich weggehen, damit es auch so bleibt. Hat Sie der Bär bereits gesehen, sollten Sie sich langsam rückwärts zurückziehen, den Bären zwar beobachten, ihm aber nicht unbedingt in die Augen schauen und, so gut es geht, Ruhe bewahren.

Einmal habe ich im deutschsprachigen Raum die Aussage gelesen, man solle sich groß machen und den Bären anschreien. *Nein*, tun Sie das bitte nicht, denn das kann erst recht Übergriffe auslösen. Diese Methode wendet man oft bei den wesentlich kleineren Schwarzbären an, die es in Nordamerika gibt. Beim europäischen Braunbären kann das sehr gefährlich werden.

Das Hinlegen macht also nur dann Sinn, wenn der Bär Sie wirklich angreifen will, aber nicht generell, und schon gar nicht zur Vorbeugung. Dazu kann ich die Geschichte einer Fahrradfahrerin erzählen, die alles nur richtig machen wollte. Sie war am späten Nachmittag mit dem Rad im Wald unterwegs und sah plötzlich circa 150 Meter vor sich eine Bärenfamilie, die am

Wegesrande irgendetwas fraß. Die Frau bekam große Angst und war sehr fahrig. Sie stellte also das Fahrrad ab, das auch noch umfiel, und legte sich dann umständlich auf den Bauch, um zu warten, was jetzt passieren würde. Die Bärin hatte die Frau vorher gar nicht bemerkt, sondern wurde erst durch die hektischen Aktivitäten auf sie aufmerksam. Offensichtlich irritiert von der ganzen Aktion, zögerte sie zuerst, näherte sich aber dann ganz vorsichtig der seltsamen Szenerie aus umgefallenem Fahrrad und danebenliegender Frau. Die Bärin ging vorsichtig und langsam, blieb immer wieder stehen, als könnte sie das Ganze nicht verstehen. Dann schnupperte sie am Arm der verängstigten Frau, befand aber alles als ungefährlich und trottete wieder zu ihren Jungen zurück. Langsam verschwand daraufhin die Bärenfamilie im Wald. Die arme Frau war natürlich fix und fertig. Sie hatte sich aus Unwissenheit erst in diese brenzlige Situation gebracht. Glücklicherweise war nichts passiert, und alle Beteiligten kamen mit einem Schrecken davon.

Wenn man den Bären an der Beute überrascht

Manchmal verzeichnen wir auch Bärenübergriffe auf Menschen, bei denen zunächst kein Grund ersichtlich ist. Eine dennoch plausible Erklärung könnte sein, dass Bären an ihrer Beute überrascht wurden, da Fleisch mitunter sehr vehement verteidigt wird, da es so ein wertvolles Futter ist. Einer unserer Kollegen hat seine Doktorarbeit über den 24-Stunden-Rhythmus von Rotwild gemacht und demnach einmal in der Woche für 24 Stunden ein Rothirschindividuum überwacht. Als er an einem Tag in Juni auf die tief im Wald liegende Lichtung trat und plötzlich das Mortalitätssignal der entsprechenden Hirschkuh auffing, war er ca. 250 m vom Waldrand weg, aus welchem er das Signal empfing. Das Signal war laut und schrill, und eigentlich wollte unser Kollege gerade den Weg in den Wald antreten, als plötzlich ein wütender Bär zwischen den Bäumen hervorschoss und direkt auf unseren Kollegen zusteuerte. Glücklicherweise konnte sich der Mann auf einen nahen Baum retten, wo er noch mehrere Stunden verbringen musste, bis wir ihn abholten. Der Bär wollte das wichtige tierische Protein gegen den vermeintlichen Konkurrenten verteidigen und startete eine furiose Attacke. Vielleicht hat der schrille Ton den Bären zusätzlich irritiert. Am nächsten Tag fanden wir dann unsere besenderte und bereits anteilig konsumierte Rothirschkuh. Der Kollege ließ sich aber trotzdem nicht davon abbringen, seine wissenschaftliche Arbeit fortzusetzen, und fuhr zwei Tage später wieder allein in den Wald.

Und schließlich: Im Fall der Fälle

Ich fasse zusammen: Wenn man einen Bären im Wald sieht, der einen noch nicht wahrgenommen hat, dann sollte man sich so leise wie möglich zurückziehen und den Ort des Geschehens verlassen. Ich kann mir gut vorstellen, dass es schwierig ist, in solch einer Situation ruhig zu bleiben, aber die meisten Bärensichtungen gehen glimpflich aus, das sollten wir nicht vergessen. Und vielleicht können wir uns auch das reißerische Foto verkneifen, trotz toller neuer Kamera. Bären haben ein sehr feines Gehör und könnten uns durch das noch so kleinste Geräusch dann doch bemerken.

Falls der Bär auf den Menschen aufmerksam geworden ist,

dann sollte man niemals vergessen, dass auch der Bär vor dem Menschen Angst hat und in uns keine schnelle Fleischmahlzeit sieht. Viele Bären richten sich in dieser Situation auf die Hinterbeine auf, was aber schon vor vielen Jahren von dem russischen Biologen Pazhetnov als Orientierungsphase beschrieben worden ist. Der Bär sieht mindestens genauso schlecht wie wir und will sich erst einmal einen Überblick verschaffen. Oft kann er mit seiner feinen, sehr gut ausgebildeten Nase die Geruchsmoleküle aus seiner Umgebung besser wahrnehmen, wenn er weiter oben ist. Auch das Schnaufen und Schmatzen, das man hört, dient dem besseren Riechen. (Leider gibt es genügend Filmproduktionen, die vermitteln, dass genau diese Geste bereits eine Angriffsposition ist, aber das stimmt definitiv nicht, sondern ist nichts weiter als ein billiger Schockeffekt.) Wenn es irgendwie geht, gilt auch in diesem Fall: Ruhe bewahren und sich langsam, rückwärtsgehend, zurückziehen. Nach Möglichkeit nicht rennen, da das beim Bären zu Irritationen führen kann und er uns im schlimmsten Falle einfach nachhetzen könnte. Auf keinen Fall sollte man den Bären in dieser Situation zusätzlich reizen und irgendwelche Dinge schmeißen, das kann erst recht einen Angriff triggern.

Sollte der seltene Fall eintreten, dass sich der Bär wirklich zu einem Angriff entscheidet, dann ist es essenziell wichtig, die empfindlichen Partien des Körpers zu schützen: sprich den Bauch mit den inneren Organen, Gesicht, Kopf und Nacken. Hier, und nur hier, macht Hinlegen (Gesicht zum Boden, Hände in den Nacken) dann tatsächlich Sinn, alternativ kann man sich hinknien oder einrollen.

Die allerwenigsten Begegnungen enden in einem Angriff des Bären, allerdings wird über diese Begegnungen natürlich mehr berichtet, und auch in den sozialen Medien tauchen ständig neue, blutige Geschichten auf.

Wie sieht es mit Gegenangriffen aus? Ich habe tatsächlich Menschen kennengelernt, die sehr beherzt mit Messern gegen Bären gegangen sind und damit Erfolg hatten. Ich weiß auch, dass es Jäger gibt, die es für eine gute Idee halten, einen Warnschuss abzugeben. Doch alle Analysen zeigen: Menschliche Angriffe (schon Steinwürfe oder Fußtritte) gegen einen aufgebrachten Bären verschlimmern in der Regel die Situation. Aus einem einfachen Grund: Bären haben bei Begegnungen mit uns Angst und wissen oft nicht, wie sie sich verhalten sollen. Oft zögern sie und scheinen erst mal zu hoffen, dass die Situation doch nicht so gefährlich ist. Wenn man so einen Bären nun selbst angreift, führt das nur allzu leicht dazu, dass der Bär die Situation doch als gefährlich einschätzt und sich zum Angriff entschließt.

Das Einzige, was verlässlich hilft, ist offenbar das viel gelobte Bärenspray, in dem sich hoch konzentriertes Capsaicin befindet, also die aktive Chili-Substanz. Dieses Spray brennt den Tieren so sehr in Augen und Nase, dass sie nahezu ausgeschaltet sind. Allerdings ist die Reichweite des Sprays begrenzt und beträgt lediglich zwölf bis fünfzehn Meter. Außerdem muss die Sprühflasche einen Inhalt von mindestens 300 bis 500 ml haben, sie muss greifbar sein, und man sollte die Funktionsweise kennen (trotzdem bitte nicht zu Hause ausprobieren!), da der Verschluss doppelt gesichert ist. Aus gutem Grund: Das Spray kann eigentlich nur einmal verwendet werden, und wer selbst mit der Substanz in Berührung kommt, riskiert große Schmerzen und sogar Erblindung. Falls man sich für das Spray entscheidet, dann sollte man es am Gürtel oder Rucksackgurt tragen und sehr vorsichtig damit umgehen.

Kommen wir am Schluss dieses Kapitels noch einmal auf die zu Beginn zitierte Aussage zurück. Ja, es stimmt ein Stück weit: In einem bärenfreien Wald konnte sich der Mensch fast alles erlauben. Und jetzt kommt »mein Bär« und macht alles kaputt. Plötzlich soll man Rücksicht nehmen und Bereiche im Wald meiden, nur weil da jetzt so ein gefährliches Viech herumläuft.

Es ist einfach so: Der Bär ist so viel größer und stärker als wir, dass er etwas tun kann, was fast keinem anderen Wildtier gelingt: Er zeigt uns unsere Grenzen auf. Seinetwegen können wir uns plötzlich nicht mehr frei im Wald bewegen. Das hätten wir auch vorher nicht tun sollen, um Wildtiere nicht zu stören, aber das war uns oft nicht bewusst. Seinetwegen müssen wir möglicherweise eine Wanderung abbrechen und umdrehen. Das hätten wir auch vorher manchmal tun sollen, beispielsweise bei einer rapiden Wetterverschlechterung, doch weil es oft nicht geschieht, kommen Menschen in den Bergen zu Tode oder müssen in dramatischen Aktionen aus ihrer misslichen Lage gerettet werden.

Es stellt sich also die Frage, ob der Bär schuld ist, dass wir uns nicht mehr so frei bewegen dürfen, oder ob eine generelle Rücksichtnahme auf andere Lebewesen nicht schon lange überfällig war. Diese Frage muss jeder für sich selbst beantworten, und ich möchte nicht als Moralapostel daherkommen. Aber vielleicht kann sich jeder Mensch, egal ob er im Bärengebiet lebt oder nicht, manchmal fragen, ob wir wirklich alles machen müssen, nur weil wir es können. Oder ob ab und zu ein wenig Rücksicht nicht das Leben für alle lebenswerter macht.

Todesfälle – das dunkle Kapitel

Mein Buch wäre nicht komplett und nicht korrekt, würde ich zwei schreckliche, durch Bären verursachte Todesfälle nicht diskutieren. All das gehört zur Bär-Mensch-Beziehung dazu.

Oft werde ich gefragt, ob Bären dem Menschen wirklich gefährlich werden können bzw. ob Bären Menschen fressen. Es konnte eindeutig in verschiedenen Vergleichsstudien gezeigt werden, dass der Braunbärverwandte aus den Vereinigten Staaten, der Grizzlybär, offensichtlich um einiges gefährlicher für den Menschen ist als sein europäischer Bärenbruder. Vielleicht trägt er deshalb auch den wissenschaftlichen Namen *Ursus arctos horribilis,* während der europäische Braunbär nur *Ursus arctos* heißt. Gerade aus den amerikanischen Nationalparks schwappen immer wieder furchterregende Nachrichten über durch Bären getötete Menschen nach Europa herüber und lösen sowohl Neugierde als auch Angst aus. Bei genauerem Hinschauen handelt es sich meistens um vergleichbare Begleitumstände (Essensreste ums Zelt etc.) und leider auch um Bären, die bereits früher auffällig geworden waren. Aber das überliest man oft in der ersten Erschütterung, und in den Überschriften der Artikel fehlen solche Details naturgemäß.

Also: Wie sieht es bei uns in Europa aus, vor allem in der Slowakei, wo zahlreiche Bären leben? Viele Jahre lang gab es keinen belegbaren, durch Bären verursachten Todesfall in der Slowakei. Die einzige Ausnahme war eine um 1910 verstorbene Frau, die leider durch die vom Bären zugefügten Verletzungen im Nachhinein eine Blutvergiftung bekam, die man zu dieser Zeit mit den damaligen medizinischen Methoden noch nicht behandeln konnte. Jahrelang galt es demnach als gesichert, dass die Bären in der Slowakei zwar Menschen angreifen, mitunter auch schwer verletzen, aber nicht töten. Oft diskutierten Slavo und ich zusammen, wie es sein kann, dass die Bären ihre »Bärenkraft« in den Pranken offenbar so gut abschätzen können, dass sie uns Menschen zwar schwer verletzen können, jedoch normalerweise nicht töten, obwohl sie dazu in der Lage sind.

Die Kraft des Bären bezeugt auch folgende Beobachtung aus dem Feld: Wölfe hatten im tiefsten Winter erfolgreich eine Rothirschkuh getötet, die dann aber leider in einen Wildbach gefallen war, sodass sie nur einige Teile um die herausstehende Wirbelsäule herum wegfressen konnten. In der folgenden Nacht fiel die Temperatur unter minus 20 °C; das getötete Beutetier fror fest. Zu Beginn des Frühjahrs, als einige Bären bereits wach waren, gelang es einem sehr großen, stattlichen Männchen, den Kadaver aus dem Eis zu ziehen. Wer schon einmal versucht hat, Gegenstände, die fest im Eis eingefroren sind, wieder herauszuziehen, der weiß, dass so ein Vorhaben fast unmöglich ist. Die Kraft, die der Bär aufgebracht haben muss, um den eingefrorenen Kadaver zu befreien, war also gewaltig, und das stützte viele Jahre lang unsere These, dass die Bären offenbar ihre Kraft abschätzen und sich im Fall eines Übergriffes auf einen Menschen demnach zurückhalten. Bis zum Juli 2021 wurde in der Slowakei immer wieder die Information verbreitet, dass Bären keine Menschen töten. Doch dann kam es tatsächlich zu einem Todesfall, der die slowakische Bevölkerung bis ins Mark erschütterte.

Ein 54-jähriger Mann kam von einem Spaziergang am späten Nachmittag nicht mehr zurück, worauf die Familie die Polizei und die Bergwacht verständigte. Der Mann war kurz zuvor nach einer Bypass-Operation aus dem Krankenhaus entlassen worden und hatte von den Ärzten den Rat bekommen, sich viel zu bewegen. Noch in der Nacht fand man den toten Körper des Mannes etwas entfernt vom offiziellen Wanderpfad, und die nachträgliche DNA-Untersuchung bestätigte die augenscheinliche Vermutung: Ja, der arme Mann war von einem Bären getötet worden.

Diese Nachricht war für mich sowie für viele meiner Kollegen und Freunde aus der Jägerschaft und dem Naturschutz ein großer Schock, und es begann eine fieberhafte Spurensuche, um die genauen Umstände und Hintergründe des Vorfalls zu klären. Leider konnte der genaue Verlauf nicht mehr rekonstruiert werden. Klar ist auf jeden Fall: Es handelte sich um einen Übergriff außerhalb der Wanderwege in einem mehr als bekannten Bärengebiet, nämlich in den Ausläufern der Niederen Tatra. Die Informationen, die ich über einen längeren Zeitraum und aus verschiedenen, teilweise nicht offiziellen Quellen zusammengetragen habe, unterstützen nochmals die Forderung nach einem gut etablierten, auf wissenschaftlichen Daten basierenden und pragmatischen Management.

In der Slowakei gab es für einige Jahre den Trend, auffällige Bären nicht mehr zu schießen, sondern nur noch zu vergrämen. Eigens dafür wurde ein sogenanntes Bäreneinsatzteam gegründet, das mit viel Personal und teurer Technik ausgestattet wurde. Die Idee dahinter ist eigentlich sehr gut und sinnvoll, und sie ist Standard in vielen Bärenländern: Einige Tiere können Probleme machen, und da ist es mehr als wünschenswert, dass es eine praktisch orientierte Gruppe von Menschen gibt, die sich schnell und unbürokratisch um die Belange der betroffenen Menschen kümmert. Es wurde eine Art Hotline eingerichtet, wo Menschen mit »Bärenproblemen« anrufen bzw. E-Mails schreiben konnten.

In Bärengebieten kann es mitunter vorkommen, dass sich Bären an Abfällen bedienen, Weidetiere oder Bienen wegfressen und sogar in Obstbäumen von Gartenbesitzern sitzen. Es braucht also Menschen, die im Bedarfsfall erreichbar sind und schnell helfen können, unter anderem auch durch den raschen Aufbau eines Elektrozaunes um Weidetiere oder Bienenhäuschen herum, oder eben auch die gezielte Vergrämung von Bärenindividuen, die beispielsweise in einem Zwetschgenbaum sitzen. Sehr oft helfen solche Maßnahmen und schützen vor Wiederholungen. Allerdings ist das Vergrämen so eine Sache: Einige Dorfbären haben Abfall so nachhaltig als wichtige Nahrungsquelle in ihrer persönlichen Speisekarte eingetragen, dass sie sich von ein paar brennenden Gummigeschossen oder Paintball-Munition nicht mehr beeindrucken lassen und einfach nur an die nächste Mülltonne oder ins nächste Dorf umziehen. Solche Bären müssen leider entfernt werden.

Tut man das nicht, dann riskiert man neben wirklich gefährlichen Begegnungen zwischen Mensch und Tier an der präferierten Futterquelle auch ein Umkippen der Akzeptanz von Bären in der Nähe menschlicher Wohnstätten. Die Menschen fühlen sich hilflos und von Gott und der Welt verlassen, wenn Raubtiere zu stark in ihrer Nähe auftauchen und keine Abhilfe geleistet wird. Das gilt insbesondere inmitten und in unmittelbarer Nähe zu Dörfern. Immer wieder beobachten wir, dass manche Menschen dann zur Selbstjustiz greifen und versuchen, die Tiere mit allen erlaubten und nicht erlaubten Methoden zu töten. Man vergiftet die Bären, schießt sie illegal oder legt mit Rasierklingen beköderte Fleischbälle und Äpfel im Habitat aus. Das ist ein sehr grausamer Tod und muss unbedingt vermieden werden. Mitunter kommt es auch vor, dass man die Raubtiere nur anschießt, was natürlich sehr gefährlich werden kann: Verletzte Bären können für Menschen ein hohes Sicherheitsrisiko darstellen und müssten eigentlich immer nachgesucht werden. Nur, bei illegaler Jagd gibt es kein Team, das bei der Nachsuche hilft, sondern der Schütze hofft einfach, dass »das Vieh dann irgendwann verrecken wird«. Das sind auch nicht immer Mitglieder aus der Jägerschaft, sondern einfach auch Menschen, die sich irgendwie eine Waffe beschafft haben.

Im oben erwähnten Fall gab es in der Nähe der Unfallstelle immer wieder Probleme mit Bären, die regelmäßig in den Dörfern auftauchten. Vergrämungen nutzten nur kurzzeitig, rasch wurden die Tiere wieder gesichtet. Nach Rekonstruktion aller offiziellen und inoffiziellen Quellen war es offenbar so, dass der betreffende Bär vor dem Übergriff in einem Bach gestanden hatte, was darauf schließen lässt, dass er vielleicht angeschossen worden war: Wildtiere versuchen, die offenen Wunden im kalten Wasser zu kühlen. Außerdem ist dieses Verhalten vorbeugend gegen den Befall mit Fliegenmaden, die im Wasser ausgewaschen werden. Der Mann war zudem auch noch außerhalb der Wege unterwegs. Wieder einmal ergab sich ein unglückliches Zusammentreffen. Der Bär hat aufgrund der vorangegangenen schlechten Erfahrung und Verletzung außergewöhnlich heftig reagiert und den Menschen mehrmals so schwer gebissen, dass die Verletzungen zum Tod führten.

Sicher war es ein Fehler, außerhalb der Wege unterwegs zu sein. Aber ein anderer, nicht verletzter Bär hätte den Spaziergänger höchstwahrscheinlich zwar angegriffen, aber nicht getötet.

Wenn Bären wirklich töten, dann kann man von einem ganz schweren Verhaltensfehler aufseiten des Tieres ausgehen. Kein Bär tötet einfach so einen Menschen, selbst dann nicht, wenn jemand außerhalb der Wege geht oder wenn es sich um eine führende Bärenmutter handelt. Leider gab es in jüngster Vergangenheit mehrere solche Fälle, die natürlich medial ausgeschlachtet wurden. Ich möchte hier nicht alle einzelnen Fälle erneut präsentieren, sondern nur noch auf einen zweiten Todesfall mit Bärenbeteiligung in der Slowakei eingehen, da ich hier genau rekonstruieren kann, was zu dem furchtbaren Resultat geführt hat.

Im Frühjahr 2024 erschütterte ein weiterer tödlicher Unfall mit Beteiligung eines Bären nicht nur die slowakischen Medien, sondern auch die deutschsprachigen. In der Berichterstattung wurde viel spekuliert und falsch interpretiert, deshalb möchte ich an dieser Stelle ein paar Dinge klarstellen.

Ein junges, aus Weißrussland stammendes Pärchen, das leider die slowakische Sprache nicht beherrschte, war offenbar weit vom Weg abgekommen und in einer als Bärenrückzugsgebiet bekannten Region geendet. Zum Zeitpunkt des Übergriffes war es bereits früher Abend, die Sichtverhältnisse waren somit sehr schlecht. Ob sich die beiden einfach nur verirrt hatten oder aus Abenteuerlust in das Felsengebiet abgestiegen sind, ist leider noch immer nicht geklärt. Offenbar trafen sie dort auf einen Bären und flüchteten in heller Panik vor dem Tier. Dabei stürzte die Frau einen Abhang von insgesamt 150 Metern hinunter und erlag am Unfallort ihren Verletzungen. Was aber so schrecklich auffällig war, ist die Tatsache, dass der Bergretter, der die Frau dann gefunden hat, direkt am Unfallort einen Bären filmte, der über die Frau gebeugt stand und an ihrem Blut schleckte. Solche Szenen kennt man normalerweise nur aus Horrorfilmen. Gott sei Dank kam es zu keinem weiteren Zwischenfall, da der Bär nach mehrmaligem Anrufen endlich das Weite suchte.

Natürlich ist die Frau an den Verletzungen durch den Sturz gestorben, aber das Verhalten des Bären jagt uns Menschen einen kalten Schauer über den Rücken: Warum hat er das getan? Diese Frage kann man nicht klären, aber eine ganz wichtige Tatsache wurde in den mitunter sehr reißerischen Darstellungen im deutschsprachigen Ausland bewusst oder unbewusst vergessen: Der Bär (bzw. eigentlich die Bärin) war bereits davor schon bekannt gewesen. Auf dem Video konnte man deutlich die grüne Ohrmarke inklusive der Zahl erkennen. Also handelte es sich auch in diesem Fall um einen vermeidbaren Angriff eines bereits vorher auffällig gewordenen Tieres. Im Jahr davor war die Bärin am Tage am Waldkindergarten aufgetaucht und hatte für sehr viel Aufregung gesorgt, da sie nicht zurückweichen wollte. Eigentlich hätte man den Bären aus Sicherheitsgründen entfernen müssen; so wollten das auch meine Kollegen und ich. Stattdessen wurde die Bärin eingefangen, mit einer Ohrmarke ausgestattet und dann ausgewildert – mit fatalen Folgen im Jahr darauf.

Leider hat sich das Pärchen bei der riskanten Kletterei in einem Bärenfelsengebiet in große Gefahr begeben, schon allein aufgrund der Topografie. Aber das erklärt nicht das absolut untypische Verhalten der Bärin. Der Fall zeigt aber auch ganz eindeutig, dass es eben nicht die normalen Bären sind, die irgendwo im Wald leben und ab und zu ihre Pfotenabdrücke im nassen Untergrund hinterlassen, die für unbedarfte Wanderer lebensgefährlich sind. Er zeigt vielmehr, dass wir wirklich Sorge dafür tragen müssen, auffällige Tiere schnell zu entfernen. Das kommt letztlich nicht nur dem Menschen, sondern auch unauffälligen Artgenossen und anderen Tierarten zugute. Das Wildtiermanagement trägt eine große Verantwortung, da es eben nicht nur um das Schicksal des einen auffälligen Bären (oder Wolfes) geht, sondern um das Schicksal vieler, nicht auffälliger Individuen und weiterer Arten, die durch Selbstjustiz getroffen werden können, wenn das Management nicht funktioniert.

Im Übrigen sollte in der Slowakei darüber nachgedacht werden, ob die Kennzeichnung von Wegen bzw. von Gebieten mit erhöhter Bärenpräsenz nicht in Zukunft mehrsprachig stattfinden sollte, wobei neben Englisch definitiv auch Russisch und mindestens noch eine weitere Sprache herangezogen werden sollte. Auch das könnte helfen, Menschen vor entsprechenden Bärengebieten zu warnen, damit sie diese Areale hoffentlich umgehen.

Der letzte Fall, der hier aufgeführt werden soll, wurde ebenfalls stark in den deutschsprachigen Medien besprochen – auch diesmal, ohne dass man die wirklichen Umstände berücksichtigte: Ein Bär lief durch die Kleinstadt Liptovsky Mikulas und verletzte dabei insgesamt fünf Menschen, darunter einen Rentner und ein kleines Kind. Die Videos des Vorfalls gehen durch Mark und Bein und bleiben lange im Gedächtnis. Gerade im Alpenraum, wo man immer wieder einzelne Bären verzeichnet, werden sie wieder und wieder geteilt, wobei man sich eher für Effekthascherei interessiert als für die wirklichen Hintergründe.

Die Bärenpopulation der Slowakei wächst schon seit einigen Jahren sehr schnell an, was ich in meiner Doktorarbeit *Menschlicher Einfluss auf das Bärenverhalten* auch gut erklären konnte. Wie bereits in den Kapiteln über Adriano und Sylvester gezeigt wurde, haben die Bären in der Slowakei einen nahezu ungebremsten Zugang zu vielen, vom Menschen gemachten Futterressourcen. Hierzu gehören Getreidefelder, insbesondere Maisfelder, aber auch Obstplantagen, Weinstöcke, Ausbruch von erlegtem Schalenwild, Gärten, Bienen, Weidetiere, Wildfutterstellen usw. Das Nahrungsangebot ist somit extrem angestiegen, obwohl der Platz der Bären durch die menschlichen Aktivitäten schrumpft. Die Bären können auf diese Weise sehr viele, mitunter hochkalorische Futterstoffe nutzen, die oft das ganze Jahr über irgendwo zu finden sind. Das heißt aber auch: Die jetzige hohe Bärenpopulation ist definitiv ein Ergebnis dieser Futterressourcen. Besser genährte Weibchen können sich nicht nur früher fortpflanzen, sondern sie haben auch mehr Jungtiere. Seit einigen Jahren ist es keine Seltenheit mehr, Bärinnen mit drei, vier, fünf oder gar sechs Jungtieren zu sehen. Aufgrund der wärmeren, schneeärmeren und kürzeren Winter können zudem mehr Jungtiere überleben, ein Phänomen, das sich bereits seit Jahren auch bei anderen Arten zeigt, nicht zuletzt bei Wildschweinen (siehe auch die Kapitel »Schigo und Noro« sowie »Nina und der Winterschlaf«). Es liegt also auf der Hand, dass die Bärenpopulation sehr schnell wachsen kann, nahezu unnatürlich im Vergleich zu Populationen, die keinen Zugang zu menschengemachten Futterressourcen haben.

Hinzu kommt, dass die Bärenjagd eingestellt wurde, sodass viele Jahre lang offiziell fast kein Bär mehr erlegt wurde. Einzige Ausnahme waren sogenannte Problembären und die wenigen weiteren genehmigten Abschüsse; außerdem konnte ein Jagdrevier einen Bärenabschuss für das kommende Jahr beantragen, falls es im laufenden Jahr zu einem überdurchschnittlich hohen Bärenschaden an Maisfeldern, Bienenstöcken oder Weidetieren gekommen war. Das Problem dabei ist nur: Bei diesen genehmigten Abschüssen wird höchstens per Zufall der wirklich schuldige Bär entfernt (was wichtig wäre für ein gutes Zusammenleben zwischen Mensch und Bär). Oft trifft es einfach irgendeinen Bären, der dann als billiges Bauernopfer ein bisschen die Wogen glätten soll. Mehr noch: Wurde einem Jagdrevier eine solche Genehmigung ausgesprochen, so musste im gleichen Jahr sämtlicher Bärenschaden von den entsprechenden Jägern selbst bezahlt werden, da man den zu schießenden Bären ja verkaufen könnte. Das alles widerspricht den Regeln für den professionellen Abschuss eines auffällig gewordenen Bären. Zudem waren die Körperdimensionen festgelegt: nicht mehr als 100 kg Körpergewicht und/oder eine Vorderfußbreite von maximal 13 cm. Ob so alle Problembären dieser Welt aussehen? Wahrscheinlich nicht.

Die Regelung sorgte für sehr viel Aufregung und Unmut, aber hinzu kam, dass die Abschussgenehmigungen oft sehr spät kamen: häufig in der zweiten Jahreshälfte, manchmal erst im Oktober. Dann war es im laufenden Jahr gar nicht mehr möglich, einen Bären zu erlegen, den gesamten Schaden aus diesem Jahr musste die Jägerschaft jedoch tragen. Als Konsequenz wurden überhaupt keine Bären mehr offiziell entfernt, und die Situation um die Tiere glich einem Schwelbrand.

Als die Übergriffe auf Menschen zunahmen, vermutete

man von offizieller Seite einen sehr zweifelhaften Grund: Man nahm an, dass sich Bären an Futterplätzen so sehr an menschlichen Geruch gewöhnen würden, dass sie in Zukunft gefährlich sein könnten. Diese These wurde eigentlich schon vor vielen Jahren widerlegt, trotzdem suchte man in der Folge fieberhaft nach nicht registrierten Futterstellen und versuchte, diese und auch sämtliche registrierte Futterstellen zu schließen.

Es steht außer Frage, dass man Wildtiere nicht wie Schweine zufüttern soll. Ich selbst habe schon so einige inoffizielle Futterplätze (oder sollte man lieber Abfallplätze) gemeldet. Am schlimmsten war wahrscheinlich ein Platz am Waldrand, wo um die tausend (!) Hühnereier aufgehäuft worden waren. Ich habe diesen Biomüllplatz ehrlich gesagt »erschnüffelt« – der Gestank war unerträglich. An der einen Seite befanden sich massenweise leere Eierverpackungen, und etwas weiter im Wald lag ein angeschossenes, verendetes Wildschwein. Derartige Futterstellen möchte sicher kein Jäger in seinem Revier, da sie nicht nur Wildtieren, sondern auch Haustieren, darunter Hunden, schweren Schaden zufügen können.

Nach dem Jagdgesetz müssen Wildtiere in Notzeiten zugefüttert werden, wobei auch Getreide verwendet wurde. An diese Gelegenheit hatten sich tatsächlich auch einige Bären gewöhnt. Leider ist aber das Schließen der Futterstellen ohne Reduzierung der Populationszahlen vollkommen kontraproduktiv: Die Bärenpopulation war ja eben aufgrund des Zugangs zu hochkalorischer Nahrung so stark angewachsen, und viele Individuen hatten sich auf solche Futterstoffe geradezu spezialisiert. Bleibt nun die Futterstelle leer, kommen diese Bären in echte Not und versuchen verzweifelt an Nahrung zu kommen: Und die finden sie oft in der Nähe von Dörfern. Das Ende vom Lied war in der Slowakei, dass es zeitversetzt zu einem unglaublich erhöhten Auftreten von Dorfbären oder Bären in unmittelbarer Nähe zu Dörfern kam. Die Anzahl von Bärensichtungen stieg dramatisch an. So eben auch um die Kleinstadt Liptovsky Mikulas herum. Mir wurden Videos zugespielt, in welchen man bis zu neunzehn verschiedene Bären sieht, die sich am helllichten Tag um die Kleinstadt herum aufhielten und keine Anstalten machten, sich in die Wälder zurückzuziehen. Da kann es dann schnell passieren, dass Bären z. B. durch Autos oder Motorräder aufgescheucht werden, in Panik durch das Dorf rennen und den Ausgang nicht mehr finden.

Fazit: Nicht der Braunbär an sich wird immer gefährlicher und neigt dazu, in Dörfer zu gehen, um Menschen anzufallen – auch wenn das auf Social Media aus purer Gier nach immer mehr Klicks gern so dargestellt wird. Vielmehr können grobe Fehlentscheidungen zu einer so unnatürlichen Situation führen, dass wir plötzlich vor unerwarteten Problemen stehen. Wieder einmal komme ich auf die Forderung zurück, dass wir ein gutes, pragmatisches und auf wissenschaftlichen Daten basierendes Management einführen müssen, um solche Situationen gar nicht erst entstehen zu lassen. Hätten Wissenschaftler entscheiden dürfen, dann wäre man anders und pragmatischer mit der potenziell gefährlichen Situation umgegangen. Doch leider ist ja bei diesen Themen jeder interessierte Laie ein Experte, entsprechend pro oder contra gefärbt, je nachdem, aus welchem Lager er oder sie eben stammt. Der Schaden an der Bärenpopulation ist durch solche Fehlentscheidungen immens, und das über die Landesgrenzen hinaus. Man kann es nur immer und immer wieder sagen: Der Bär ist nicht per se gefährlich, einzelne Individuen aber unter Umständen sehr wohl. Nach groben Fehlentscheidungen wie der Schließung der Futterstellen bezahlen oft Menschen und viele andere, vollkommen ungefährliche Bären die Zeche.

Was geschieht mit auffälligen Bären?

Am Schluss steht natürlich die Gretchenfrage: Was sollen wir mit auffälligen Bären machen?

Seitdem ich mit Bären arbeite, verfolgt mich diese Frage wie ein unliebsamer Schatten und wirft auch moralische Fragen auf. In den meisten Fällen herrscht bei nicht gefährdeten Arten die einhellige Meinung, dass auffällige oder sich seltsam verhaltende Individuen entfernt werden müssen. Da gibt es weder Petitionen noch Spendenaufrufe oder Mediengewühl.

Als in Zvolen, einer Kleinstadt im Herzen der Slowakei, einmal eine Wildschweindame auf dem Fußballfeld nahe der Grundschule auftauchte, dort anfing, den Rasen auf der Suche nach Nagetieren umzugraben, und sich heftig grunzend weigerte, das Feld zu räumen und wieder im nahen Wald zu verschwinden, erreichte uns diese Nachricht am Forstwirtschaftlichen Institut mit der Bitte, einen Schützen zu schicken, der sich der Sache professionell annehmen sollte. Genau so wurde es dann auch gemacht: Das Wildschwein wurde erlegt, es gab Gulasch in der Schule, und die Sache wurde zwar nicht vergessen, aber als lustige Anekdote zu den Akten gelegt. Die gleiche Szene mit einem Bären oder Wolf hätte Wellen der Aufregung ausgelöst: Entweder hätten sich sofort selbst ernannte Propheten zu Wort gemeldet, die voraussagten, dass das nur der Anfang sei und die Gefahr für den Menschen durch Raubtiere nahezu stündlich steige. Oder aber wir hätten die Tierrechtler auf den Plan gerufen, die sich todesmutig vor die Flinte des Schützen gestellt hätten, um die arme, falsch verstandene Kreatur zu retten. Und genau diese Spaltung tut niemandem gut: nicht dem Zusammenhalt in der menschlichen Gesellschaft, und den Raubtieren schon gar nicht.

Aufgrund des starken Interesses am Schicksal von auffällig gewordenen Großraubtieren wurde auch in der Slowakei fieberhaft nach nicht letalen Alternativen gesucht, auch um den Zorn der radikalen Tierschützer zu besänftigen. Nur – mit welchem Ergebnis? Ich habe einige Bären aus dem Freiland gesehen, die in irgendwelche Tierparks oder Zoos abgegeben wurden. Diese Bilder werde ich wahrscheinlich nie vergessen. Am schlimmsten war das zweijährige Männchen, das den ganzen Tag mit dem Kopf voraus gegen eine Betonmauer lief. Ich habe wirklich viele Tage lang darüber geweint. Angeblich hatte man diesem Tier das Leben gerettet. Was für ein Leben soll das denn sein?

Viele der ehemaligen Freilandbären können dem Tierparkpublikum gar nicht gezeigt werden, da menschliche Besucher noch mehr Stress für sie bedeuten, als es schon für die daran von klein auf gewöhnten Artgenossen der Fall ist. Also sitzen sie oft in Hinterhofgehegen fernab von menschlichen Blicken. Das Leid dieser Tiere ist unvorstellbar groß und dürfte eigentlich nicht akzeptiert werden. Stattdessen kommen weitere Verbesserungsvorschläge wie etwa, dass naturnahe Gehege mit Gras, Bienen, Blumen und Bäumen doch für auffällig gewordene Bären aus dem Feld eine gute Ruhestandslösung darstellen könnten. Aber auch das ist falsch – auch das schönste und optisch ansprechendste Gehege ist für einen Bären aus dem Freiland nichts anderes als ein Gefängnis oder, klarer gesagt, eine lebenslange Folterkammer. Die Lebenszeit, die nichts anderes ist als eine Leidenszeit, wird dann sogar noch verlängert, weil man sich in Gehegen auch tiermedizinisch gut um die Insassen kümmert. Der Rekord eines Gehegebären stammt aus Russland: Der Bär lebte 49 Jahre, im Freiland undenkbar.

Es ist schade, dass der Tierschutz, der so wichtig und richtig ist, durch solche Entwicklungen mitunter einen schalen Beigeschmack bekommt. Ich möchte wirklich betonen, dass es viele Organisationen gibt, die einen unglaublich guten Job machen. Zum Beispiel Gruppen, die Futterstellen für Streunerkatzen oder -hunde einrichten, diese Tiere impfen und kastrieren und immer wieder versuchen, einzelne davon, die dafür geeignet scheinen, an einen neuen Besitzer zu vermitteln. Ich wehre mich auch dagegen, alle Tierschützer als übermoralisch und fernab von der Realität lebend zu verurteilen. Doch Tatsache ist: In Forscherkreisen wird sehr oft darüber diskutiert, ob Menschen, die auffällig gewordenem Großraubwild eine zweite Chance ermöglichen möchten, wirklich als Tierschützer zu bezeichnen sind. Oder eher als Fanatiker, die aus Unwissenheit und ideologischer Verblendung großes Leid verursachen können. Wenn solche Gruppen oder Einzelpersonen dann nicht einmal mehr vor Morddrohungen zurückschrecken, wenn Abschussgenehmigungen erteilt werden, ist auch für mich eine Grenze erreicht. Albert Schweitzer hat es einmal sehr schön formuliert: Tierschutz ist immer Menschenschutz und umgekehrt.

Sperren wir Tiere aus dem Freiland ein, die es gewohnt waren, auf Hunderten von Quadratkilometern ein Zuhause zu haben und dort frei umherzustreifen, dann begehen wir einen ganz schrecklichen Fehler. Würden wir Menschen ein ganzes Leben lang in einer Wohnung eingesperrt werden, inklusive bestem Essen und medizinischer Versorgung, dann würden bestimmt auch sehr viele Leute an ihre psychischen Grenzen kommen. Aber wir Menschen verstehen noch immer den Zusammenhang, während Wildtiere aus dem Freiland stetig versuchen auszubrechen. Und das ist großes Tierleid. Slavo und ich haben oft darüber diskutiert, wie es sein kann, dass Menschen diesen Zusammenhang nicht verstehen, aber wir kamen zu keiner vernünftigen Erklärung.

Vor einiger Zeit wollte man in der Hohen Tatra, in einem weitgehend unberührten Gebiet nahe der polnischen Grenze, fast 20 000 Hektar einzäunen, um dort Dutzende von Problembären unterzubringen. Gott sei Dank ist dieser Vorschlag nie umgesetzt worden. Aktuell befindet sich dort ein kleines Gehege für Hirsche, das aber so durchlässig ist, dass andere Tiere ohne Probleme durchkommen können. Der Rest hätte zusätzlich eingezäunt werden sollen. Doch mit jedem Hektar Wald oder Wiese, den wir einzäunen, nehmen wir den Wildtieren zusätzlich Gelände weg – Tieren, die ohnehin unter einem stetigen Habitatverlust leiden. Und da geht es um weit mehr Arten als Wolf, Bär, Otter, Luchs und Co.

Mittlerweile gibt es in Europa einige sogenannte Bärenauffangstationen, die sich auf die Aufnahme von »Problembären« spezialisiert haben. Wir haben bereits im Jahr 2008 eine dieser Stationen in Ungarn besucht. Auch das war einfach nur furchtbar. Danach saßen Slavo und ich geschlagene 45 Minuten lang schweigend nebeneinander im Auto, unfähig, etwas zu sagen oder zu tun. Auf ein paar Hektar wurden über vierzig Bären gehalten; im Nebengehege – eigentlich eher einem Käfig – lebten um die sechzehn Wölfe. Die Aggressionen unter den Tieren waren deutlich sichtbar, und viele von ihnen waren psychisch auffällig durch stereotypisches Verhalten oder von Narben und Wunden übersät. Am schrecklichsten hatte es einen der älteren Wölfe erwischt: Er hinkte und war sicher nicht mehr besonders schnell. Immer wieder wurde er in die Ecke getrieben, und sein heraushängendes Auge bezeugte, dass er schon häufiger schwere Prügel bezogen hatte. Die Bilder auf der Website sprachen eine ganz andere Sprache: lustige Bärenfotos von gut gelaunten Tieren inmitten ihrer Bärenfreunde. Doch da ging es natürlich auch darum, Spenden zu sammeln. Und mir ist klar, dass viele Menschen in gutem Glauben die großen Geldsummen spenden, die für den Aufbau und Erhalt von ausbruchsicheren Gehegen aufgebracht werden müssen.

Ich sage es hier ganz klar: Solche Auffangstationen sind definitiv keine Alternative zum Abschuss. Wir müssen uns der traurigen Wahrheit stellen, dass es für Wildtiere die größte Strafe ist, irgendwo eingesperrt zu werden, auch wenn uns Menschen das Gehege gefällt und die Tiere dort ihre Ruhe haben. Im besten Fall werden sie schwer depressiv und geben auf – dann sehen wir ihren inneren Kampf nicht mehr. Diejenigen, die noch nicht aufgegeben haben, versuchen immer wieder auszubrechen und machen dabei selbst vor Elektrozäunen nicht halt – mit entsetzlichen Folgen. Ich erspare Ihnen die Details: Im Laufe meines Lebens habe ich in Videos, auf Fotos und mit eigenen Augen Dinge gesehen, die ich nicht wiederholen möchte. Einer der verbissenen Bärenretter hat mir tatsächlich einmal gesagt, dass er Bären »sanft brechen« kann – nach dieser Aussage hatte ich vor dem Mann Angst. Das Leben in einem Gehege ist und bleibt ein großes Tierleid, das wir selbst dem schlimmsten Menschenfresser-Bär ersparen müssen.

Letztlich kann es für mich aus alldem nur einen Schluss geben: Es ist grausam, solche Tiere einzusperren, und wenn Menschen das nicht verstehen, wird es allerhöchste Zeit, solche Klauseln in Managementplänen unterzubringen. Wir müssen es wahrscheinlich gesetzlich verankern, dass Problemtiere aus dem Freiland nicht mehr »gerettet« werden dürfen, sondern sauber, professionell und möglichst schmerzfrei entfernt werden müssen.

Peppino, Lilli und Inga – was wir von auffälligen Bären lernen können und müssen

Das Auftreten von auffälligen Bären oder sogenannte Dorfbären erhitzt schon sehr lange die Gemüter und wird fast genauso heiß diskutiert wie Übergriffe von Bären auf Menschen.

Das Thema ist so aufwühlend für uns Menschen, dass selbst Personen, die weit weg vom Bärengebiet wohnen, dennoch davon intensiv berührt sind. Wie im Kapitel zu den Mensch-Bär-Begegnungen gezeigt, beschrieb Hans Kruuk dieses Phänomen so, dass wir Menschen aus jahrtausendelanger Erfahrung gelernt haben, dass Raubtiere potenziell gefährlich sein können. Somit erklärt sich diese starke Reaktion auch so, dass sie Teil unseres »Anti-Raubtierverhaltens« ist. Angst ist ein Alarmsignal.

Im vorangegangenen Kapitel wurden Dorfbären schon erwähnt, werden hier aber nochmals gesondert betrachtet, da wir einige Erfahrungen mit auffälligen Bären gesammelt haben, die zeigen, dass wir sie einfach konsequent entfernen müssen, auch wenn das nicht jedem Menschen gefällt. Diese Bären können als Mahnmal dienen, damit die gleichen Fehler nicht mehr passieren.

Peppino – die berührende Geschichte einer unglücklichen Translokalisation

Peppino war ein Jungbär, der leider zweimal in Dorfnähe gesehen wurde, was man als sehr auffällig einschätzte, da sich dort unglücklicherweise der Kindergarten der Stadt Lucenec befand. Natürlich kann es vorkommen, dass vor allen Dingen Jungbären, die auf der Suche nach einem neuen Streifgebiet sind, mitunter an den Dorfrändern beobachtet werden können, da sie ja kein GPS und kein Navi haben, welches ihnen den genauen (zumeist versteckten) Weg in die nächste Bergregion zeigen könnte. Trotzdem schien irgendetwas »anders« zu sein, da der Bär nicht nur ein einziges Mal aufgetaucht war und dann für immer verschwand, sondern offenbar immer wieder die entsprechenden Gebiete in Stadtnähe aufsuchte, und das, wie schon erwähnt, auch noch in der Nähe des Kindergartens.

Nun war guter Rat teuer. Peppino war kein klassischer Dorfbär, der wirklich schädlich oder gar gefährlich wirkte, aber die Nähe zu dem Kindergarten war dann doch bedenklich. Da es sich um einen ruhigen Bären handelte, entschloss sich die örtliche Behörde, ihn nach Polana, also in eines unserer Studiengebiete umzusiedeln. Die ganze Aktion war von Anfang an sehr umstritten, schon allein deswegen, da Polana bereits zu diesem Zeitpunkt über die wahrscheinlich höchste Bärendichte in der ganzen Slowakei verfügte und somit Diskussionen um die Bärenpopulation an der Tagesordnung waren. Offensichtlich war man auch nicht wirklich professionell ausgerüstet, um Bären zu transportieren, denn der arme und völlig verunsicherte Bär wurde in einem Schweinelaster gebracht. Die Übergabe fand, wie in einem schlechten Film, auf einen Parkplatz bei einer Autobahnraststätte inklusive Schnellrestaurant statt. Slavo und ich staunten nicht schlecht und waren eher schockiert, als der verdreckte Schweinelaster zu uns auf den Parkplatz abbog. Der Bär hing etwa einen Meter vom Boden in den Gitterstäben.

»Oh«, sagte ich zu Slavo, »das sieht irgendwie nicht gut aus.« Slavo ist immer sehr ruhig und bedächtig, aber dieses Mal stand er mit seinem Betäubungsgewehr wie versteinert da und schaute nur geradeaus. Nach einigen Sekunden, die mir wie eine Ewigkeit vorkamen, murmelte er nur: »Mischka, das wird was, die haben echt keine Ahnung.«

Mit uns wartete auch der Jagdvorsteher Jano aus Polana, der sich verständlicherweise wahnsinnig darüber aufregte, dass ihm noch ein weiterer »Bären-Idiot« das Leben schwer machen sollte. »Eigentlich würde ich den Bären, so wie er ist, wieder zurückschicken, aber der Fahrer kann ja nichts dafür, der arbeitet ja eigentlich für den Schlachthof.«

Der Wagen hielt an, und der Bär plumpste von den Gitterstäben hinunter. Dann saß er ungläubig am Boden und guckte verunsichert nach draußen, direkt in unsere Gesichter. Ich war fast so ratlos wie der junge Bär, denn die Situation war wirklich schwierig. Der Bär war wahrscheinlich um die zwei Jahre alt und sollte jetzt in ein sowohl von Bären als auch von Menschen dicht besiedeltes Gebiet »umgetopft« werden, weil man sich momentan und unter dem Druck der Öffentlichkeit keinen Rat wusste. Selbstverständlich war das Fernsehen anwesend, das alle Beteiligten rasch interviewte, damit die Geschichte noch am selben Tag in den Abendnachrichten ausgestrahlt werden konnte. Das war's aber dann auch mit dem öffentlichen Interesse, so wusste ich aus Erfahrung. Bär weg, Bärenproblem am Kindergarten nachts um

2 Uhr gelöst. Aber: Bär in Polana, und Gnade ihm Gott, wenn die anderen Bären, vor allen Dingen die starken Männchen, auf ihn treffen.

Slavo setzte sich das Betäubungsgewehr auf die Schulter, zielte auf den Po des Bären und drückte ab. So schnell und unkompliziert hatten wir noch nie einen Bären narkotisiert. Nach der langen Autofahrt in einem halb offenen Schweinetransporter über dicht befahrene, kurvige Landstraßen war das Tier so demoralisiert, dass es einfach nur sitzen blieb und der Dinge harrte, die noch kommen würden.

Schlimmer konnte es ja nicht mehr werden. Oder doch? Offenbar ging es noch schlimmer, aber das lernten wir erst aus dieser traurigen Geschichte: Wir können kein neues Tier in ein Gebiet auswildern, das bereits von Bären besetzt ist. Es ist ohnehin furchtbar schwer für Wildtiere, an einem fremden Ort ausgewildert zu werden. Die Tiere wissen nicht, wo sie etwas zu essen oder zu trinken bekommen, wo sie sich am Tag verstecken können, wie sie mit uns Menschen umgehen sollen und wo überhaupt menschliche Siedlungen sind. Im Falle von Bären, die wir in ein bereits voll besetztes Bärengebiet hinauslassen, haben die Neuzugänge außerdem panische Angst vor den bereits residenten Individuen, die dort leben und die sie nicht kennen. Schließlich wissen sie ganz genau, dass ein starkes Bärenmännchen ihnen sehr gefährlich werden kann.

Wir begleiteten die ersten Schritte von Peppino, nachdem wir ihn narkotisiert und tief im Wald ausgesetzt hatten. Zuerst versteckte er sich tagelang im dichten Unterholz, sodass wir schon dachten, er hätte die Narkose schlecht vertragen. Endlich bewegte er sich aus seinem Versteck heraus, nur um dann erneut für mehrere Tage abzutauchen. Ich kann mich noch sehr gut erinnern, wie wir im strömenden Regen stundenlang mit der Antenne nach dem Bären suchten. Wir waren bereits verzweifelt, bis uns das Signal endlich zu einem winzigen Unterschlupf in einem jungen, undurchsichtigen Laubwald führte und wir im Schlamm eindeutig frische Bärenspuren ausmachen konnten. An diesem winzigen Platz hatte der Bär fast eine ganze Woche verbracht, wahrscheinlich in Angst vor all dem Neuen um ihn herum. Peppino fürchtete sich wahnsinnig. Ihm war klar, dass er vielleicht von den residenten Männchen getötet werden könnte – es war ja auch noch Frühsommer, also mitten in der Paarungszeit. Wie wir im Kapitel über Popoluschka gesehen haben, gibt es den Infantizid, also die sexuell motivierte Tötung von Jungbären. Manchmal kann es aber leider auch Tiere bis zu einem Alter von zwei oder drei Jahren erwischen, die in den hart geführten Rangkämpfen den Kürzeren ziehen. Sind Bären in einem gewissen Habitat geboren und aufgewachsen, so kennen sie es natürlich wie ihre Westentasche und haben ein Wissen von guten, sicheren Versteckmöglichkeiten, an die sie sich in derart brenzligen Situationen zurückziehen können. Sind Bären jedoch ausgewildert und in einem fremden Gebiet, dann haben sie keine Ahnung, wo es einen sicheren Platz gibt.

Peppino muss grauenhafte Wochen in Polana verbracht haben. Das letzte Foto von ihm, das der Jagdvorsteher uns vorlegte, zeigte einen völlig verschreckten und abgemagerten Bären. Tagelange Angst und Hunger zeigten eindeutige Spuren am Körper und im Gesicht des bedauernswerten Tieres. Und dann war er plötzlich weg aus Polana. Von einem Tag auf den anderen. Aber das GPS-Halsband sendete fleißig Koordinaten, die uns weiterhin Peppinos

Geschichte erzählten. Er wanderte über überwachsene Wiesen und durch Felder, immer auf dem Weg nach Hause. Nirgends blieb er lange, immer nur für eine kurze Weile, bis er wieder Mut gefasst hatte, um weiterzugehen. Er erreichte fast die ukrainische Grenze im Osten der Slowakei, wo er aber auf den großen, nicht bewachsenen Flächen sehr sichtbar wurde und erneut für Angst und Schrecken bei der lokalen Bevölkerung sorgte. Auch dort kannte er sich nicht aus, wieder war er der Neue. Und in den Wald zurück wollte er nicht mehr, denn da waren ja wieder andere Bären. Also blieb er lieber in der Offenlandschaft, obwohl er dort für seine zweiten, nur zweibeinigen Feinde, die Menschen, sichtbar wurde.

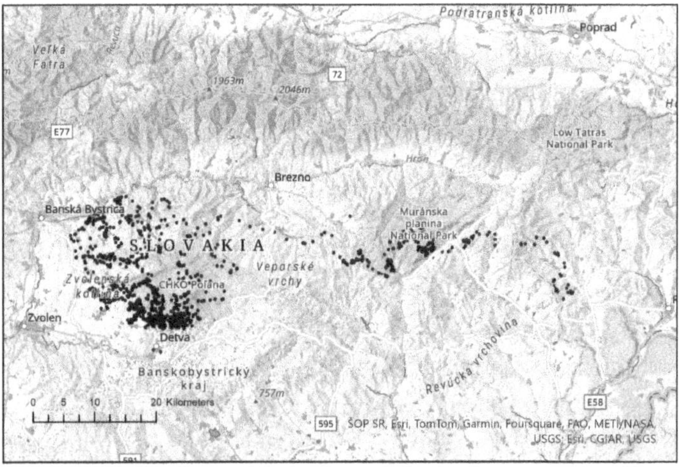

Auf der Karte sind die Positionsdaten von Peppino, einem translokalisierten Jungbären, eingezeichnet. Er wurde in der Nähe von Detva ins Feld freigelassen, wo er in panischer Angst lange Zeit an einem Platz blieb. Interessanterweise umging er das Kerngebiet von Polana und versuchte irgendwie, das mit Bären dicht besiedelte Gebiet zu umgehen. Im Endeffekt konnte er sich nirgendwo integrieren. Seine Spur verlor sich im Osten der Slowakei, und wir vermuten, dass er gewildert wurde.

Dann auf einmal brach das Signal ab – wir bekamen keine neuen Positionsdaten mehr. Und sämtliche Recherchen, Telefonate und Besuche vor Ort blieben ergebnislos. Peppino war weg, wie vom Erdboden verschluckt. Wir gehen stark davon aus, dass Peppino illegal geschossen wurde. Wir haben nie mehr wieder etwas von ihm gehört, und sein Sendehalsband blieb für immer verschollen.

So seltsam es auch klingt – wir waren fast erleichtert. Wie Slavo meinte: »Jetzt hat der arme Kerl endlich Ruhe.« Und es stimmt: Dieser Bär hatte keine Chance und sollte eigentlich als Mahnmal dienen, Tiere nicht einfach umzutopfen wie eine Tanne aus der nahen Baumschule. Unsere Erfahrung deckt sich mit denen aus den USA, wo bereits sehr viel Arbeit und Forschung in auffällige Bären gesteckt wurde: Werden erwachsene Tiere eingefangen und an einer andere Stelle wieder ausgewildert, dann bleiben sie eigentlich fast nie in ihrem neuen Gebiet, sondern wandern ab und kommen sogar manchmal nach einiger Zeit wieder zurück »nach Hause«. Falls die Bären wirklich irgendwo anders heimisch werden, bleibt aber trotzdem das problematische Verhalten, weswegen sie eigentlich einmal entfernt worden waren: So werden Probleme einfach nur verschoben und nicht gelöst. Konsequenterweise ist es ein absolutes No-Go, auffällige Bären in bärenfreien Gebieten auszuwildern, wie es oft von radikaleren Naturschutzorganisationen gefordert wird, um Abschüsse zu umgehen. Die Bären verlieren ihr auffälliges Verhalten nicht während der langen Autofahrt. Und gerade weil sie das neue Habitat nicht kennen, erhöhen wir zusätzlich die Gefahr, dass sich diese Tiere auf Futtersuche in die Nähe des Menschen begeben.

Lillis Tagebuch – kann man jüngere Bären leichter umsetzen?

Die Geschichte von Lilli habe ich in meinem ersten Buch zum Bären bereits ausführlich beschrieben, deshalb kommt an dieser Stelle nur eine kürzere Zusammenfassung. Allerdings ist das Schicksal dieser Jungbärin immer noch sehr aktuell und wichtig, da es leider erneut zeigt, dass wir bereits auffällig gewordene Bären eben nicht einfach einfangen und an anderer Stelle wieder auswildern können: Wir verbessern damit keine Verhaltensfehler und beobachten bei den Tieren zudem die verzweifelte Suche nach einem Weg zurück.

Lilli war das Junge einer auffälligen Bärin, die immer wieder Abfall an einem Schafcamp fraß. Trotz Entfernung sämtlicher Abfallbehälter kam die Bärin mit ihren beiden Jungtieren im Schlepptau immer wieder zurück, was natürlich Angst machte, da sie ja direkt in der Nähe der Schafe war. Man entschied sich, die Bärin zu schießen, da das Gebiet ohnehin einen hohen Bestand an Bären hatte und es immer wieder zu Schwierigkeiten kam. Leider erlegte der Schütze zuerst die Bärin, und die beiden Jungtiere rannten weg. Man dachte am Anfang, dass sie vielleicht den ersten Winter ihres Lebens nicht überstehen würden, aber die beiden Jungtiere bestätigten alles, was der russische Bärenbiologe Pazhetnov gesagt hatte: Das Höhlenbauverhalten ist angeboren, das müssen die jungen Bären nicht lernen, und Jungbären können eigentlich ab einen Alter von sieben Monaten alleine draußen überleben.

So kam es, wie es kommen musste: Die beiden jungen Weibchen kehrten im nächsten Frühjahr zurück und suchten natürlich, wie von der Mutter gelernt, in der Nähe der Dörfer an den Abfalltonnen nach Futter, wobei es einige sehr brenzlige Begegnungen zwischen den jungen Bärinnen und unbedarften Menschen mit ihren Hunden gab. Man musste also rasch handeln. In einem Planversuch wurden also die beiden Jungbären gefangen und in ein anderes Gebiet umgesetzt. Eigentlich sprach man immer von einem Jungbären, der auffällig sein sollte, deswegen hatten wir auch nur ein mitwachsendes Sendehalsband gebastelt. Wir alle staunten nicht schlecht, als sich neben dem Käfig, in dem sich die später besenderte Lilli befand, plötzlich ihre Schwester, die kleine Lisa, aufrichtete. Beide Bärinnen wurden betäubt und in einem anderen Gebiet ausgewildert.

Das Schicksal der beiden jungen Bärinnen war einfach nur traurig, und ich hoffe, wir vergessen es nie: Lisa, die Bärin ohne Sendehalsband, wurde relativ schnell von einem residenten großen Bärenmännchen getötet. Das war das Ende der Aktion »Leben retten«. Lilli, die Bärin mit Sendehalsband, startete eine herzzerreißende Odyssee, immer auf der verzweifelten Suche nach ihrem Zuhause. Allerdings verbreitete sie an verschiedenen Stationen Angst und Schrecken – das Töten von Nutztieren hatte sie nämlich offenbar sehr gut gelernt. Die Bärin durchquerte über mehrere Wochen hinweg die gesamte Slowakei von Nord nach Süd, durchschwamm reißende Flüsse (dabei wurde sie beobachtet), überquerte erfolgreich stark befahrene Straßen und blieb nie lange an einem Fleck. Die erste Station, an der sie erneut auffällig wurde, befand sich direkt in einer Romasiedlung mit entsprechendem Medienrummel und einer riesigen Aufregung. Lilli hatte in einem privaten Garten zwei Hühner getötet und lag vollgefressen auf dem Geflügelkäfig, ohne Anstalten zu machen, den feinen Ort zu verlassen – im Gegenteil, sie knurrte die anwesenden Menschen ordentlich an. Also betäubten wir sie ein zweites Mal und brachten sie erneut an einen anderen Ort. Wir wussten, dass die Sache nicht gut enden würde, aber was hätten wir tun sollen? Sie in einen Zoo zu bringen, war absolut keine Alternative.

Drei Tage war es ruhig, dann fanden wir sie zufällig über dreißig Kilometer entfernt in der Nähe eines Bauernhauses. Es war Abend, und sie war gerade dabei, eine angebundene Kuh zu attackieren. Erneut brach Panik aus: ein Bär im Garten! Außerdem war die Kuh trächtig, was den Ernst der Lage zusätzlich verstärkte. Wir versuchten sie zu vertreiben, aber die Bärin stellte sich gegen uns und knurrte aus vollem Hals. Drei kleine Jagdterrier, die der aufgebrachten Bärin furios nachsetzten, machten Lilli klar, dass sie sich zurückziehen musste. Nach zwei Tagen Ruhe dann der nächste Anruf, weitere achtzig Kilometer entfernt: Es wurde ein Bär im Tomatenfeld gesichtet – im winzigen Tomatenfeld eines kleinen Schrebergartens in einer heimeligen Gartensiedlung. Und das auch noch mitten am Tag. Die verschreckten Besitzer verschanzten sich im Geräteschuppen, und nur dank des großen Schäferhundes des Nachbarn, der sich gegen die Bärin stellte, suchte Lilli erneut das Weite.

Wieder drei Tage Pause, dann erneut der Anruf der Polizei mit den Worten: »Herr Find'o, Ihr Bär macht wieder Probleme.«

Lilli war also bereits »unser Bär« geworden und in der ganzen Region bekannt wie ein bunter Hund. Dieses Mal hatte sie versucht, in eine Geflügelfarm einzubrechen; Gott sei Dank blieb es bei dem Versuch. Der verantwortliche

Das ist Lilli – schlafend in ihrem neuen Habitat. Hätte ich gewusst, wie die Sache ausgeht, hätte ich sicher für eine andere Lösung plädiert. Aber es ist gut, ihre Geschichte nicht zu vergessen, da wir aus ihr lernen können. In das Sendehalsband hatten wir von der örtlichen Polsterei einen gerafften Einsatz einnähen lassen, dessen Nähte beim Wachsen des Halses aufgebrochen wären, wodurch sich der Umfang automatisch vergrößert hätte.
Die Mitarbeiter der Polsterwerkstatt staunten nicht schlecht, als wir mit dem komischen Auftrag bei ihnen ankamen, bastelten aber dann begeistert mit, damit der Bär nicht ersticken muss.

Angestellte staunte nicht schlecht, als plötzlich nach Einbruch der Dunkelheit an der vergitterten Tür, die offen stand, um frische Luft in den Stall zu lassen, ein Bär erschien, der wild an dem engmaschigen Drahtgeflecht herumriss. Beherzt schlug er Lilli mit einem Metallstock auf die Pfoten, woraufhin sie wieder in der Dunkelheit verschwand.

Die letzte Station war eigentlich auch die tragischste. Sie befand sich direkt an der ungarischen Grenze, und diesmal erwischte Lilli leider eine kleine Herde, bestehend aus sechs Schafen, die einem alten Mann gehörte. Er liebte alle seine Tiere und hatte ihnen Namen gegeben.

Die lustigen Schäfchen brachten ihm viel Freude, und nun musste er hilflos zusehen, wie Lilli einen Angriff gegen seine geliebten Tiere startete und eins nach dem anderen tötete. Es war wirklich grauenhaft, und ich bin froh, dass ich das nicht mitansehen musste, so leid taten mir der arme Mann und seine Schafe. Sicherlich war Lilli bereits sehr verzweifelt und zudem furchtbar hungrig, aber bei dem Angriff wirkte sie geradezu zornig und ließ sich nicht stoppen.

Wir hatten schon lange vor dem furchtbaren Angriff über einen Abschuss nachgedacht, aber die Bärin verschwand immer genauso schnell, wie sie aufgetaucht war, was die Sache sehr erschwerte. Außerdem hatte sie noch kein modernes Halsband um, das selbstständig Daten sammelte und sendete, sondern ein klassisches VHF-Sendehalsband, das von uns erst angepeilt werden musste. Aber, und vielleicht wieder einmal Gott sei Dank, Lilli verschwand nach dem Massaker auf die Schafe spurlos. Es gibt zwei Vermutungen, was passiert sein könnte: Entweder hat sie sich nach Ungarn abgesetzt, um dort plötzlich ein Leben als unauffällige Bärin zu führen – nicht sehr wahrscheinlich. Die zweite Variante ist ganz einfach, dass Lilli geschossen wurde – sehr wahrscheinlich. Die Bärin war sicherlich gegen Ende ihrer langen Wanderung mehr als erschöpft und fertig mit den Nerven. Zudem war sie natürlich potenziell gefährlich, nicht nur für Weidetiere, sondern eben auch für Menschen.

Von Lilli lernen wir vor allem dies: Wir können ein erlerntes auffälliges Verhalten bei Bären nicht mehr wegbekommen. Das ist ein trauriger Fakt, wurde aber von Lilli sehr eindeutig bestätigt. Wenn also Bärenmütter ihre Jungtiere in Dörfer mitnehmen und sie von klein auf an

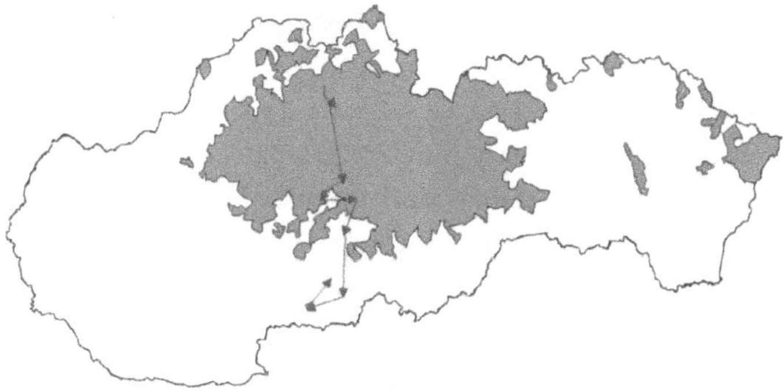

Wanderstrecke der Jungbärin Lilli. Insgesamt legte sie eine Strecke von 180 Kilometern zurück, wobei sie eine regelrechte Blutspur hinterließ.

die verbotenen Früchte gewöhnen, dann ist es eine Illusion zu glauben, dass sich die Jungbären in der Pubertät auf einmal ändern und alles anders machen wollen als ihre Mütter. Das Gegenteil ist der Fall: Sie werden dieses schwierige Verhalten beibehalten und damit weitermachen. Im Falle von Weibchen besteht zusätzlich die Gefahr, dass auch sie ihre Jungtiere mitnehmen, wenn sie in menschlicher Nähe auf Futtersuche gehen. Somit lernt eine weitere Bärengeneration ein problematisches Verhalten, was sich eventuell immer weiterverbreitet. Auf diese Weise züchtet sich der Mensch, ohne es zu wollen, eine kleine Subpopulation an »Gangsterbären« heran, die aber die Reputation sämtlicher Bären in der Umgebung negativ färben. Wenn wir nur auf das Einzelschicksal schauen, dann ist es sicherlich manchmal schwierig, die Entscheidung zu treffen, einen Jungbären zu entfernen. Aber die Einzelschicksale von Lilli und Lisa verdeutlichen es erneut: Entweder werden die jungen Bären getötet, oder aber sie starten eine halsbrecherische Odyssee voller Angst, Hunger und Verzweiflung.

Eigentlich könnte man Geschichte an Geschichte reihen und daraus ein ganzes Buch verfassen. Geschichten, die sich irgendwie gleichen und immer eine ähnliche Botschaft haben. Warum ist es dennoch so wichtig, diesen Einzelschicksalen Raum zu geben? Weil ein Abschuss keine einfache Entscheidung ist und immer zu sehr viel Gegenwehr in manchen Bevölkerungsgruppen führt. Oft hören wir dann das Argument: »Man muss Leben retten.« Dabei ist allerdings nicht immer klar, welche Art von Leben eigentlich gemeint ist. Und oft fragt schon wenige Wochen später niemand mehr danach, *wie* denn der gerettete Bär nun eigentlich lebt. Leider leben wir Menschen in einer Welt, die bedingt durch unsere Aktivitäten den Lebensraum für Wildtiere reduziert. Zudem stören wir durch unsere Freizeitaktivitäten den verbliebenen Lebensraum vieler Lebewesen. Wir kreieren durch unsere landwirtschaftlichen Aktivitäten attraktive Futterplätze für viele Wildtiere, was sie eventuell noch mehr in unsere Nähe lockt. Im schlimmsten Fall erhöhen sich durch die Konsumierung von hochkalorischem Futter zudem die Reproduktionsraten, und es kommt zu noch mehr Tieren auf einem immer reduzierteren Raum. Das ist ein Dilemma, auf das Tiere entsprechend reagieren können, sodass sie dann plötzlich bei uns in unseren Städten und Dörfern auftauchen.

Oft heißt es, es gebe keine Problembären, sondern nur Problemmenschen, was die Schuld am Auftauchen von auffälligen Bären am Stadtrand einzig und alleine der ansässigen menschlichen Bevölkerung zuschiebt. Leider ist das nicht so einfach, was viele moderne Publikationen und Arbeiten zeigen: *Big City Life* großer Raubtiere ist häufiger als gedacht. Und da muss nicht einmal aktiv angefüttert werden. Der Autor Richard C. Francis beschrieb in seinem Buch diesen speziellen Prozess als »Selbstdomestikation in einer menschengemachten Welt«. Es handelt sich um ein neues Phänomen, das erst kürzlich entstanden ist und eigentlich eine Verhaltensanpassung darstellt: Manche Tiere haben verstanden, dass es in der Nähe oder gar im Kernbereich menschlicher Siedlungen eine große Menge an Futter gibt. Zudem bietet das Leben im Bereich von Städten auch einen gewissen Schutz vor Fressfeinden und/oder aggressiven Artgenossen. Das einzig Dumme ist nur die Präsenz des Menschen – aber an den kann man sich ja gewöhnen, wenn man bemerkt, dass er eigentlich nichts tut, was ja für die meisten Menschen auch gilt. Die Stadt bietet zudem auch eine Menge an Versteckmöglichkeiten; somit kann man als Tier auch dem ungeliebten Zweibeiner aus dem Weg gehen. Es gibt mittlerweile Daten, die zeigen, dass in London eine viel höhere Populationsdichte an Füchsen herrscht als auf dem Land. Viele Menschen denken wahrscheinlich, dass es sich bei solchen vierbeinigen Stadtbewohnern eher um Marder, Füchse oder Waschbären handelt. Francis zeigte aber an vielen Beispielen, dass vermehrt auch Kojoten, Wölfe oder auch Bären eine solche Art zu leben entwickeln, da sie sich an uns und unsere Siedlungen als neuen Parameter in ihrem Habitat gewöhnen. Eigentlich handelt es sich um ein sehr schnell angepasstes und schlaues Verhalten, neue Dinge und Habitate, wie eben menschliche Siedlungen, zu erkennen und sich zunutze zu machen. Nur können wir solche Tiere nicht dulden, da sie ein hohes Sicherheitsrisiko bedeuten.

Sicher ist es ein richtiger Schritt, das Abfallproblem vieler Großstädte in den Griff zu bekommen. Im Bärengebiet kann man natürlich auch Abfalltonnen »bärensicher« machen, damit der Mensch zwar seinen Abfall entsorgen kann, dem Bären jedoch der Zutritt dazu verwehrt wird. Es gibt sehr ausgeklügelte Systeme, und die Entwicklungen gehen stetig weiter. Ein sehr wichtiger Punkt ist aber natürlich, dass kein Geruch nach außen dringt, und das ist gar nicht so einfach. Außerdem müssen die Tonnen auch oft genug geleert werden, damit kein Abfall daneben abgelegt wird – und das ist in touristisch genutzten Gebieten oft herausfordernd und braucht eine gute Planung.

Das Abfallsystem zu optimieren, ist ein guter Schritt in die richtige Richtung, erfordert aber auch eine gewisse Zeit. Sicherlich ist es auch eine Kostenfrage, ob man flächendeckend in der Slowakei Millionen von Abfalltonnen sichern kann. Und dabei sind die privaten Komposthaufen in den Gärten der Menschen noch gar nicht miteinbezogen. Was man aber nicht vergessen darf, ist Folgendes: Einem Bären, der sich an Abfall als potenzielle Futterstelle gewöhnt hat, kann man so ein Verhalten nicht so einfach abtrainieren. Er geht einfach an die nächste Tonne oder ins nächste Dorf. Und falls wir wirklich eine hohe Bärenpopulation in den nahe gelegenen Wäldern haben, ist es auch die Frage, ob der Abfall der einzige Grund für das Auftreten des Bären war (siehe auch Alica und der menschliche Schutzschild). Wenn es zu starken Konkurrenzbeziehungen im nahen Wald kommt, kann es natürlich auch passieren, dass rangniedere Tiere auf der

Futtersuche außerhalb der »Bären-Hotspots« eventuell auch bei uns landen. So ein Bär wird leider dann doch entfernt werden müssen, da er aus verschiedenen Gründen immer wieder kommt.

Also arbeiten wir in der Prävention oft an der Folgegeneration und nicht immer an den aktuell auftretenden Containerbären, die teilweise wirklich zur Plage werden können. Einige Tiere waren gar so dreist, dass sie durch Tiefgaragen in Häuser einbrachen und sich aus Privatkellern mit eingelagerten Kartoffeln nicht mehr vertreiben ließen. So einen Bären hält natürlich kein gut gemeinter Elektrozaun auf. Schlimm wird es dann, wenn wir Einzeltiere haben, die sogar Bäckereien und Metzgereien plündern – nicht auszudenken, was passieren kann, wenn morgens der erste Mitarbeiter den Laden aufsperrt und eine ganze Bärenfamilie in der Auslage überrascht. Solche Bären können und dürfen wir nicht akzeptieren.

Die Probleme werden nicht kleiner durch die Tatsache, dass Bären so eine gute Nase haben. Wenn beispielsweise in touristisch genutzten Gebieten sämtliche Buffets, Hotels und Restaurants kochen, dann entlässt man eine verlockende Duftwolke ins umliegende Bärenhabitat. Jeder kennt den Geruch von frittiertem Essen, den man auf viele Meter bereits riechen kann – wir, mit unserer lächerlichen Nase. Wie verführerisch ist das wohl für Bären? Und da kann man leider nichts mehr einzäunen, und sicherlich ist es keine Lösung, nur noch kalte Platten für die Gäste zu servieren …

Stichwort Vergrämung

Auch das ist momentan in aller Munde – vor allen Dingen in Mündern von Menschen, die sehr weit weg vom Bärengebiet leben: Man könnte die Bären doch einfach mit Gummigeschossen beschießen, dann würden sie sich den schmerzhaften Reiz merken und kämen nicht mehr an die Stelle, wo es so furchtbar gebrannt hat unter dem Pelz. Leider ist auch hier die Erfahrung aus der Praxis eine andere: Es stimmt, die Bären kommen oft an den entsprechenden Platz nicht mehr, aber das heißt nicht, dass das schädliche Verhalten eingestellt wird – sie machen einfach woanders damit weiter. Getreu dem Motto: Wo ist die nächste Futterstelle im Bärenparadies, sprich im Dorf? Falls wir vergrämen, dann müssen wir auch sehr genau aufpassen, das Geschoss wirklich in die großen Muskelgruppen von Oberschenkeln und Po zu platzieren, an anderen Stellen können wir das Tier mitunter sehr schwer treffen, und es verendet qualvoll. Kompliziert wird es in dicht besiedelten Gebieten: Vergrämen wir ein Tier, dann läuft es in Panik weg, könnte aber bei seiner Flucht auf andere Menschen treffen, gegen die sich der Bär dann plötzlich verteidigen muss – alles schon passiert in der Slowakei. Und als Letztes: Wenn wir ein bestimmtes Tier ein- oder zweimal vergrämen und es trotzdem wiederkommt, dann hat die Sache offenbar keinen Sinn – Mission gescheitert. In der Slowakei wurden nach schier endlosen Vergrämungsaktionen Bären dann doch geschossen, deren Körper dunkelblau wie eine Pflaume war – bei der berühmten Bärin Inga steckte sogar noch ein Gummigeschoss in der Bauchhautfalte. Könnte der ständige Schmerz das Tier eventuell sogar gegenüber dem Verursacher, also uns gegenüber, aggressiver gemacht haben? Viele offene Fragen, denen wir uns unbedingt stellen müssen.

Bäreneinsatzteam als Hilfe

Wie bereits erwähnt, gibt es in der Slowakei mittlerweile ein sogenanntes Bäreneinsatzteam, das versucht, Menschen bei Problemen mit Bären zu helfen. Es gibt eine Hotline, die rund um die Uhr besetzt ist, und da sitzen Menschen, die praktische Hilfe vor Ort leisten. Seit Kurzem übernehmen die Mitglieder jetzt auch den Abschuss von auffälligen Tieren, und das sind momentan relativ viele Tiere, da man zu lange gewartet hat. Das Team ist sehr kostenintensiv und wird oft kritisiert, aber sicherlich ist es ein guter Anfang, einen Versuch zu unternehmen, sich den Dorfbären der Slowakei zu nähern. Leider wird über den Kampf um das Leben einzelner Bären, die eine potenzielle Gefahr darstellen, oft vergessen, dass es weitaus größere Probleme und Herausforderungen gibt, denen man sich intensiver widmen müsste, da sie neben den Bären auch eine Vielzahl an anderen Wildtieren betreffen. Ein ganz großes Thema ist hierbei die Habitatfragmentierung und Zerschneidung der Landschaft durch Straßen. Diesem Problem widmen wir uns im Kapitel »Suska und die Straßen«.

Die traurige Konsequenz, wenn wir Dorfbären einfach draußen lassen

Auch an dieser Stelle könnte man Dutzende Geschichten erzählen und viele Bilder von Bären zeigen, die Menschen in den Dörfern Angst machen. Es ist einfach kein Spaß, wenn morgens um 7 Uhr eine Bärenfamilie an der Bushaltestelle sitzt, wo man doch eigentlich sein Kind in

Dieser große Bär wurde gewildert im Wald gefunden. Der Körper wurde einfach liegen gelassen, was uns zeigt, dass es sicherlich nicht um die Trophäe ging, sondern nur darum, eins von den »Drecksviechern« zu schießen.
Die Region wird schon seit Längerem von einigen Dorfbären tyrannisiert, die man lange Zeit einfach draußen ließ. Vergessen wir niemals dieses Bild! Der Bär hätte nicht sterben müssen, wenn wir Menschen bei Problemen mit auffälligen Tieren helfen würden.

die Schule schicken möchte. Wird dann von Abschuss gesprochen, was auch ich in diesem Fall tue, dann wird einem manchmal fälschlicherweise eine große Härte oder gar Bosheit unterstellt. Nein – das stimmt nicht. Mir geht es neben dem Schutz der Menschen auch immer um die Vermeidung von Tierleid. Hier könnte ich Geschichten und Bilder zeigen, von angeschossenen Bären, die sich ihre Wunden im Wasser kühlen, von sechs vergifteten Bären, die nebeneinander tot an einem Fluss lagen, da sie durch das Gift durstig wurden, und natürlich von Fleischködern mit Stecknadeln oder Apfelstücken gespickt mit Rasierklingen. Wenn Menschen richtig viel Angst haben und verzweifelt sind, dann schrecken sie auch vor diesen Mitteln nicht zurück. Leider trifft es oft ganz andere Tiere als die, die sich im Dorf aufhalten. Und leider erwischt es neben den eigentlich angepeilten Bären auch sehr oft andere Tiere als Kollateralschaden – inklusive private Hunde. Und da weint sicher jemand ganz bitterlich. Somit macht das Bäreneinsatzteam im Moment einen schwierigen, aber guten Job, auch wenn es manchmal drastisch wirkt. Ein besseres Management kann die Abfallsituation verbessern und ein wissenschaftliches Monitoring die Bären besser verstehen, damit wir auch in Zukunft nachhaltiger vorbeugen können. Aber Dorfbären einfach draußen zu lassen, ist massiv unverantwortlich – gegenüber den Menschen und auch gegenüber den Bären und eventuell anderen Tieren.

Wie geht es weiter mit den Bären?

Tom, der Ameisenbär am Schafcamp – was zeigt uns der Bär für die Zukunft?

Tom war der kleinste männliche Bär, den wir gefangen und besendert haben. Ein junges, fideles Männchen, das neugierig in der Falle saß und interessiert in unsere Gesichter blickte, als wir ihn von außen begutachteten, um abzuschätzen, wie viel Narkosesubstanz wir applizieren sollten. Als er aber unsere Stimmen hörte, geriet er irgendwie in Panik und war auf einmal sehr nervös. Er sprang auf und ab und schien nach einer Möglichkeit zu suchen, den eisernen Käfig zu verlassen. Nach Applizierung der ersten Dosis ging er zwar zu Boden, bewegte aber noch sehr intensiv die Augen, weshalb wir uns entschieden, nochmals eine geringe Menge nachzuspritzen. Endlich schlief der kleine Kerl, und wir konnten es wagen, die Falle zu öffnen und ihn nach Anlegen der Augenbinde herauszutragen.

Während die anderen Kollegen den jungen Bären besenderten, beobachtete ich intensiv das Gesicht. Die Augen waren zwar verbunden, aber ich konnte genau auf die Schnauze des kleinen Bären sehen. Plötzlich begann Tom zu schmatzen und zu schlucken – ein Zeichen, dass er langsam in den Prozess des Aufwachens geriet. »Männer, macht schneller«, sagte ich erschrocken, »der Bär kommt langsam in die Aufwachphase.« Da das Sendehalsband weder zu fest noch zu locker angelegt werden darf, waren meine Kollegen noch nicht fertig. Wieder schmatzte unser Patient, ein ungutes Zeichen. »Slavo, der Bär scheint wirklich wach zu werden. Ich will echt nicht drängeln, aber er wird immer munterer.«

Die Pfoten begannen schon zu zucken, als die Männer endlich die Schrauben des Halsbandes angezogen hatten. »Kann ich ihm die Augenmaske abnehmen?«, fragte ich nervös, und Slavo nickte schnell. »Ja, wir sollten uns echt beeilen, der Bär bewegt schon den Kiefer.«

Die anderen Männer traten einen Schritt zurück, und ich zog dem Jungbären vorsichtig den abgeschnittenen Strumpf von den Augen weg und dann über die lange Schnauze herunter. Dabei hielt ich den Kopf des kleinen Bären in meinem linken Arm und arbeitete mit der rechten Hand. Als die Maske herunter war, drehte der Bär sein Gesicht direkt in meine Richtung und öffnete plötzlich die Augen. Schnell legte ich den noch verwirrten Bären auf die Erde, stand auf und wich zurück.

»Oh«, raunten die anderen, »das war wirklich knapp.« Doch kaum lag der Bär, schlief er auch schon wieder ein, es war also nur ein kurzer Reflex gewesen.

Alles war so schnell gegangen, dass ich nicht einmal Zeit gehabt hatte, mich zu erschrecken. Es war eher ein ungläubiges Staunen, dass ich einem Bärengesicht aus so unmittelbarer Nähe direkt in die Augen geschaut hatte. Ja, Tom hatte wirklich so lustige Knopfaugen wie sein plüschiger Teddyverwandter. Manchmal ist es einfach nur wunderbar, was Mutter Natur für zauberhafte Geschöpfe erschaffen hat – kein Wunder, dass sich die Bären einen so großen Fanclub aufgebaut haben.

Tom wird direkt nach dem Herausholen aus der Falle schnell gewogen und vermessen. Man sieht, unsere Anfänge waren nicht ganz so hightech und super professionell. Aus einer Lkw-Plane und einem dicken Baumstumpf hatten wir unsere Bärenwaage zusammengezimmert, aber sie funktionierte dank der Muskelkraft meiner Kollegen tipptopp, zumindest bei so leichten Bären, wie Tom einer war. Er hatte zum Zeitpunkt des Fanges ein Gewicht von genau 111,5 kg.

Warum bekommt der kleine Tom am Schluss so ein wichtiges Kapitel?

Tom war ein klassischer »Ameisenbär«. So werden Bären bezeichnet, die immer wieder an den Schafcamps auftauchen. Allerdings ohne dabei Angst und Schrecken bei den Schäfern zu verbreiten. Man kannte ihn ja, den »Mravenčinar« (Mravec ist die Ameise auf Slowakisch), den Ameisenbären eben.

Können Sie sich das vorstellen? Ein Bär, 111,5 kg schwer, der sich immer wieder in direkter Nähe zum Schafcamp aufhält und trotzdem keine Panikreaktionen auslöst? Für den deutschsprachigen Raum ist das eine schier unglaubliche Vorstellung. Aber es war so, und es gibt immer wieder solche Bärenindividuen, die man deswegen dann auch *Ameisenbären* nennt, da es ihnen überhaupt nicht um die Schafe oder Ziegen geht, sondern um die kleinere, sechsbeinige tierische Variante, nämlich um die Ameisen und eventuell auch noch um andere Insekten. Diese Bären, schlau und opportunistisch, wie sie sind, haben erkannt, dass es bei so viel »Weidetierkacke« auch viel Kleingetier gibt, das sich auf den abgegrasten Wiesenflächen tummelt. Da das Gras niedriger ist, lassen sich auch die kleinen Ameisenhügel leichter finden und plündern. Einer der Schäfer erzählte uns sogar, dass er Tom in der Abendsonne dabei beobachten konnte, wie er begeistert von einem großen Stein zum nächsten sprang, diese umdrehte und freudig die Unterseite abschleckte. Wer die Probe aufs Exempel machen möchte, ist sehr gerne eingeladen: Im kühlen, feuchten Untergrund wimmelt es von Insekten, und wenn der Bär blitzschnell die Steine umdreht, dann bleiben auch immer ein paar von ihnen auf dem Stein kleben, die er dann nur abzulecken braucht.

Die spezielle Ernährungsweise von Tom und der dazugehörige slowakische Name für derartige Bären zeigt aber auch, dass es nicht ganz unmöglich ist, mit Bären im gleichen Habitat zu existieren. Und das auch noch für Menschen, nämlich die Schäfer, die nun wirklich ganz alleine draußen sind und beim Anblick eines jeden Bären in Panik geraten könnten. Es zeigt aber auch, wie gut die Menschen, die intensiven Kontakt mit Bären hatten, die entsprechenden Tiere beobachtet haben, sodass sie anhand des Verhaltens folgerichtig entscheiden konnten, ob ein Bär für sie und die Weidetiere gefährlich sein könnte.

Die Bezeichnung »Ameisenbär« ist nämlich schon sehr alt. Dazu passt auch, dass der Bär in der Hirtenkultur immer wieder ein beliebtes Motiv ist. Passionierte Nutztierjäger jedoch waren noch nie beliebt, früher nicht und auch heute nicht. Und so ist es auch gar nicht der Ansatz dieses Buches, dem Leser jeden einzelnen, mitunter gefährlichen oder nervigen Bären schmackhaft zu machen. Nein, dieses Buch und die vielen Geschichten der einzelnen Bären sollten einfach nur eines zeigen: Bären sind wirklich einzigartig, als Gattung und als Einzelexemplare. Sie sind nämlich große Individualisten. Es gibt draußen im Feld alles: vom perfekten Vorzeigebären bis hin zu Tieren, die lieber zu früh als zu spät entfernt werden sollten. Dieses Buch ist auch als Aufforderung zu verstehen, sich der Polarisierung um die angeblich so gefährlichen Bären einerseits und die perfekten Kuscheltiere andererseits zu entziehen. Es wird uns nichts anderes übrig bleiben, als uns immer ein Bild von den entsprechenden Individuen vor Ort zu machen. Denn wie wir gesehen haben, zeigt uns der Bär, was er braucht, und sein Verhalten entscheidet darüber, ob ein Zusammenleben möglich ist oder nicht.

Tom hat eigentlich »immer alles richtig gemacht«. Er hielt Abstand von den Menschen und suchte die Nähe zu Schafen nur zur Insektensuche auf und eben nicht, um seinen Hunger auf Schaffleisch zu stillen. Leider wurde er trotzdem gewildert: Wir fanden sein Halsband nahezu aufgebahrt auf einem großen Stein neben einem Fluss. Wir waren sicher, hier wollte uns jemand darüber informieren, dass der Bär tot ist. Ansonsten hätte man das Sendehalsband einfach vernichten können, und niemand hätte es je gefunden. Wir können fast hundertprozentig ausschließen, dass es sich bei den Wilderern um Weidetierhalter handelte, da diese den Bären nicht als Gefahr einschätzten. Es ist immer schade, wenn man ein besendertes Tier verliert: Sie können uns so viel zeigen, und nur auf guten Daten lässt sich ein funktionierendes Management aufbauen. Zumindest wussten wir, was mit dem Jungbären passiert ist, und mussten nicht mehr verzweifelt nach ihm suchen.

Die Schadensstatistik des slowakischen Braunbären

Für viele westliche Weidetierhalter ist die Frage interessant, wie häufig sich die slowakischen Bären an Weidetieren vergreifen. Aus der slowakischen Rissstatistik geht hervor, dass wir jährlich ca. sechshundert Weidetiere – hauptsächlich Schafe, gefolgt von Ziegen, nur wenige Rinder (und dann meistens Kälber) – an Raubtiere verlieren. Etwa 75 bis 80 Prozent davon gehen auf das Konto der Wölfe, die restlichen 20 bis 25 Prozent auf das der Bären. Ein Bär kann also durchaus gefährlich für die Weidetiere werden. Und jeder Angriff auf Weidetiere ist tragisch, auch wenn sich der materielle Gesamtschaden wirklich in Grenzen hält. Statistische Aussagen helfen dem Besitzer nichts, der seine Weidetiere verloren hat, deshalb nehmen wir diese Fälle absolut ernst. Es würde den Rahmen dieses Buches sprengen, das Thema Herdenschutz in der Slowakei zu beschreiben, aber viele slowakische Schäfer im Raubtiergebiet arbeiten mit Herdenschutzhunden, wobei auch immer ein Schäfer mit dabei ist, der bei Zusammenstößen von fremden Menschen und den Schutzhunden eingreifen kann.

Dass auch das nicht immer so sein muss, bezeugt diese

unglaubliche Geschichte aus Polana, die ich mit eigenen Augen gesehen habe: Ich wusste, dass im Einzugsgebiet der Bärin Alica ein Rinderhirte eine nicht eingezäunte Weide hatte, wo um die fünfzig Mutterkühe standen. Viele von ihnen hatten Kälber.

Auf meine Frage, ob er Raubtierübergriffe zu verzeichnen hatte, verneinte der Hirte lachend: »Was glauben Sie, gute Frau, was meine Damen (die Rinder) mit einem angreifenden Wolf oder Bären machen würden? Die würden ihn aufspießen. Selbst ich kann bei manchen meiner Mädels ihre Kälbchen nur dann begutachten, wenn ich sie vom Baum aus mit dem Fernglas beobachte – so fuchsteufelswild sind die. Tatsächlich kommt hier aber jeden Tag eine Bärin vorbei, und das auch noch mit drei Jungtieren. Sie kommt, geht durch meine Mädels durch zur Tränke und labt sich dort mit ihren Jungen am Wasser. Gerade jetzt ist es ja so trocken, deswegen sehen wir sie wirklich jeden Tag.«

Diese Aussage ist wirklich interessant, zeigt sie doch, dass auch die Weidetiere zu verstehen scheinen, ob ein individueller Bär für sie gefährlich ist oder nicht. Fairerweise müssen wir aber dazusagen, dass die Rinder natürlich auch von klein auf mit Raubtieren aufwachsen und deshalb auf einen auftauchenden Bären nicht so panisch reagieren, wie es leider manchmal im Alpenraum vorkommen kann. Kein Wunder, dass der gut gelaunte Rinderhirte, der im Sommer sogar seine Frau und seine drei kleinen Kinder mit dabeihatte, keinen Herdenschutzhund brauchte. Von seinem kleinen Treiberhund erzählte er mir allerdings, der sei so geschickt, dass er als Einziger sogar den Rindern Respekt einflößen konnte, wenn er mit ihnen weiterziehen wollte.

Dieser fleißige »Rinderhirte« genießt ein kühles Bad im Nass – morgens war bereits eine vierköpfige Bärenfamilie da und hatte ebenso an der Tränke ihren Durst gestillt. Im Hintergrund sieht man einige Schafe von einem anderen Schafhirten, der ab und an seine Tiere auf der Rinderweide zum Trinken führte. Der kleine Hund war perfekt auf die Rinder eingestimmt und hatte an der Arbeit einen Heidenspaß.

Medved'- das Tier, das weiß, wo der Honig ist

Einige Bären plündern auch Bienenstöcke, diese »Schadensklasse« nimmt langsam zu. Wie bereits besprochen, ist dieses Verhalten ebenfalls schon lange bekannt und bescherte dem Braunbären seinen Namen in der slowakischen Sprache. Mittlerweile ist es ein weitverbreitetes Hobby geworden, sich ein paar Bienenfamilien zu halten. In der Slowakei werden jährlich viele Kurse für angehende Imker angeboten, die enormen Zulauf erhalten. Ein kleiner Hobbybienenzüchter verliert somit zwar nicht seine Existenz, wenn ihm ein Bär seine Bienen plündert, aber der Verlust ist oft umso schmerzlicher, da es sich um ein lieb gewonnenes Hobby handelt, in das man viel Geld, Zeit und Liebe gesteckt hat. Viele Bienenhäuschen sind vergittert, damit die Bären sie nicht plündern können. Oft hat man auch ausrangierte Bauwagen, deren Einflugschneise für die Bienen mit Metallzähnen gegen Bären geschützt sind. Immer wieder behilft man sich auch mit Elektrozäunen, um hungrige Bären abzuhalten.

Der erfolgreichste Tunnelbauer unter den Bären

Die meisten Elektrozäune, die man um die Bienenhäuschen aufstellt, funktionieren recht gut: Der bienenplündernde Bär muss draußen bleiben. Die Zäune werden oft auf eine Mindesthöhe von 120 bis 160 cm eingestellt, damit sie sicher gegen den honigfressenden Eindringling wirken. So weit, so gut. Auch ein Hobbyimker, der uns rief, hatte das so gemacht. Doch der vierbeinige Plünderer wusste sich zu helfen: Er grub sich einen fast 150 cm tiefen Tunnel unter dem Elektrozaun durch, um sich nochmals an den Bienenlarven zu laben. So etwas haben wir nie zuvor und auch danach nie wieder dokumentiert. Wir waren so erstaunt bei der Kontrolle, dass wir nicht wussten, ob wir lachen oder weinen sollten. Der Bienenbesitzer stand daneben und schüttelte nur ungläubig den Kopf: »Also, dieses Viech ist so unglaublich, dem müsste man für diese Tunnelarbeit fast schon einen Ehrentitel verleihen.« Noch interessanter war aber die

Tatsache, dass der Bär Gott sei Dank nie mehr wieder kam. Vielleicht war ihm die Arbeit dann doch zu anstrengend.

Gibt es wirklich den absoluten Schutz?

Die Geschichte mit dem Tunnelbauer erzähle ich auch deshalb, weil wir leider aus Erfahrung wissen, dass es immer wieder Ausnahmetiere gibt, die Schutzmaßnahmen überwinden. Das Argument der Raubtiergegner ist also nicht von der Hand zu weisen: Es gibt wohl keinen hundertprozentigen Schutz. Aber in dem jahrhundertelangen Zusammenleben von Bären und Menschen war der Einsatz von Schutzmaßnahmen eben auch nie mit der ideologisch gefärbten Überlegung verknüpft: Wenn ich Hunde, Hirten oder Zäune zum Schutz meiner Tiere einsetze, dann muss nie wieder ein Bär geschossen werden. Diese gedankliche Verknüpfung ist erst in jüngster Zeit in Ländern aufgekommen, in denen die Tiere jetzt nach jahrzehntelanger Abwesenheit wieder auftauchen.

Es ist absolut sinnvoll, das ganze Repertoire an Schutzmöglichkeiten einzusetzen, da es zumindest einige Individuen abhält. Dass es trotzdem immer wieder auffällige Bären gibt, die sich davon nicht beeindrucken lassen, ist ebenfalls schon lange bekannt. »Die müssen dann halt weg, aber doch nicht alle Bären!« So sagt es zumindest mein langjähriger Freund Vlado Ondrik, ein Schäfer aus Orava.

Das ist der Pragmatismus, der mir in vielen westeuropäischen Ländern fehlt. Aber dieser Pragmatismus ist vielleicht auch deshalb verloren gegangen, weil die großen Beutegreifer lange Zeit aus der Landschaft verschwunden waren und erst jetzt wieder auftauchen. Da das Zusammenleben mit ihnen nicht ganz einfach ist, kommt es zu extremen Reaktionen. Leider spaltet das die Menschen dann in verschiedene Lager, die sich irgendwann nicht mehr an einen Tisch setzen können – aber daran ist ganz bestimmt nicht der Bär schuld.

Der Bär im deutschsprachigen Alpenraum – Segen oder Fluch?

Von April 2023 bis November 2024 durfte ich in Tirol, genauer gesagt im Tiroler Oberland, eine Studie zur Habitateignung Bär (und anteilig Wolf) durchführen. Immer wieder tauchen einzelne Individuen in den Alpen auf, und es stellt sich somit die logische Frage, ob dieser Teil für das Überleben der Bären geeignet ist. Die Überlegung, einen Menschen mit sehr viel »Raubtierhintergrund« über so viele Monate vor Ort in einem Raubtier-Hotspot einzusetzen, ist sehr wichtig, richtig und letztlich einzigartig, auch wenn die Studie definitiv nicht überall willkommen geheißen wurde. Keine der Pro- oder Contra-Seiten hat jemals eine solche Studie durchgeführt und sich so viel Zeit genommen, sich den Raubtieren *und* den Menschen vor Ort zu widmen.

Die Ergebnisse dieser Studie sind sehr interessant und äußerst kontrovers. Sie zeigen neben vielen Einzelaspekten vor allem eins: Die Situation vor Ort ist momentan extrem verfahren, sie spaltet die Menschen in verschiedene Lager, die sich eigentlich nur noch bekämpfen.

Aber von Anfang an: Die Tiroler Bergwelt ist ein Erholungsparadies und weit über die Landesgrenzen hinaus bekannt. Kein Wunder, dass der Tourismus ein wichtiger Wirtschaftsfaktor ist, der sehr viele lokal ansässige, aber auch aus dem Ausland stammende Menschen »füttert«. Würde man den Tourismus abrupt und massiv zurückfahren (was angesichts der viel zu hohen Besucherzahlen im Grunde genommen nötig wäre und von manchen auch gefordert wird), dann hätte das also nicht nur für die Menschen vor Ort katastrophale wirtschaftliche Auswirkungen, sondern auch für viele andere Menschen, die aus allen Teilen der Welt zum Arbeiten hierherkommen.

Viele Jahre lang wurden die Tiroler Tourismusgebiete insbesondere mit dem Wintertourismus in Verbindung gebracht, aber im Zuge der nachweislich global steigenden Temperaturen wird auch der Sommertourismus zunehmend attraktiver. Wenn wir lesen, dass es in vormals beliebten südlichen Urlaubsparadiesen zu Hitzewellen und riesigen Waldbränden kommt, so können wir uns sehr gut vorstellen, dass insbesondere Familien mit Kindern nach Alternativen suchen. Und da die Temperaturen auch in den Alpen steigen, spricht schon lange nichts mehr dagegen, einen Wanderurlaub mit einigen Badetagen zu verbinden.

Doch diese Verschiebung vom Winter- zum Sommertourismus sorgt für steigende Zahlen von Menschen, die sich im Sommer, also in der aktiven Zeit des Braunbären, im Habitat aufhalten. Und diese Menschen müssen allesamt irgendwo schlafen und essen, wollen aber vor allen Dingen auch unterhalten werden. Angesichts recht hoher

Übernachtungspreise streben viele danach, die Berge intensiv zu nutzen. Das heißt: Tagtäglich strömen die Menschen in die Berge und werden so – ohne es zu bemerken und sicher auch ohne es zu wollen – für viele Wildtierarten zu Störfaktoren.

Der Wintertourismus hat immerhin den Vorteil, dass die meisten Touristen mehr oder weniger lenkbar sind; sie bleiben zum größten Teil auf den vorgefertigten Pisten, Loipen oder Winterwanderwegen. Der Schnee limitiert sie größtenteils, obwohl es auch hier immer mehr Ausnahmen gibt, wie die zunehmende Zahl von Lawinenunglücken drastisch zeigt. Trotzdem ist es immer wieder erschreckend zu sehen, wie sich das Schalenwild auch im Winter in die kalten, unwegsamen Bereiche des Habitats zurückziehen muss, da dort die menschliche Störung am geringsten ist. Die Sonnenhänge sind für die Skifahrer, Snowboarder und Rodler reserviert. Kaum zu fassen, dass beispielsweise im Skigebiet Serfaus zu Spitzenzeiten täglich um die 27 000 Menschen auf den Pisten unterwegs sind.

Für die Bären gilt immerhin: Sie ziehen sich im Winter ohnehin in unwegsames Gelände zurück – und sie schlafen.

Im Sommer jedoch strömen die Menschen in alle Richtungen und achten häufig weder auf ausgeschilderte Wege noch auf Wildruhezonen. Jeder Tag und nahezu jede Stunde wird zum Wandern, Spazierengehen, Biken etc. genutzt. Und getreu dem Motto »Es gibt kein schlechtes Wetter, nur eine schlechte Ausrüstung« wird selbst bei den furchtbarsten Wetterbedingungen einfach die wasserdichte Regenkleidung ausgepackt, und los geht's, um die Natur zu genießen.

Auf diese Weise entsteht natürlich für die Wildtiere

ein sehr hoher Druck, und insbesondere für die ruhebedürftigen Bären können sich massive Probleme ergeben. Von unseren Dutzenden besenderten Bären in der Slowakei wissen wir, dass sie bei schlechtem Wetter (vor allem bei Regen und Nebel) vermehrt untertags aktiv sind. In den touristisch stark genutzten Gebieten jedoch lassen sich viele Besucher auch von solchen, oft sogar gefährlichen Wetterbedingungen nicht abhalten. Man ist ja nicht aus Zucker, also geht man raus in die Natur, an die frische Luft. So könnte sich auch das Risiko für Bär-Mensch-Begegnungen gerade zu solchen Zeiten erhöhen.

In weniger stark genutzten Gebieten haben viele Wildtiere wenigstens in den Nachtstunden ein wenig Ruhe und können sich aus ihrem Tagesruheplatz herauswagen. Nicht hier in den Tiroler Alpen – da geht es bei Einbruch der Dunkelheit manchmal erst richtig los. An die vielen lauten, aber immerhin räumlich begrenzten Vergnügungsaktivitäten in den Dörfern können sich Wildtiere durchaus gewöhnen. Doch was, wenn während der Hauptsaison Nacht- und Fackelwanderungen, Sonnenaufgangs- und Sonnenuntergangswanderungen veranstaltet werden? Wo man sich früher im steilen Gebirge bei Dunkelheit sicher nicht hinausgewagt hätte, helfen heute moderne Ausrüstungen wie Stirnlampe und Co.

Gerade die Sonnenaufgangswanderungen halte ich in Bärengebieten für höchst bedenklich und gefährlich, da die Bären um diese Zeit normalerweise von ihrer Nachtaktivität zu ihrem Tageslager zurückkehren. Ähnlich riskant sind im Bärengebiet Wanderungen um die Sonnenuntergangszeit, wenn die Tiere sich wieder auf den Weg machen.

Bären, die in die Tiroler Alpen einwandern, finden also

unerwartet ein von Menschen nicht nur extrem dicht besiedeltes, sondern auch in jedem Winkel massiv gestörtes Habitat vor. Ehrlich gesagt: Ich selbst hätte mir das Ausmaß der menschlichen Störung nie vorstellen können, wenn ich nicht monatelang vor Ort gelebt und gearbeitet hätte.

Leider gibt es unter so vielen Menschen auch einen Teil, der sich arrogant verhält. Die Alpen sind für sie eine Art Vergnügungspark, und sie glauben, alle Tiere und Menschen, die hier leben, dürften benutzt, angefasst und fotografiert werden. Jedes Jahr kommt es leider auch zu mitunter tödlichen Angriffen von Weidetieren auf Menschen, trotz zahlreicher Warntafeln und Hinweisschilder. Doch selbst solche Vorfälle bringen manche Menschen nicht zu der Einsicht, dass Rinder, Ziegen oder Schafe in den Bergen nicht als Streicheltiere aufgestellt wurden und dass man sie einfach in Ruhe lassen sollte. Und wenn dann etwas passiert, ist am Ende immer die angeblich »blöde Kuh« schuld, nicht der Mensch.

Viele Weidetierbesitzer haben inzwischen zweifach Angst vor dem neuen Raubtier in ihrer Umgebung: Die erste Angst bezieht sich darauf, dass im schlimmsten Fall ihre Weidetiere z. B. von einem Bären (oder Wolf) getötet werden. Die zweite Angst jedoch bezieht sich darauf, dass die Weidetiere nervöser werden könnten, womöglich Störungen durch Menschen weniger gut tolerieren und schneller zu einem Angriff ansetzen als ohne die Präsenz eines Raubtieres. Ob das im Fall des Bären so einfach gilt, ist schwer zu sagen. Durchaus denkbar ist aber, dass die Anwesenheit von Wölfen zu einer steigenden Schreckhaftigkeit und Aggressivität von Weidetieren gegenüber fremden

Hunden führen könnte. Auch dies kann gefährliche Szenen zur Folge haben.

Fakt ist: Die Dörfer in den Tälern platzen während der Hauptsaison aus allen Nähten. In manchen Dörfern hat man buchstäblich Schwierigkeiten, die Straßen zu überqueren. Wer schon einmal zur Sommerzeit über den Fernpass nach Reutte gefahren ist, weiß, was ich meine. Kilometerlange Staus verpesten die Luft, stören die Anwohner massiv und führen zu stundenlangen Wartezeiten an der Grenze. Was für Menschen einfach belastend ist, führt jedoch für Bären zu einer drastischen Einschränkung ihrer Wanderbewegungen. Bereits ab einem Verkehrsaufkommen von 6000 bis 8000 Fahrzeugen pro 24 Stunden beginnt, wie schon ausführlich dargestellt, der Barriere-Effekt einer Straße. Dieser Wert wird in der Hauptsaison auf vielen Straßen Tirols erreicht und allzu oft überschritten.

Leben nach Saison von null auf hundert und zurück – schwierig für (Menschen und) konservative Bären

Die touristischen Gebiete in Tirol haben ihre eigenen Jahreszeiten, nämlich die Winter- bzw. die Sommersaison und die entsprechenden ruhigen Zwischenzeiten. Ist man im Tourismus oder allgemein in touristisch genutzten Gebieten tätig, dann lebt man nach einem sehr seltsamen Rhythmus: entweder Vollgas oder Stillstand. Das ist natürlich ein Lebensstil, den man erst einmal lernen muss, wenn man hier nicht aufgewachsen ist. Sehr viele Restaurants, Hotels, Cafés, Kneipen, Schwimmbäder, Saunen, Thermen etc. haben in der Zwischenzeit geschlossen. Die Einheimischen machen selbst Urlaub und/oder renovieren und reparieren ihre Häuser.

Die Menschen in Tirol kennen diesen seltsamen Rhythmus und leben dementsprechend. Aber: Was bedeutet dieser Rhythmus für die Tiere draußen im Feld? Was kann dieses Alles-oder-nichts draußen für Reaktionen auslösen? Urplötzlich wird es still, wenn die Saison endet, und zwar mucksmäuschenstill. Keine Alm in Betrieb, kein Gasthaus, kein Lift – und die Menschen sind auch fast alle weg. Keine Mountainbiker, keine Pistenfahrzeuge, keine Wandergruppen – einfach nur Stille.

Ich liebe sie – die Högalm in der Zwischensaison. Ein Ort voller Ruhe, Stille und atemberaubender Schönheit. Kein Wunder, dass dieser Platz als Kraftplatz gilt. Zu Zeiten der Saison erkennt man den Ort jedoch kaum wieder. Neben dem Skifahren im Winter gibt es nun auch Rodeln, Tretbootfahren und Stand-up-Paddeln im Sommer. Sanfter Tourismus sieht anders aus. Was mich nur nervt, bedeutet für Wildtiere jedoch eine große Störung; sie ziehen sich zurück.

An die Ruhe kann man sich schnell gewöhnen, manchmal schneller, als man es sich als Mensch überhaupt vorstellen kann. Während der Covid-19-Lockdowns beobachteten wir das Phänomen, wie schnell sich Wildtiere an stille, von Menschen endlich verlassene ehemalige Touristengebiete gewöhnen können. Plötzlich schwammen Delfine in den Kanälen von Venedig, liefen ganze Schalenwildherden durch leer gefegte Städte und kamen die Bären auch untertags wieder raus aus ihrem Versteck – weil es möglich war. Das haben mir auch viele Angestellte der slowakischen Bergwacht bestätigt – man traf die Bären auf einmal viel öfter am Tag an, da sie sich offenbar bereits nach acht bis zwölf Wochen daran gewöhnt hatten, dass sie wieder allein im Wald waren und sich nicht mehr vor dem ungeliebten Zweibeiner verstecken mussten.

Viele Menschen glaubten naiv, dass sich ab jetzt vieles ändern würde. Sie hofften auf ein neues Natur- und Wildtierverständnis, da man ja sehen konnte, wie durch den Wegfall der menschlichen Störung die Tierarten zurückkamen und sich freier bewegen konnten. Außerdem sorgte der eingeschränkte Auto- und Flugverkehr zu einer Verbesserung der Atmosphäre.

Doch leider wurden diese Hoffnungen rasch zunichtegemacht. Die Menschen verreisen inzwischen wieder mindestens genauso viel wie zuvor. Man kauft zwar angeblich »klimafreundliche« Produkte, aber auf den eigenen Luxus verzichtet man dann doch nicht so gerne.

Zweifellos wird durch das zunehmende Eindringen des Menschen in bisher weitgehend unzugängliche Naturräume ein Großteil der einheimischen Tier- und teilweise auch Pflanzenwelt gestört. Das meiste bekommen wir davon aktiv gar nicht mit, da Tiere abwandern oder sich in die wenigen ungestörten Gebiete zurückziehen. Dadurch, dass die meisten Wildtiere so still und leise leiden, ist die Störung vielen Menschen wirklich nicht bewusst, und es wäre gut, sie auf diesen Umstand hinzuweisen. Viele Aktivitäten der Menschen, die Tiere massiv stören können, sind wahrscheinlich gar nicht böse gemeint und hatten sicher nicht das Ziel, andere Lebewesen negativ zu beeinflussen. Aber oft müssen eben Tiere vor uns flüchten, und diese überstürzte Flucht kann gefährlich, sogar lebensgefährlich für sie werden.

Um das Problem noch deutlicher zu machen: Rehe und Hirsche müssen im Winter ihren Kalorienbedarf drastisch herunterfahren und bewegen sich aus diesem Grund nur sehr wenig, soweit ihnen das möglich ist. Der Körper hat ohnehin genug damit zu tun, die Körpertemperatur stabil zu halten. Ziehen wir nun also mit unseren Schneeschuhen querfeldein durch den Wald, weil das im Pulverschnee nun mal großen Spaß macht, dann können wir dabei ein ruhendes Tier aufschrecken, das in seinem Wintermodus versucht, lebenswichtige Energie zu sparen. Das Tier steht dann notgedrungen auf und flüchtet – und dabei verliert es sehr viel Energie. Geschieht das öfter, dann kann das Tier diesen Energieverlust nicht mehr ausgleichen und wird den Winter unter Umständen nicht überleben. Wahrscheinlich will das niemand von uns, aber es wäre wichtig, ab und zu auch an die anderen, nicht menschlichen Lebewesen in den Wäldern zu denken. Wirklich problematisch ist in diesem Zusammenhang also das Verlassen der Wanderwege, auch deshalb, weil sich Wildtiere oft darauf einstellen, dass sie außerhalb der Wandertrassen ihre Ruhe haben.

Im Gegensatz zum stillen Leiden anderer Wildtiere duldet der Bär Störungen nur bedingt. Wie bereits im Kapitel »Mensch-Bär-Begegnungen« beschrieben, kann es durchaus vorkommen, dass sich der Bär einem zweibeinigen Eindringling entgegenstellt und ihn auch angreift. Der Bär erzwingt also die Rücksichtnahme.

So werden Bären, ohne es zu wollen oder auch nur zu wissen, zu Botschaftern ihres Lebensraums Wald. Unübersehbar weisen sie darauf hin, dass wir den Wald mehr schützen und achten müssen und nicht nur konsumieren sollten. Natürlich kann man Menschen keine strikten Vorschriften machen und alles verbieten. Wenn man Touristen irgendwann einmal erlaubt hat, sich überall frei zu bewegen, dann ist es sehr schwierig und auch fraglich, ob man sie plötzlich daran hindern kann, die Wege zu verlassen. Gründe gibt es ja viele: Die Menschen sammeln gerne Pilze und Waldbeeren – oder sie haben einfach Lust, durch den Wald zu streifen.

In der Slowakei ist das teilweise anders, da lokal ein anderes Schutzsystem herrscht. Derzeit wird zudem viel dafür getan, dieses System vor dem Druck des zunehmenden Tourismus zu bewahren. Die natürliche Umgebung ist dort in insgesamt fünf Schutzgrade eingeteilt, wobei man sich in Gebieten des fünften Grades als Mensch kaum aufhalten darf – und wenn, dann nur auf den Wanderwegen. Das wird kontrolliert, und die Kontrolleure sind dazu befugt,

Strafzettel zu verteilen, wenn man den Hund von der Leine lässt oder im Gebüsch herumschleicht. Es gibt sogar einige Bereiche, die aus Rücksicht auf Wildtiere mehrere Monate lang komplett gesperrt werden. Zu nennen ist hier vor allem die Wintersperre in der Hohen Tatra, die sicherstellen soll, dass die kleine, endemische Tatragämse in Ruhe ihre Brunftzeit durchführen kann.

Ob solche Einschränkungen auch für den Alpenraum denkbar wären? Ich bin da sehr skeptisch.

Wie bärengeeignet sind die Tiroler Alpen?

Ein gutes Wildtierhabitat muss, wie schon beschrieben, zwei wichtige Ressourcen zur Verfügung stellen: Futter und Ruheplätze. Gerade die zweite Ressource wird meiner Meinung nach oft massiv unterschätzt. Bären müssen sich während ihrer aktiven Zeit täglich so zurückziehen, dass sie ungestört schlafen können. Haben sie solche Plätze nicht, dann gefährdet das ihr Überleben, da sie entweder ständig auf der Flucht und/oder sichtbarer für die Menschen sind, die in verständlicher Angst mitunter auch den Abschuss des potenziell gefährlichen Tieres fordern können. Bewegen sich viele Menschen im Habitat, dann kann es für Bären auf die Dauer wirklich sehr herausfordernd, wenn nicht gar unmöglich sein, genügend Refugien zu finden. Sicher gibt es einige stille Plätze, aber die Anzahl ist sehr begrenzt.

Vielleicht ist das auch ein Grund, warum es immer wieder vorkommt, dass Bären einfach verschwinden. Eventuell ist ihnen einfach zu viel los. Oft wird angeführt, dass Bären doch im hochalpinen Bereich Ruhe finden könnten.

Das stimmt, aber Bären sind keine guten Felskletterer, und außerdem ist das Futter im Hochgebirge mitunter sehr karg und reicht nicht aus, um sich damit längere Zeit durchzuschlagen.

Womit wir auch schon beim zweiten wichtigen Punkt wären: der Futterverfügbarkeit. Denn Bären können im Hochgebirge leider zu manchen Jahreszeiten in einen Kaloriennotstand kommen, was unter Umständen die Chance erhöht, dass sie sich aus Not an frei zugänglichen Weidetieren vergreifen. Wie wir im Kapitel um Sylvester gesehen haben, folgt der Bärenkörper einem bestimmten Rhythmus, der durch drei metabolische Zustände definiert ist. Insbesondere im Herbst hat der Bär einen sprichwörtlichen Bärenhunger, und das gilt auch im Hochgebirge, denn dort sind die Winter noch einigermaßen lang und oft schneereich. Für die angepeilten 20 000 kcal/Tag würde sich ein slowakischer Bär auf den Weg zu den fetthaltigen Samen – Bucheckern, Eicheln und verschiedene Nüsse – machen. Doch wie sieht es damit im Tiroler Alpenraum aus? Leider nicht so gut. Bedingt durch die Höhe über dem Meeresspiegel und die eher niedrigen Temperaturen finden wir in diesem Gebiet vorwiegend Nadel- und nur ganz wenige Laubbäume. Somit fehlen einfach diese essenziellen Futterstoffe, und der Bär kommt in große Ernährungsnot. Die wenigen Haselnusssträucher reichen wahrscheinlich nicht aus, um den Kalorienbedarf zu decken, und Preiselbeeren enthalten einfach zu wenig Kalorien, außerdem kein Fett oder Protein. Und falls es Buchen und Eichen gibt, dann meist eher in den Tälern, wo Bären automatisch auffallen und dem Menschen zu nahe kommen. Falls sich also ein Bär in den österreichischen Alpen durchschlagen kann, dann muss er sehr geschickt sein, ein recht großes Streifgebiet haben und mitunter sehr weite Wege gehen, um alle seine Bedürfnisse zu stillen. Dass es solche Bären gibt, ist unbestritten, nur leider ist ihre Zahl relativ begrenzt. Vielleicht gibt es ja noch ein paar Bären in Tirol, die man nicht kennt, da sie niemanden stören und schlau genug sind, sich quasi unsichtbar zu machen. Aber wenn wir ehrlich sind, dann müssen wir anerkennen, dass ein großes Revival des Tiroler Alpenbären nicht sehr wahrscheinlich ist.

Ein Letztes noch: Auch ich weiß sehr genau, dass der Habitatfaktor Wald sehr entscheidend für die Habitateignung eines Gebietes für Bären ist. Und Wald gibt es ja im Alpenraum mehr als genug. Das stimmt, aber der Bär ist kein Borkenkäfer oder Holzwurm. Nur die Baumartenzusammensetzung kann als Gütesiegel für ein Bärenhabitat herangezogen werden, und da muss ich leider für die Alpengebiete, die ich gesehen habe, eindeutig feststellen, dass das Prädikat »wertvoll« nicht vergeben werden kann. Das ist schade, aber in absehbarer Zeit nun mal nicht zu ändern.

Ein ganz großes Fass: Sollen wir Bären wieder im Alpenraum auswildern?

Diese Frage wird kontrovers diskutiert, aber ich habe hier eine ganz klare Meinung: Bitte keine Auswilderungen von Bären in ihren ehemaligen Verbreitungsgebieten! Die Betonung liegt ja schon im Wort selbst: *ehemalige* Verbreitungsgebiete. In der Zwischenzeit ist oft viel zu viel passiert und verändert worden, und die Menschen haben sich

Das Urgtal, einer meiner Lieblingsplätze und nebenbei einer der wenigen relativ ruhigen Orte im Tiroler Oberland, auch wenn hinter den Bergen schon wieder der sprichwörtliche Bär steppt. Vielleicht hat ja auch hier einmal ein Bär überwintert – wer weiß?

sehr schnell an ein Leben ohne Bären im Wald gewöhnt. Heute, nach meiner Zeit in Tirol, kann ich ganz klar erkennen, was wirklich der Unterschied zwischen West- und Osteuropa ist.

Auch im Osten geht es nicht immer einfach mit den Raubtieren. Aber die Menschen in den Bärengebieten haben einen Platz für den Bären in ihrem Kopf, und das ist wahrscheinlich die Grundvoraussetzung und viel weniger romantisch, als es sich anhören mag. Die dort lebenden Menschen freuen sich nicht, wenn ihnen Weidetiere weggefressen werden; sie reagieren auf Bärenattacken auch nicht entspannt oder gelassen. Aber sie kennen das und müssen damit irgendwie leben. Man ruft nach Reduzierungen der Bärenpopulationsgröße, wenn es zu viel wird, aber nicht nach einer kompletten Eliminierung der Tiere. Menschen, die in Gebieten leben, die schon lange bärenfrei sind, wären verständlicherweise schlichtweg überfordert mit dem neuen Mitbewohner. Außerdem ist es ein viel zu großer Stress für die entsprechenden Tiere, irgendwo ausgewildert zu werden, wo sie das Gebiet nicht kennen, keine Ahnung haben, wo sie schlafen, essen und trinken können, und wahrscheinlich automatisch immer wieder an oder gar in den Dörfern enden würden. Gerne kann man sich nochmals die Geschichte von Peppino vergegenwärtigen – traurig, aber wahr.

Kommen ein paar Bären ohne menschliches Zutun in die Alpen zurück, was ja auch immer wieder passiert, dann haben sie sich wenigstens alleine auf den Weg gemacht – Abwanderungen sind immer mit Stress verbunden. Dann müssten wir die entsprechenden Tiere gut beobachten und zusammen mit den Menschen vor Ort entscheiden, ob das Tier ein Risiko darstellt oder nicht. Wissen kann Beruhigung schaffen. Aber planvoll und bewusst irgendwo Raubtiere wie die Bären auszuwildern, das geht meistens schief, dafür gibt es genügend Beispiele. Und am Ende zahlen die Bären und die lokalen Menschen den Preis. Das ist einfach nicht fair.

Vielleicht muss man auch ein bisschen großflächiger und globaler denken und Bären dort, wo sie gut etabliert sind, mehr Unterstützung zukommen lassen. Brauchen wir den Bären wirklich direkt vor der Haustür? Würde es nicht reichen, sich in Ländern wie der Slowakei, Rumänien, Bulgarien, Spanien etc. intensiver zu engagieren, damit die Bären dort langfristig ein sicheres Habitat vorfinden? Eben nicht durch den absoluten Schutz, sondern durch die Einführung eines guten, pragmatischen Managements, basierend auf harten Daten? Die nächsten Jahre werden zeigen müssen, ob das vielleicht eine gute Lösung wäre.

Warum reagieren die Menschen in West und Ost so unterschiedlich auf den Bären?

Diese Frage habe ich mir lange Zeit gestellt und sie auch hier in der Slowakei mit vielen Kollegen diskutiert. Ja, es gibt einen ganz bedeutenden Unterschied zwischen Ost und West, und der ist eigentlich ganz einfach: Wie bereits beschrieben, hat der Bär in der Slowakei immer mit den Menschen zusammen existiert, weshalb die Menschen dieses Tier zwar nicht alle mögen, aber doch jedenfalls kennen.

Vielleicht ist es wirklich sehr schwierig oder auch gar unmöglich für Menschen in bestimmten Gebieten im deutschsprachigen Raum, sich wieder auf ein so herausforderndes Lebewesen wie den Bären einzustellen. Das sind aber Fragen, auf die das Raubtiermanagement in den entsprechenden Gebieten eine Antwort finden muss, auch dann, wenn uns die Antwort manchmal nicht gefällt. Nur eins sollten wir wirklich vermeiden: Bären irgendwo wieder neu anzusiedeln, falls sie nicht selbst zurückkommen, was ohnehin schon anstrengend genug ist. Die Fehler aus der Vergangenheit dürfen wir weder vergessen noch wiederholen. Es gibt sie doch, die Bärenländer, in denen man sich engagieren kann. In Osteuropa gibt es noch viele Bärengebiete, die schützenswert sind und viel mehr Aufmerksamkeit bräuchten – im Interesse der Bären und der Menschen.

Der imaginäre Bär im Wald – was kann uns der Bär als Botschafter des Waldes mitteilen?

In vielen bärenfreien Gebieten konnte es sich der Mensch erlauben, das Habitat ohne Rücksicht auf Verluste zu benutzen. Wie bereits gezeigt, ist der Bär das einzige Tier, das sich wirklich dagegen wehren kann und in der Lage ist, den Menschen in seine Schranken zu weisen. Aufgrund unseres eigenen manchmal rücksichtslosen Verhaltens im Wald sind wir für viele Tierarten ein Schreckgespenst. Der Bär jedoch fordert eine Rücksichtnahme von uns ein, die schon lange überfällig ist.

Wäre es denn wirklich vollkommen undenkbar, mit dieser Rücksichtnahme auch ohne die körperliche Anwesenheit eines Bären anzufangen? Müssen wir erst unser eigenes Leben gefährdet sehen, bevor wir uns entschließen, ein bisschen bedächtiger unterwegs zu sein? Es tut doch niemandem weh, auf den ausgeschriebenen Wanderwegen zu bleiben, schließlich ist die Fortbewegung da auch um einiges gemütlicher. Jeder Waldbesucher darf Beeren sammeln, aber eben nicht kreuz und quer, sondern eher in einem kurzen Abstand von den Waldwegen. Pilzsammler müssen sich auf unwegsames Gelände einstellen und wissen, dass sie ein Risiko eingehen. Es dürfte sich inzwischen, nach zahllosen Appellen von Naturschutz- und Jagdorganisationen, auch herumgesprochen haben, dass man Hunde im Wald an die Leine nehmen sollte, vor allen

Dingen dann, wenn der Hund nicht besonders gut hört oder gerne streunt. Und schließlich könnte man beim Wandern in den Alpen ohne großen Verlust die Weidetiere in Ruhe lassen und nicht meinen, die Rinder fänden es toll, wenn ihnen jeder zweite Mensch einfach so auf den Kopf langt. Das sind alles Dinge, die das Zusammenleben zwischen Waldbesuchern und ansässigen Menschen und Tieren nachhaltig verbessern könnten, ob mit oder ohne Bär im Habitat.

Letztlich kommt es auf jeden Einzelnen an. Wir entscheiden täglich darüber, ob wir die Welt nicht ein kleines bisschen besser und »ungestörter« machen möchten. Auch und gerade dann, wenn kein direkter Profit für uns dabei abfällt.

Dank

An dieser Stelle möchte ich mich neben den Organisationen, die an mich und die verschiedenen Projekte geglaubt haben, auch ganz besonders bei den vielen Menschen bedanken, die unsere Forschung draußen erst ermöglichen.

Unzählige Förster und Jäger haben mit mir ihr Wissen geteilt und mich oft draußen begleitet. Leider kann ich nicht alle Namen einzeln aufzählen, aber insbesondere möchte ich hier Mischo Hutka und Milan Rejko hervorheben, ohne die wir viele unserer Aktivitäten wahrscheinlich nur ansatzweise machen könnten.

Gerade die Jägerschaft hat uns in den ersten Jahren immer bei der Fallenkontrolle geholfen, als es noch keine modernen Überwachungssysteme gab, dafür nochmals ein großes Dankeschön.

Viele Bilder in diesem Buch stammen von einem Freund von mir, Vlado Vician. Leider ist Vlado an einer Corona-Infektion gestorben, war aber ein sehr besonderer Mensch, der vorsichtig draußen im Wald versucht hat, die Schönheit der Wildtiere einzufangen. Danke Dir dafür, Vlado.

Viele Schäfer haben uns vertraut und mit uns ihre Beobachtungen geteilt. Neben einem großen Dankeschön möchte ich Euch allen nochmals sehr viel Respekt für Eure Arbeit zollen. Ganz besonderen Dank schulde ich Vlado Ondrik und Peter Hatala, die mir so viel über Herdenschutzhunde beigebracht haben und mit denen mich eine tiefe Freundschaft verbindet.

In Tirol geht ein großes Dankeschön an Gabriel Falch und die Familie Prechtl, die mir damals mit meiner Ziege Lisa so sehr geholfen haben und ihr einen Unterstand gewährten. Ich hatte die Ziege gekauft, da ihr unseriöser Besitzer sie erschlagen wollte. Allerdings hatte ich nicht mal einen Garten, aber Gabriel und seine Familie gewährten ihr einen Platz. Das werde ich nie vergessen. Herzlichen Dank dafür.

Ein großer Dank geht auch an meine langjährige Freundin Barbara Schmidt, die sich in stundenlangen Gesprächen die immer wieder gleichen Themen angehört hat und mir sehr viel Input geben konnte, welche Fragen Menschen haben, die eben nicht in die Bärenthematik eingeweiht sind.

Und Dir, lieber Slavo Find'o, ist das Buch gewidmet, für alles, was wir zusammen gemacht haben und noch machen werden. Für die Unterstützung und vor allen Dingen die große Freundschaft, die mir so viel bedeutet.

Folgenden Organisationen möchte ich für ihre Unterstützung danken:

Andrea-von-Braun-Stiftung, Frankfurter Zoologische Gesellschaft, Nationales Forstwirtschaftliches Institut Zvolen, Staatliche Naturschutzbehörde der Slowakei, Dr. Joachim und Hanna Schmidt Stiftung für Umwelt und Verkehr, EURONATUR Radolfzell, Slowakisches Ministerium für Schule und Forschung, Nationalpark Niedere Tatra und alle anderen Organisationen, die mich unterstützt und begleitet haben und die ich hier nicht aufgeführt habe. Vielen Dank für die Unterstützung und die Zusammenarbeit.

Bildnachweis

Innenteil

Michal Bélak: S. 113
Carpathian Wildlife Society: S. 185, 280, 287
Slavo Findo: S. 16, 18, 49, 52, 169, 206, 207, 212
Národné lesnícke centrum: S. 198
ŠOP, Staatliche Naturschutzbehörde der Slowakei: S. 188, 294
Michaela Skuban: S. 71 (Fotofalle), 74 (Fotofalle), 77, 86 (Fotofalle), 94, 96, 117, 127, 151, 175 (Fotofalle), 285, 301, 306, 316, 323
Vlado Vician: S. 67, 78

Bildteil

Anonym: S. 10/11
Slavo Findo: S. 2 o. l., 2 u., 3 o., 4, 7 u., 12
Robo Krakowsky: S. 1, 5 u.
Michaela Skuban: S. 2 o. r., 3 u. (Fotofalle), 5 o. (Fotofalle), 6 o. (Fotofalle), 6 u., 7 o.
Vlado Vician: S. 8/9

Der Verlag hat sich bemüht, alle Rechtinhaber ausfindig zu machen, verlagsüblich zu nennen und zu honorieren. Sollte uns dies im Einzelfall bedauerlicherweise einmal nicht möglich gewesen sein, werden wir begründete Ansprüche selbstverständlich erfüllen.